U0240884

图解园林绿化工程工程量清单计算手册

第2版

张国栋　主编

机械工业出版社

本书按照《园林绿化工程工程量计算规范》(GB 50858—2013)中"园林绿化工程工程量清单项目及计算规则",以一例一图一解的方式,对园林绿化工程各分项工程的工程量计算方法做了较详细的解答说明。本书内容主要分为分部分项工程量(清单与定额)计算实例和综合实例详解两大部分,便于读者有目标地学习。本书可供园林工程造价人员参考。

图书在版编目(CIP)数据

图解园林绿化工程工程量清单计算手册/张国栋主编. —2 版. —北京:机械工业出版社,2017.3(2025.1 重印)

ISBN 978-7-111-56285-6

Ⅰ.①图⋯　Ⅱ.①张⋯　Ⅲ.①园林－绿化－工程造价－手册

Ⅳ.①TU986.3-62

中国版本图书馆 CIP 数据核字(2017)第 047037 号

机械工业出版社(北京市百万庄大街 22 号　邮政编码 100037)

策划编辑:汤　攀　　责任编辑:汤　攀
封面设计:张　静　　责任印制:常天培
责任校对:刘时光

北京机工印刷厂有限公司印刷
2025 年 1 月第 2 版第 2 次印刷
184mm×260mm·15.25 印张·289 千字
标准书号:ISBN 978-7-111-56285-6
定价:59.00 元

电话服务　　　　　　　　网络服务
客服电话:010-88361066　　机　工　官　网:www.cmpbook.com
　　　　　010-88379833　　机　工　官　博:weibo.com/cmp1952
　　　　　010-68326294　　金　书　网:www.golden-book.com
封底无防伪标均为盗版　机工教育服务网:www.cmpedu.com

编写人员名单

主   编   张国栋

参   编

张玉花	张清森	文辉武	张业翠	孙兰英
张麦妞	高松海	张国选	高继伟	张国喜
左新红	张浩杰	张慧芳	李海军	张汉兵
王年春	张志刚	张志慧	文汉阳	郭兴家
文 明	张汉林	陆智琴	张文怡	张学军
陈劲良	张 婷	王 全	王泽君	张 选
张书娥	陶国亮	陶伟军	陶小芳	张书玲
陈书森	赵小云	郭芳芳	徐琳琳	李晶晶
张春艳	胡亚楠	任东莹	高晓纳	陈会敏
张少华				

前　言

为了帮助园林工程造价工作者加深对新颁布的《园林绿化工程工程量计算规范》（GB 50858—2013）的理解和应用，我们特组织编写此书。

本书编写时参考了《园林绿化工程工程量计算规范》（GB 50858—2013）中的"园林绿化工程工程量清单项目及计算规则"，以实例阐述了各分项工程的工程量计算方法，同时也简要说明了定额与清单的区别，其目的是帮助造价人员解决实际操作问题，提高工作效率。

本书有以下三大特点：

（1）新。即捕捉《园林绿化工程工程量计算规范》的最新信息，对新规范出现的新情况、新问题加以分析，使实践工作者能及时了解新规范的最新动态，跟上实际操作步伐。

（2）全。即内容全面，将园林绿化工程所涉及的方面，以一例一图一解的方式系统地列举出来，增强读者对园林工程工程量计算规则的理解。

（3）实际操作性强。主要以实例说明实际操作中的有关问题及解决方法，便于提高读者的实际操作水平。

本书在编写过程中得到了许多同行的支持与帮助，借此表示感谢。由于编者水平有限和时间的限制，书中难免有不妥之处，望广大读者批评指正。如有疑问，请登录 www.gclqd.com（工程量清单计价网）或 www.jbjsys.com（基本建设预算网）或 www.jbjszj.com（基本建设造价网）或 www.gczjy.com（工程造价员网校）或发邮件至 dlwhgs@ tom.com 与编者联系。

编　者

目 录

第一章　绿化工程

第一节　分部分项工程量(清单与定额)计算实例

【例1-1】　某公园带状绿地位于公园大门入口处南端,长100m,宽15m。绿地两边种植中等乔木,绿地中配植了一定数量的常绿树木、花和灌木,丰富了植物色彩,如图1-1所示,试求其工程量。

图1-1　公园大门口带状绿地

1—小叶女贞　2—合欢　3—广玉兰　4—樱花

5—碧桃　6—红叶李　7—丁香　8—金钟花

9—榆叶梅　10—黄杨球　11—紫薇　12—贴梗海棠

注:带状绿地两边绿篱长15m,宽5m,绿篱内种植小叶女贞。

【解】　1.清单工程量

(1)项目编码:050102005　　　项目名称:栽植绿篱

工程量计算规则:按设计图示长度计算。

小叶女贞　　　　　$15 \times 2m = 30.00m$

说明:绿篱的总长度是单排绿篱长 × 2 排。

(2)项目编码:050102001　　　项目名称:栽植乔木

工程量计算规则:按设计图示数量计算。

合欢——22 株　　　广玉兰——4 株　　　樱花——2 株

红叶李——3 株　　　碧桃——2 株

(3)项目编码:050102002　　　项目名称:栽植灌木

工程量计算规则:按设计图示数量计算。

丁香——6 株　　　金钟花——8 株　　　榆叶梅——5 株

黄杨球——9 株　　　紫薇——5 株　　　贴梗海棠——4 株

(4)人工整理绿化用地:$100 \times 15m^2 = 1500.00m^2$

(5)铺种草皮的面积=总的绿化面积-绿篱的面积

即:铺种草皮的面积=(100×15-15×5×2)m² =1350.00m²

说明:一般绿篱中不再种植草坪,所以铺种草皮的面积等于总的绿化区面积减去绿篱所占的面积。

清单工程量计算见表1-1。

表1-1 清单工程量计算表

序号	项目编码	项目名称	项目特征描述	计量单位	工程量
1	050102005001	栽植绿篱	小叶女贞,绿篱长15m	m	30.00
2	050102001001	栽植乔木	合欢,胸径15cm以内	株	15
3	050102001002	栽植乔木	合欢,胸径12cm以内	株	5
4	050102001003	栽植乔木	合欢,胸径10cm以内	株	2
5	050102001004	栽植乔木	广玉兰,胸径10cm以内	株	2
6	050102001005	栽植乔木	广玉兰,胸径7cm以内	株	2
7	050102001006	栽植乔木	樱花,胸径10cm以内	株	2
8	050102001007	栽植乔木	红叶李,胸径10cm以内	株	1
9	050102001008	栽植乔木	红叶李,胸径7cm以内	株	2
10	050102001009	栽植乔木	碧桃,胸径5cm以内	株	2
11	050102002001	栽植灌木	丁香,高度2m以内	株	4
12	050102002002	栽植灌木	丁香,高度1.8m以内	株	2
13	050102002003	栽植灌木	金钟花,高度1.8m以内	株	2
14	050102002004	栽植灌木	金钟花,高度1.5m以内	株	6
15	050102002005	栽植灌木	榆叶梅,高度1.8m以内	株	2
16	050102002006	栽植灌木	榆叶梅,高度1.5m以内	株	3
17	050102002007	栽植灌木	黄杨球,高度1.5m以内	株	9
18	050102002008	栽植灌木	紫薇,高度2m以内	株	3
19	050102002009	栽植灌木	紫薇,高度1.8m以内	株	2
20	050102002010	栽植灌木	贴梗海棠,高度1.5m以内	株	4
21	050101010001	整理绿化用地	人工整理绿化用地	m²	1500.00
22	050102012001	铺种草皮	铺草卷	m²	1350.00

注:1.裸根乔木,按不同胸径以株计算。

2.裸根灌木,按不同高度以株计算。

3.绿篱,按单行或双行不同篱高以m计算。

4.草坪、色带(块)、宿根和花卉以m²计算。

2.定额工程量

(1)栽植乔木(表1-2)

表 1-2 (单位:株)

定额编号	2-1	2-2	2-3	2-4	2-5	2-6	2-7
项目	裸根乔木胸径(cm以内)						
	5	7	10	12	15	20	25

合 欢:胸径15cm以内——15株(套定额2-5)

胸径12cm以内——5株(套定额2-4)

胸径 10cm 以内——2 株(套定额 2 – 3)
广玉兰:胸径 10cm 以内——2 株(套定额 2 – 3)
　　　胸径 7cm 以内——2 株(套定额 2 – 2)
樱　花:胸径 10cm 以内——2 株(套定额 2 – 3)
红叶李:胸径 10cm 以内——1 株(套定额 2 – 3)
　　　胸径 7cm 以内——2 株(套定额 2 – 2)
碧　桃:胸径 5cm 以内——2 株(套定额 2 – 1)
(2)栽植灌木(表 1-3)

表 1-3 (单位:株)

定额编号	2 – 8	2 – 9	2 – 10	2 – 11
项目	裸根灌木高度(m 以内)			
	1.5	1.8	2	2.5

丁　　香:高度 2m 以内——4 株(套定额 2 – 10)
　　　　高度 1.8m 以内——2 株(套定额 2 – 9)
金 钟 花:高度 1.8m 以内——2 株(套定额 2 – 9)
　　　　高度 1.5m 以内——6 株(套定额 2 – 8)
榆 叶 梅:高度 1.8m 以内——2 株(套定额 2 – 9)
　　　　高度 1.5m 以内——3 株(套定额 2 – 8)
黄 杨 球:高度 1.5m 以内——9 株(套定额 2 – 8)
紫　　薇:高度 2m 以内——3 株(套定额 2 – 10)
　　　　高度 1.8m 以内——2 株(套定额 2 – 9)
贴梗海棠:高度 1.5m 以内——4 株(套定额 2 – 8)
(3)铺种草皮(表 1-4)

表 1-4 (单位:10m²)

定额编号	2 – 91	2 – 92	2 – 93
项目	草坪		
	种草根	铺草卷	播草籽

铺种草皮:铺草卷——135.00(10m²)(套定额 2 – 92)
(4)栽植绿篱(表 1-5)

表 1-5 (单位:10m)

定额编号	2 – 61	2 – 62	2 – 63	2 – 64	2 – 65	2 – 66
项目	绿篱双行高度(m 以内)					
	0.6	0.8	1	1.2	1.5	2

小叶女贞:高度 1m 以内——3.00(10m)(套定额 2 – 63)

【例 1-2】 某游园绿地喷灌设施,从供水主管接出 DN40 分管,长 49m,从分管至喷头有 2 根 DN25 的支管,长度共为 64m;喷头采用旋转喷头 DN50,共 8 个;分管、支管均采用 UPVC 塑料管,试求其工程量。

【解】 1.清单工程量

项目编码:050103001　　　项目名称:喷灌管线安装

工程量计算规则:按设计图示尺寸以长度计算。

DN40 管道长度为 49.00m

DN25 管道长度为 64.00m(区别不同管径按设计长度计算)

清单工程量计算见表 1-6。

表 1-6　清单工程量计算表

序号	项目编码	项目名称	项目特征描述	计量单位	工程量
1	050103001001	喷灌管线安装	喷灌设施,DN40 管道	m	49.00
2	050103001002	喷灌管线安装	喷灌设施 DN25 管道	m	64.00

2.定额工程量

(1)低压塑料螺纹阀门(表 1-7)

表 1-7　管外径

定额编号	5 – 63	5 – 64	5 – 65	5 – 66	5 – 67
项　目	管外径(mm 以内)				
	20	25	32	40	50

低压塑料螺纹阀门安装 DN40,1 个(套定额 5 – 66)

低压塑料螺纹阀门安装 DN25,2 个(套定额 5 – 64)

(2)水表(表 1-8)

表　1-8

定额编号	5 – 73	5 – 74	5 – 75	5 – 76	5 – 77	5 – 78
项　目	公称直径(mm 以内)					
	15	20	25	32	40	50

水表,螺纹连接,DN32,1 组(套定额 5 – 76)

(3)塑料管安装(表 1-9)

表　1-9

定额编号	5 – 28	5 – 29	5 – 30	5 – 31
项　目	管外径(mm 以内)			
	20	25	32	40

塑料管安装,DN40,49m(套定额 5 – 31)

塑料管安装,DN25,64m(套定额 5 – 29)

定额编号　5 – 82

项　目　喷头埋藏旋转喷射

喷头安装,DN50,8 个,埋藏旋转喷射式

管道安装说明:

(1)管道按图示管道中心线长度以 m 计算,不扣除阀门、管件及其附件等所占的长度。

（2）阀门分压力、规格及连接方式以个计算。

（3）水表分规格和连接方式以组计算。

（4）喷头分种类以个计算。

【例1-3】 某小游园局部植物绿化种植区，该种植区长50m，宽30m，其中竹林的面积为200m²，如图1-2所示，试求其工程量。

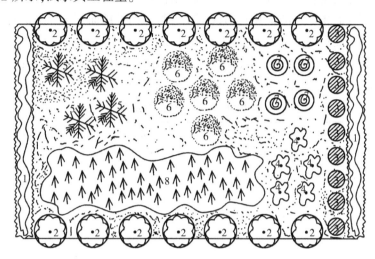

图1-2 局部植物绿化种植区

1—瓜子黄杨 2—法国梧桐 3—银杏 4—紫叶李

5——棕榈 6—海桐 7—大叶女贞 8—竹林

说明：绿篱宽度为1.5m。

【解】 1.清单工程量

（1）项目编码：050102001　　　项目名称：栽植乔木

工程量计算规则：按设计图示数量计算。

法国梧桐——14 株　　　　　　银杏——9 株

紫叶李——5 株　　　　　　　　大叶女贞——4 株

（2）项目编码：050102004　　　项目名称：栽植棕榈类

工程量计算规则：按设计图示数量计算。

棕榈——4 株

（3）项目编码：050102002　　　项目名称：栽植灌木

工程量计算规则：按设计图示数量计算。

海桐——6 株

（4）项目编码：050102005　　　项目名称：栽植绿篱

工程量计算规则：按设计图示以长度或面积计算。

瓜子黄杨　　　30.00×2m＝60.00m

说明：绿篱的总长度＝单排绿篱长度×2。

（5）项目编码：050102003　　　项目名称：栽植竹类

工程量计算规则：按设计图示数量计算。

竹林——48 株

(6)项目编码:050101010　　　项目名称:整理绿化用地

工程量计算规则:按设计图示尺寸以面积计算。

整理绿化用地的面积 $= 50.00 \times 30.00 m^2 = 1500.00 m^2$

(7)项目编码:050102013　　　项目名称:喷播植草

工程量计算规则:按设计图示尺寸以面积计算。

喷播植草的面积 = 总的绿化种植区面积 - 竹林的种植面积 - 绿篱的种植面积　即:

喷播植草的面积 $= (30 \times 50 - 200 - 60 \times 1.5) m^2 = 1210.00 m^2$

说明:$200.00 m^2$ 是竹林的面积(题中已给出),$1.50 m$ 是绿篱的宽度(说明中已给出)。

清单工程量计算见表1-10。

表1-10　清单工程量计算表

序号	项目编码	项目名称	项目特征描述	计量单位	工程量
1	050102001001	栽植乔木	法国梧桐	株	14
2	050102001002	栽植乔木	银杏	株	9
3	050102001003	栽植乔木	紫叶李	株	5
4	050102001004	栽植乔木	大叶女贞	株	4
5	050102004001	栽植棕榈类	棕榈	株	4
6	050102002001	栽植灌木	海桐	株	6
7	050102005001	栽植绿篱	瓜子黄杨	m	60.00
8	050102003001	栽植竹类	竹林	株	48
9	050101010001	整理绿化用地	整理绿化用地	m²	1500.00
10	050102013001	喷播植草	喷播植草	m²	1210.00

2.定额工程量

(1)栽植乔木(表1-2)

法国梧桐:胸径15cm以内——7株(套定额2-5)

　　　　　胸径20cm以内——7株(套定额2-6)

大叶女贞:胸径7cm以内——1株(套定额2-2)

　　　　　胸径10cm以内——2株(套定额2-3)

　　　　　胸径12cm以内——1株(套定额2-4)

紫　叶　李:胸径7cm以内——3株(套定额2-2)

　　　　　胸径5cm以内——2株(套定额2-1)

银　　　杏:胸径7cm以内——5株(套定额2-2)

　　　　　胸径10cm以内——4株(套定额2-3)

(2)栽植灌木(表1-3)

棕榈:高度2.5m以内——2株(套定额2-11)

　　　高度1.8以内——2株(套定额2-9)

海桐:高度1.5m以内——6株(套定额2-8)

(3)栽植绿篱(表1-11)

表 1-11 绿篱双行高度表

定额编号	2 – 18	2 – 19	2 – 20	2 – 21	2 – 22	2 – 23
项 目	绿篱双行高度(m 以内)					
	0.6	0.8	1	1.2	1.5	2

瓜子黄杨:双行高度在 0.8m 以内——60m(套定额 2 – 19)

(4)栽植竹类(表 1-12)

表 1-12 散生竹胸径表

定额编号	2 – 40	2 – 41	2 – 42	2 – 43
项 目	散生竹胸径(cm 以内)			
	4	6	8	10

竹子:胸径 4cm 以内——48 株(套定额 2 – 40)

(5)喷播植草(表 1-13)

表 1-13 坡长

定额编号	2 – 103	2 – 104	2 – 105	2 – 106	2 – 107	2 – 108
项 目	坡度 1:1 以下			坡度 1:1 以上		
	坡长					
	8m 以内	12m 以内	12m 以外	8m 以内	12m 以内	12m 以外

喷播植草:坡度 1:1 以上,坡长 12m 以内——12.1(100m²)(套定额 2 – 107)

说明(单位为 100m²):值得注意的是,在工程量计算规则中有如下几点要求:

1. 苗木根据设计图 1-2 所示的种类以及苗木的规格以株(株丛、m、m²)计算。

2. 苗木种植按不同土壤类别分别计算,此小游园种植区为普坚土。

(1)裸根乔木按不同胸径以株计算。

(2)裸根灌木按不同高度以株计算。

(3)绿篱按单行或双行不同篱高以 m 计算。

(4)喷播植草按不同的坡度比、坡长以 m² 计算。

注意此时的单位为 100m²。

【例 1-4】 某学校种植绿地如图 1-3 所示,已知人工整理绿地面积为 1200m²(30m × 40m),试求其工程量。

【解】 1.清单工程量

(1)项目编码:050102001 项目名称:栽植乔木

工程量计算规则:按设计图示数量计算。

法国梧桐——5 株 香樟——5 株 广玉兰——5 株

合欢——2 株 水杉——3 株 龙爪槐——6 株

(2)项目编码:050102004 项目名称:栽植棕榈类

工程量计算规则:按设计图示数量计算。

棕榈——4 株

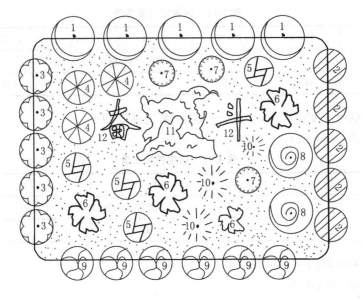

图 1-3 某学校种植绿地示意图

1—法国梧桐 2—香樟 3—广玉兰 4—水杉 5—碧桃 6—棕榈

7—樱花 8—合欢 9—龙爪槐 10—红枫 11—牡丹 12—小叶女贞

（3）项目编码:050102002 项目名称:栽植灌木

工程量计算规则:按设计图示数量计算。

碧桃——4 株　　　　樱花——3 株　　　红枫——3 株

（4）项目编码:050102005 项目名称:栽植绿篱

工程量计算规则:按设计图示以长度或面积计算。

小叶女贞——1m（总占地面积约 68.00m²）

（5）项目编码:050102008 项目名称:栽植花卉

工程量计算规则:按设计图示数量计算。

牡丹——80 株（总占地面积约 16.00m²）

（6）项目编码:050102013 项目名称:喷播植草

工程量计算规则:按设计图示以面积计算。

普通早熟禾——1116.00m²

说明:喷播植草面积＝总的绿地面积－绿篱面积－栽植花卉的面积。

清单工程量计算见表 1-14。

表 1-14　清单工程量计算表

序号	项目编码	项目名称	项目特征描述	计量单位	工程量
1	050102001001	栽植乔木	法国梧桐	株	5
2	050102001002	栽植乔木	香樟	株	5
3	050102001003	栽植乔木	广玉兰	株	5
4	050102001004	栽植乔木	合欢	株	2
5	050102001005	栽植乔木	水杉	株	3

序号	项目编码	项目名称	项目特征描述	计量单位	工程量
6	050102001006	栽植乔木	龙爪槐	株	6
7	050102004001	栽植棕榈类	棕榈	株	4
8	050102002001	栽植灌木	碧桃	株	4
9	050102002002	栽植灌木	樱花	株	3
10	050102002003	栽植灌木	红枫	株	3
11	050102005001	栽植绿篱	小叶女贞	m	1.00
12	050102008001	栽植花卉	牡丹	株	80
13	050102013001	喷播植草	普通早熟禾	m²	1116.00

2. 定额工程量

（1）栽植乔木（表1-2）

法国梧桐：胸径 20cm 以内——5 株（套定额 2－6）

香　樟：胸径 12cm 以内——5 株（套定额 2－4）

广 玉 兰：胸径 12cm 以内——5 株（套定额 2－4）

合　欢：胸径 25cm 以内——1 株（套定额 2－7）

　　　　胸径 20cm 以内——1 株（套定额 2－6）

水　杉：胸径 15cm 以内——1 株（套定额 2－5）

　　　　胸径 12cm 以内——1 株（套定额 2－4）

　　　　胸径 10cm 以内——1 株（套定额 2－3）

龙 爪 槐：胸径 15cm 以内——6 株（套定额 2－5）

（2）栽植灌木（表1-3）

碧桃：株高 2.5m 以内——2 株（套定额 2－11）

　　　株高 2m 以内——2 株（套定额 2－10）

樱花：株高 2m 以内——3 株（套定额 2－10）

红枫：株高 2m 以内——1 株（套定额 2－10）

　　　株高 1.8m 以内——2 株（套定额 2－9）

棕榈：株高 2.5m 以内——1 株（套定额 2－11）

　　　株高 2m 以内——1 株（套定额 2－10）

　　　株高 1.8m 以内——1 株（套定额 2－9）

　　　株高 1.5m 以内——1 株（套定额 2－8）

（3）栽植绿篱（表1-15）

表　1-15

定额编号	2－12	2－13	2－14	2－15	2－16	2－17
项　目	绿篱单行高度（m 以内）					
	0.6	0.8	1	1.2	1.5	2

小叶女贞：高度为 1.2m 以内——0.1（10m）（套定额 2－15）

9

(4)种植花卉植物(表1-16)

表 1-16

定额编号	2-95	2-96	2-97	2-98
项 目	花 卉			
	宿根	木本	球、块根	彩纹图案花坛

牡丹:木本花卉——80株/10m²(套定额2-96)

(5)喷播植草(表1-13):

普通早熟禾:总面积约11.16/100m²,坡度为1:1以下,坡长为12m以外。(套定额2-105)

说明:

(1)这里种植工程均为不完全价,未包括苗木本身价值,苗木按设计图示要求的树种、规格、数量并计取相应的损耗率计算。

1)裸根乔木、裸根灌木损耗率为1.5%。

2)绿篱、色带、攀缘植物损耗率为2%。

3)丛生竹、草根、草卷、花卉损耗率为4%。

(2)苗木计量规定:

1)胸径:指距地坪1.2m高处的树干直径。

2)株高:指树顶端距地坪高度。

3)篱高:指绿篱苗木顶端距地坪高度。

4)生长年限:指自苗木种植至起苗的生长期。

(3)工程量计算规则:

1)苗木根据设计图要求的种类、规格分别以株、株丛、m、m²计算。

2)苗木种植按不同土壤类别分别计算。

①裸根乔木,按不同胸径以株计算。

②裸根灌木,按不同高度以株计算。

③土球苗木,按不同土球规格以株计算。

④木箱苗木,按不同箱体规格以株计算。

⑤绿篱,按单行或双行不同篱高以m计算。

⑥水生植物按种类以丛计算。

⑦草坪、色带(块)、宿根和花卉以m²计算(宿根、花卉9株/m²,色块12株/m²,木本花卉5株/m²),或根据设计要求的株数计算苗木每平方米数量。

⑧丛生竹,按不同的土球规格以株丛计算。

⑨喷播植草,按不同的坡度比、坡长以m²计算。

【例1-5】 某公园一角的植物种植绿地如图1-4所示,已知总绿地面积为985m²,其中竹林的面积约为72m²,月季丛占地面积为60m²,迎春丛面积约为30m²,试求其工程量。

【解】 1.清单工程量

(1)项目编码:050102001 项目名称:栽植乔木

工程量计算规则:按设计图示数量计算。

枇杷——4株 广玉兰——4株

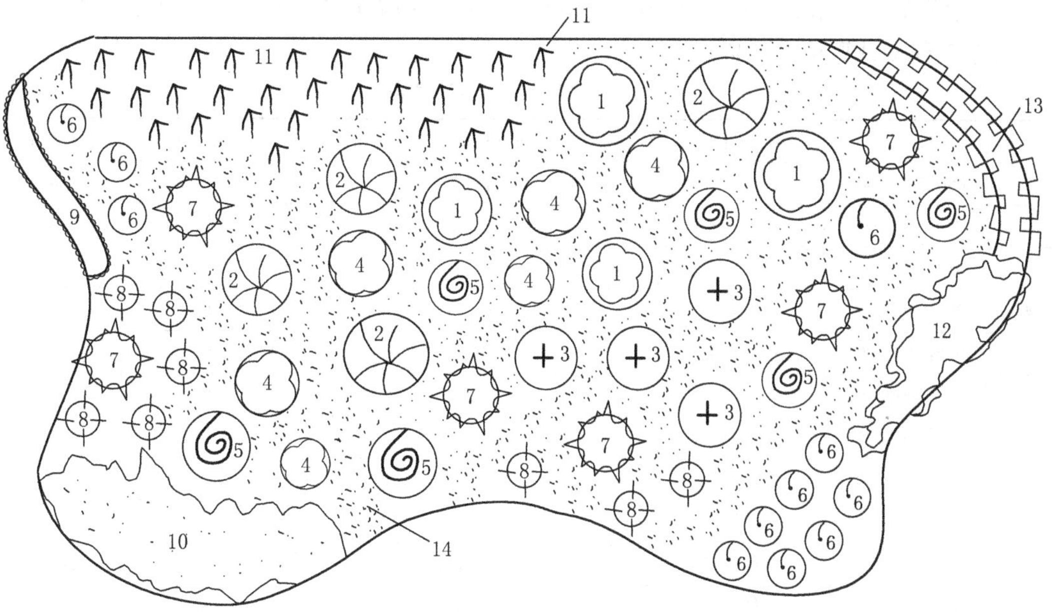

图 1-4 某公园一角的植物种植绿地示意图

1—枇杷 2—广玉兰 3—深山含笑 4—桂花 5—红梅 6—贴梗海棠 7—鱼尾葵
8—凤尾兰 9—红叶小檗 10—月季 11—竹子 12—迎春 13—火棘 14—紫羊茅

深山含笑——4 株　　桂花——6 株

（2）项目编码:050102003　　项目名称:栽植竹类

工程量计算规则:按设计图示数量计算。

竹子——31 株

（3）项目编码:050102004　　项目名称:栽植棕榈类

工程量计算规则:按设计图示数量计算。

鱼尾葵——6 株　　凤尾兰——8 株

（4）项目编码:050102002　　项目名称:栽植灌木

工程量计算规则:按设计图示数量计算。

红梅——6 株　　　贴梗海棠——11 株

（5）项目编码:050102005　　项目名称:栽植绿篱

工程量计算规则:按设计图示以长度计算。

红叶小檗——20.00m(总占地面积约 10.00m^2)

火棘——25.00m(总占地面积约 15.00m^2)

（6）项目编码:050102008　　项目名称:栽植花卉

工程量计算规则:按设计图示数量或面积计算。

月季——60 株(总占地面积约 60.00m^2)

迎春——40 株(总占地面积约 30.00m^2)

（7）项目编码:050102013　　项目名称:喷播植草

工程量计算规则:按设计图示尺寸以面积计算。

紫羊茅——798.00m²[（985.00 - 72.00 - 60.00 - 30.00 - 25.00）m² = 798.00m²]

清单工程量计算见表1-17。

表1-17 清单工程量计算表

序 号	项目编码	项目名称	项目特征描述	计量单位	工程量
1	050102001001	栽植乔木	枇杷	株	4
2	050102001002	栽植乔木	广玉兰	株	4
3	050102001003	栽植乔木	深山含笑	株	4
4	050102001004	栽植乔木	桂花	株	6
5	050102003001	栽植竹类	竹子	株	31
6	050102004001	栽植棕榈类	鱼尾葵	株	6
7	050102004002	栽植棕榈类	凤尾兰	株	8
8	050102002001	栽植灌木	红梅	株	6
9	050102002002	栽植灌木	贴梗海棠	株	11
10	050102005001	栽植绿篱	红叶小檗	m	20.00
11	050102005002	栽植绿篱	火棘	m	25.00
12	050102008001	栽植花卉	月季	株	60
13	050102008002	栽植花卉	迎春	株	40
14	050102013001	喷播植草	紫羊茅	m²	798.00

2.定额工程量

（1）栽植乔木（表1-2）

枇杷：胸径20cm以内——2株（套定额2-6）

胸径15cm以内——2株（套定额2-5）

广玉兰：胸径25cm以内——2株（套定额2-7）

胸径20cm以内——2株（套定额2-6）

深山含笑：胸径15cm以内——4株（套定额2-5）

桂花：胸径15cm以内——4株（套定额2-5）

胸径12cm以内——2株（套定额2-4）

（2）栽植灌木（表1-3）

红　　梅：株高2.5m以内——3株（套定额2-11）

株高2m以内——3株（套定额2-10）

贴梗海棠：株高1.5m以内——11株（套定额2-8）

鱼 尾 葵：株高2.5m以内——3株（套定额2-11）

株高2m以内——3株（套定额2-10）

凤 尾 兰：株高1.5m以内——8株（套定额2-8）

（3）栽植绿篱（表1-15）

红叶小檗：高度为1.2m以内——20.00m（套定额2-15）

火棘：高度为1m以内——25.00m（套定额2-14）

（4）栽植竹类（表1-18）

表 1-18

定额编号	2 - 36	2 - 37	2 - 38	2 - 39
项　　目	丛生竹球径(cm)×深(cm)			散生竹胸径2cm以内
	50 × 40	70 × 50	80 × 60	

竹子:球径 70cm × 深 50cm——31 株(套定额 2 - 37)

(5)花卉植物种植(表 1-16)

月季:木本花卉——60 株/10m²(套定额 2 - 96)

迎春:木本花卉——40 株/10m²(套定额 2 - 96)

(6)喷播植草(表 1-13)

紫羊茅:总面积约 7.98(100m²),坡度为 1:1 以下,坡长为 12.00m 以外(套定额 2 - 105)。

【例 1-6】 某立交桥局部绿化设计如图 1-5 所示,其中整理绿化用地为 850m²,有茶花丛 200m²,草地面积为 620m²,试求其工程量。

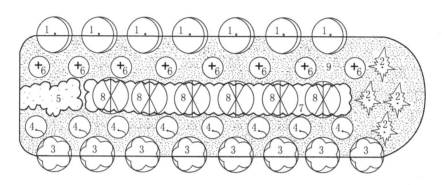

图 1-5 某立交桥局部绿化设计图

1—馒头柳　2—桧柏　3—紫叶李　4—香樟

5—栀子花　6—火棘　7—茶花　8—油松　9—黑麦草

【解】 1.清单工程量

(1)项目编码:050102001　项目名称:栽植乔木

工程量计算规则:按设计图示数量计算。

馒头柳——7 株　　　桧柏——4 株　　　紫叶李——8 株

香　樟——8 株　　　油松——6 株

(2)项目编码:050102002　项目名称:栽植灌木

工程量计算规则:按设计图示数量计算。

火棘——8 株　　栀子花——20 株

(3)项目编码:050102005　项目名称:栽植绿篱

工程量计算规则:按设计图示以长度计算。

茶花——32.00m

(4)项目编码:050102013　项目名称:喷播植草

工程量计算规则:按设计图示尺寸以面积计算。

黑麦草——620.00m²

清单工程量计算见表1-19。

表1-19　清单工程量计算表

序　号	项目编码	项目名称	项目特征描述	计量单位	工程量
1	050102001001	栽植乔木	馒头柳	株	7
2	050102001002	栽植乔木	桧柏	株	4
3	050102001003	栽植乔木	紫叶李	株	8
4	050102001004	栽植乔木	香樟	株	8
5	050102001005	栽植乔木	油松	株	6
6	050102002001	栽植灌木	火棘	株	8
7	050102002002	栽植灌木	栀子花	株	20
8	050102005001	栽植绿篱	茶花	m	32.00
9	050102013001	喷播植草	黑麦草	m²	620.00

2. 定额工程量

(1) 栽植乔木(表1-2)

馒头柳:胸径25cm以内——7株(套定额2-7)

桧　柏:胸径20cm以内——2株(套定额2-6)

　　　　胸径15cm以内——2株(套定额2-5)

紫叶李:胸径20cm以内——8株(套定额2-6)

香　樟:胸径12cm以内——8株(套定额2-4)

油　松:胸径20cm以内——6株(套定额2-6)

(2) 栽植灌木(表1-3)

火棘:株高2m以内——8株(套定额2-10)

栀子花:株高1.5m以内——20株(套定额2-8)

(3) 栽植绿篱(表1-15)

茶花:高度为1m以内——32.00m(套定额2-14)

(4) 喷播植草(表1-13)

黑麦草:总面积约6.20(100m²),坡度为1:1以上,坡长为12m以外(套定额2-108)

【例1-7】　某街头绿地有1条"S"形的绿化色带,一个半弧长为5.6m,宽1.5m,如图1-6所示,试求其工程量。

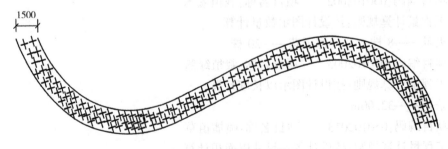

图1-6　"S"形绿化色带

【解】 1.清单工程量

项目编码:050102007   项目名称:栽植色带

工程量计算规则:按设计图示尺寸以面积计算。

"S"形绿化色带的面积 $=5.6×1.5×2m^2=16.80m^2$

【注释】 半弧长为5.6m,宽为1.5m,有两个弧长组成的绿化带,其面积即为弧长×宽×2。

清单工程量计算见表1-20。

表1-20 清单工程量计算表

项目编码	项目名称	项目特征描述	计量单位	工程量
050102007001	栽植色带	栽植色带	m²	16.80

说明:(1)"S"形是由两个半弧组成的,所以在计算"S"形绿化色带时需乘以2。

(2)按设计图1-6所示尺寸以面积计算。

2.定额工程量(表1-21)

表1-21 色带高度表

定额编号	2 – 24	2 – 25	2 – 26	2 – 27
项　　目	色带高度(m以内)			
	0.8	1.2	1.5	1.8

色带高度0.8m以内,"S"形绿化色带的面积 $=5.6×1.5×2m^2=1.68(10m^2)$(套定额 2 – 24)

说明:

(1)在用定额计算栽植绿化色带的面积时,其单位不是 m^2,而是以 $10m^2$ 为单位,所以答案为 $1.68(10m^2)$ 而不是 $16.8m^2$。

(2)色带按不同高度以平方米计算(12 株/m²)。

【例1-8】 某长方形绿化区(50m×70m)内种有乔木、灌木和花卉等各种绿化植物。灌木丛占地30m²,其中人工整理绿化用地占3500m²,如图1-7所示,试求其工程量。

【解】 1.清单工程量

(1)项目编码:050102001   项目名称:栽植乔木

工程量计算规则:按设计图示数量计算。

悬铃木——18 株　　　　　国槐——10 株

月桂——2 株　　　　　　　广玉兰——1 株

(2)项目编码:050102002   项目名称:栽植灌木

工程量计算规则:按设计图示数量计算。

黄杨球——9 株　　　　　榆叶梅——12 株

(3)项目编码:050102008   项目名称:栽植花卉

工程量计算规则:按设计图示数量计算。

月季——30 株

(4)项目编码:050101010   项目名称:整理绿化用地

工程量计算规则:按设计图示尺寸以面积计算。

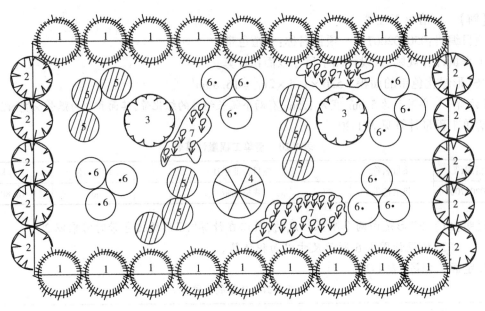

图 1-7 长方形绿化区

1—悬铃木 2—国槐 3—月桂

4—广玉兰 5—黄杨球 6—榆叶梅 7—月季

人工整理绿化用地   3500.00m²

（5）项目编码:050102013   项目名称:喷播植草

  工程量计算规则:按设计图示尺寸以面积计算。

  喷播植草的面积 = 总的绿化区面积 = 3470.00m²

清单工程量计算见表1-22。

表 1-22   清单工程量计算表

序号	项目编码	项目名称	项目特征描述	计量单位	工程量
1	050102001001	栽植乔木	悬铃木,胸径20cm以内	株	18
2	050102001002	栽植乔木	国槐,胸径12cm以内	株	10
3	050102001003	栽植乔木	月桂,胸径20cm以内	株	2
4	050102001004	栽植乔木	广玉兰,胸径10cm以内	株	1
5	050102002001	栽植灌木	黄杨球,高度1.8m以内	株	9
6	050102002002	栽植灌木	榆叶梅,高度1.5m以内	株	12
7	050102008001	栽植花卉	月季	株	30
8	050101010001	整理绿化用地	人工整理绿化用地	m²	3500.00
9	050102013001	喷播植草	坡度1:1以上	m²	3470.00

  说明:乔木、灌木的单位一般用株来表示,喷播植草按不同的坡度比,坡长以 m² 计算。

 2.定额工程量

（1）栽植乔木(表1-2)

  悬铃木:胸径20cm以内——18 株(套定额2-6)

  国   槐:胸径12cm以内——10 株(套定额2-4)

16

月　桂:胸径20cm以内——2株(套定额2-6)

广玉兰:胸径10cm以内——1株(套定额2-3)

(2)栽植灌木(表1-3)

黄杨球:高度1.8m以内——9株(套定额2-9)

榆叶梅:高度1.5m以内——12株(套定额2-8)

(3)栽植花卉(表1-16)

月季:木本——3(10m²)(套定额2-96)

(4)喷播植草(表1-13)

喷播植草:坡度1:1以上,坡长12m以外——34.7(100m²)(套定额2-108)

【例1-9】　某住宅小区内有一绿地如图1-8所示,现重新整修,需要把以前所种植物全部更新,绿地面积为320m²,绿地中两个灌木丛占地面积为80m²,竹林面积为50m²,挖出土方量为30m³。场地需要重新平整,绿地内为普坚土,挖出土方量为130m³,种入植物后还余30m³,试求其工程量。

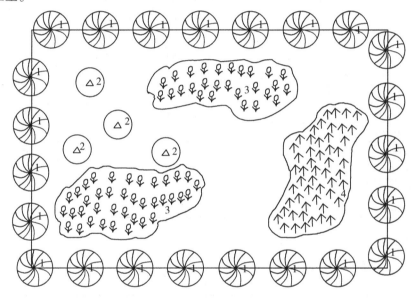

图1-8　某小区绿地
1—毛白杨　2—红叶李　3—月季　4—竹子

【解】　1.清单工程量

(1)项目编码:050101001　　　项目名称:砍伐乔木

工程量计算规则:按数量计算。

毛白杨——23株(其中离地面20cm处树干直径在30cm以内的有15株,离地面20cm处树干直径在40cm以内的有8株)　　　　　红叶李——4株

(2)项目编码:050101002　　　项目名称:挖树根(蔸)

工程量计算规则:按数量计算。

毛白杨——23株　　　　红叶李——4株

(3)项目编码:050101003　　　项目名称:砍挖灌木丛及根

工程量计算规则:按数量计算。

月季——65 株

（4）项目编码:050101004　　项目名称:砍挖竹及根

工程量计算规则:按数量计算。

竹子——52 株

（5）草皮的面积＝总的绿化面积－灌木丛的面积－竹林的面积

即:草皮的面积＝（320－80－50）m^2＝190.00m^2

（6）人工整理绿化用地　　320.00m^2

挖出的土方 $V_挖$＝130.00m^3　　剩余的土方 $V_余$＝30.00m^3

填入的土方 $V_填$＝$V_挖$－$V_余$＝130－30m^3＝100.00m^3

清单工程量计算见表1-23。

表 1-23　清单工程量计算表

序号	项目编码	项目名称	项目特征描述	计量单位	工程量
1	050101001001	砍伐乔木	毛白杨,离地面20cm处树干直径在30cm以内	株	15
2	050101001002	砍伐乔木	毛白杨,离地面20cm处树干直径在40cm以内	株	8
3	050101001003	砍伐乔木	红叶李,离地面20cm处树干直径在30cm以内	株	4
4	050101002001	挖树根(蔸)	毛白杨,离地面20cm处树干直径在30cm以内	株	15
5	050101002002	挖树根(蔸)	毛白杨,离地面20cm处树干直径在40cm以内	株	8
6	050101002003	挖树根(蔸)	红叶李,离地面20cm处树干直径在30cm以内	株	4
7	050101003001	砍挖灌木丛及根	月季,胸径10cm以下	株	65
8	050101004001	砍挖竹及根	竹子	株	52
9	050101006001	清除草皮	人工清除草皮	m^2	190.00
10	050101010001	整理绿化用地	人工整理绿化用地	m^2	320.00
11	010101002001	挖一般土方	普坚土	m^3	130.00
12	010103001001	回填方	普坚土	m^3	100.00

2.定额工程量

（1）砍伐乔木（表1-24）

表　1-24　　　　　　　　　　　　（单位:株）

定额编号	1－12	1－13	1－14	1－15
项目	离地面20cm处树干直径			
	30cm以内	40cm以内	50cm以内	50cm以外

毛白杨:离地面20cm处树干直径在30cm以内——15 株（套定额1－12）

离地面20cm处树干直径在40cm以内——8 株（套定额1－13）

红叶李:离地面20cm处树干直径在30cm以内——4 株（套定额1－12）

（2）挖树根（表1-25、表1-26）

表　1-25　　　　　　　　　　　　（单位:株）

定额编号	1－16	1－17	1－18	1－19
项目	离地面20cm处树干直径			
	30cm以内	40cm以内	50cm以内	50cm以外

毛白杨:离地面 20cm 处树干直径在 30cm 以内——15 株(套定额 1 – 16)

离地面 20cm 处树干直径在 40cm 以内——8 株(套定额 1 – 17)

红叶李:离地面 20cm 处树干直径在 30cm 以内——4 株(套定额 1 – 16)

表 1-26　　　　　　　　(单位 10m²)

定额编号	1 – 20	1 – 21	1 – 22	1 – 23
项目	砍挖灌木林胸径 10cm 以下		人工割挖草皮	挖竹根(10m³)
	稀	密		

月季:胸径 10cm 以下——6.5(10m²)(套定额 1 – 21)

(3)挖竹根:5.2(10m³)(套定额 1 – 23)

(4)人工清除草皮:190.00m²(套定额 1 – 22)

(5)人工整理绿化用地(表 1-27):320.00m²(套定额 1 – 1)

表 1-27　　　　　　　　(单位:m³)

定额编号	1 – 1	1 – 2	1 – 3	1 – 4
项目	人工整理绿化用地	挖土方		人工回填土
		普坚土	砂砾坚土	

挖土方:130.00m³(套定额 1 – 2)

人工回填土:100.00m³(套定额 1 – 4)

【例 1-10】　图 1-9 为某绿地喷灌设施图,主管道为镀锌钢管 DN40,承压力为 1MPa,管口直径为 26mm;分支管道为 UPVC 管,承压力为 0.5MPa,管口直径为 20mm,管道上装有低压螺纹阀门,直径为 28mm。主管道每条长 60m,分支管道每条长 20m,管道口装有喇叭口喷头,试求其工程量。

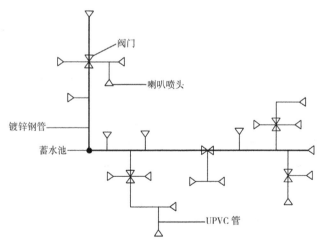

图 1-9　某绿地喷灌设施图

【解】　1.清单工程量

项目编码:050103001　　　项目名称:喷灌管线安装

工程量计算规则:按设计图示尺寸以长度计算。

镀锌钢管 *DN*40——2 根(每根承压力为 1MPa,每根长 60.00m,管口直径为 26mm)

UPVC 管——20 根(每根长 20.00m,管口直径为 20mm,每根承压力为 0.5MPa)

螺纹阀门——5 个

喇叭喷头——20 个

蓄水池——1 个

清单工程量计算见表 1-28。

表1-28　清单工程量计算表

序号	项目编码	项目名称	项目特征描述	计量单位	工程量
1	050103001001	喷灌管线安装	喷灌设施,主管道镀锌钢管 *DN*40,每根长 60m	m	120.00
2	050103001002	喷灌管线安装	喷灌设施,分支管道 UPVC 管,每根长 20m	m	400.00
3	050103002001	喷灌配件安装	喷灌设施,低压螺纹阀门	个	5
4	050103002002	喷灌配件安装	喷灌设施,喇叭口喷头	个	20

说明:1.喷灌设施安装时,尽可能避免用铸铁管道,因为铸铁遇水容易生锈,污染水源。

　　　2.喷头的安装要顾及到绿地的每个角落,避免出现喷水不均的现象。

　　　3.安装阀门时要遵循方便使用的原则,操作方便可节省人力、物力。

2.定额工程量

(1)镀锌钢管(表 1-29、表 1-30)

表　1-29　　　　　　　　　　　　　　(单位:m)

定额编号	5－1	5－2	5－3	5－4	5－5
项目	公称直径(mm 以内)				
	15	20	25	32	40

表　1-30　　　　　　　　　　　　　　(单位:m)

定额编号	5－6	5－7	5－8	5－9
项目	公称直径(mm)以内			
	50	70	80	100

镀锌钢管　　公称直径　　32mm 以内　　60×2m＝120m　　(套定额 5－4)

(2)UPVC 管(表 1-31)

表　1-31　　　　　　　　　　　　　　(单位:m)

定额编号	5－28	5－29	5－30	5－31	5－32
项目	管外径(mm 以内)				
	20	25	32	40	50

UPVC 管　　管外径 20mm 以内　　20×20m＝400m　　(套定额 5－28)

(3)螺纹阀门(表 1-32)

表 1-32 （单位:个）

定额编号	5 – 40	5 – 41	5 – 42	5 – 43	5 – 44	5 – 45
项目	公称直径(mm 以内)					
	15	20	25	32	40	50

螺纹阀门　　　公称直径28mm 以内　　　5 个　　　（套定额 5 – 43）

（4）喇叭喷头（表1-33）

表 1-33 （单位:个）

定额编号	5 – 82	5 – 83
项目	喷　头	
	埋藏旋转喷射	换向摇臂

喇叭喷头　　　喷射　　　20 个　　　（套定额 5 – 82）

【例1-11】　图 1-10 所示为某绿地给水管网的布置形式,从供水主管接出分管共 60m,水管为铝合金管,管径为 DN35;从分管至喷头的支管为 95m,同样是铝合金管,管径为 DN22,喷头为旋转式 DN18,共 11 个,低压手动 φ35 阀门 1 个,φ22 的 1 个,水表 1 组,试求其工程量。

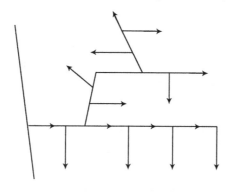

图 1-10　某绿地给水管网布置示意图

【解】　1. 清单工程量

项目编码:050103001　　　项目名称:喷灌管线安装

工程量计算规则:按设计图示尺寸以长度计算。

喷灌设施水管数量为(65 + 90)m = 155m。

分管 DN35:60m(铝合金管)

支管 DN22:95m(铝合金管)

旋转式喷头 DN18:11 个

低压手动阀门 φ35:1 个;φ22:1 个

水表:1 组

表 1-34　清单工程量计算表

序号	项目编码	项目名称	项目特征描述	计量单位	工程量
1	050103001001	喷灌管线安装	喷灌设施,铝合金分管 DN35,每根长 60m	m	60.00
2	050103001002	喷灌管线安装	喷灌设施,铝合金支管 DN22,每根长 95m	m	95.00

序号	项目编码	项目名称	项目特征描述	计量单位	工程量
3	050103002001	喷灌配件安装	喷灌设施,低压手动阀门,直径为35mm,	个	1
3	050103002002	喷灌配件安装	喷灌设施,低压手动阀门,直径为22mm,	个	1
4	050103002003	喷灌配件安装	喷灌设施,旋转式喷头 DN18	个	11

2. 定额工程量

(1)管道安装(表1-29)

分管为 DN35 共60m(套定额5 – 5)

支管为 DN22 共95m(套定额5 – 3)

(2)低压塑料螺纹阀门(表1-7)

其中:管外径为35mm 的1个(套定额5 – 66)

管外径为22mm 的1个(套定额5 – 64)

(3)水表组成与安装(表1-8)

螺纹连接水表:1 组,公称直径约50mm 以内(套定额5 – 78)

(4)喷灌喷头安装(表1-33)

埋藏旋转式喷头:11 个(套定额5 – 82)

说明:绿地喷灌工程量计算规则:

(1)管道安装

1)管道按图示管道中心线长度以 m 计算,不扣除阀门、管件及附件所占的长度。

2)直埋管道的土方工程:回填土按管道挖土体积计算,管径在500mm 以内的管所占体积不扣除;UPVC给水管固筑应按设计图示以处计算。

(2)阀门分压力、规格及连接方式以个计算。

(3)水表分规格和连接方式以组计算。

(4)喷头分种类以个计算。

(5)管道刷油分管径以 m^2 计算,铁件刷油以 kg 计算。

(6)给水井砌筑以 m^3 计算。

【例1-12】 已知一座房屋底层净面积为384m^2,其中室内外设计标高差为 +0.30m,室内的垫层和面层厚度共为0.12m,试求回填土工程量。

【解】 1.清单工程量

项目编码:010103001　　　项目名称:回填方

工程量计算规则:按设计图示尺寸以面积计算。

回填土工程量为:$[384 \times (0.30 - 0.12)]m^3 = 69.12m^3$

清单工程量计算见表1-35。

表1-35　清单工程量计算表

项目编码	项目名称	项目特征描述	计量单位	工程量
010103001001	回填方	回填厚度180mm	m^3	69.12

2. 定额工程量

$$V_填 = S\delta$$

$$\delta = H_{差} - H_1$$

式中 $V_{填}$——回填土体积(m^3);

S——房屋净面积(m^2);

$H_{差}$——室内外设计标高差(m);

H_1——室内垫层和面层厚度(m)。

则所求回填土工程量为:

$$V_{填} = [384 \times (0.30 - 0.12)] m^3 = 69.12 m^3$$

回填土工程量为$69.12 m^3$,为夯填(套定额1-20)。

【例1-13】 某住宅小区临街小游园面积为$650 m^2$,四周用乔木绿化,并依照季节变化,疏密搭配形成三季有花,四季常青的植物景观。园中除了种植植物外,还规划有园路、座凳,园中圆形花坛每个占地面积为$10 m^2$,座凳每个占地面积$0.5 m^2$,园路占地面积为$50 m^2$,如图1-11所示,试求其工程量。

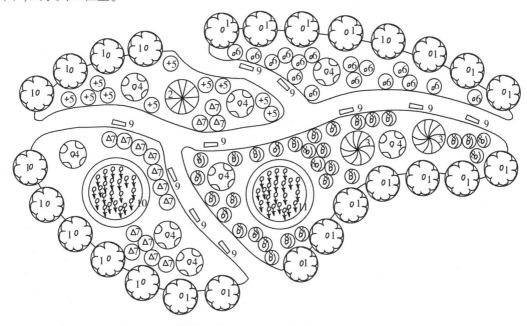

图1-11 某住宅小区临街小游园

1—栾树 2—白皮松 3—合欢 4—樱花

5—贴梗海棠 6—珍珠梅 7—迎春 8—榆叶梅

9—座凳 10—丰花月季 11—牡丹

【解】 1.清单工程量

(1)项目编码:050102001 项目名称:栽植乔木

工程量计算规则:按设计图示数量计算。

栾树——26 株 白皮松——1 株

合欢——2 株 樱花——8 株

(2)项目编码:050102002 项目名称:栽植灌木

工程量计算规则:按设计图示数量计算。

贴梗海棠——10 株 珍珠梅——16 株

迎春——15 株　　　　　　　　　榆叶梅——30 株

(3)项目编码:050102008　　　项目名称:栽植花卉

工程量计算规则:按设计图示数量或面积计算。

丰花月季——22 株　　　　　　牡丹——22 株

(4)铺种草皮的面积＝总的绿化面积－园路的面积－花坛的面积

即:铺种草皮的面积＝(650－50－10×2)m² ＝580.00m²

(5)人工整理绿化用地　　　　　580.00m²

清单工程量计算见表1-36。

表 1-36　清单工程量计算表

序号	项目编码	项目名称	项目特征描述	计量单位	工程量
1	050102001001	栽植乔木	栾树,胸径25cm 以内	株	18
2	050102001002	栽植乔木	栾树,胸径20cm 以内	株	8
3	050102001003	栽植乔木	白皮松,胸径20cm 以内	株	1
4	050102001004	栽植乔木	合欢,胸径20cm 以内	株	2
5	050102001005	栽植乔木	樱花,胸径15cm 以内	株	4
6	050102001006	栽植乔木	樱花,胸径10cm 以内	株	4
7	050102002001	栽植灌木	贴梗海棠,高度1.8m 以内	株	2
8	050102002002	栽植灌木	贴梗海棠,高度1.5m 以内	株	8
9	050102002003	栽植灌木	珍珠梅,高度1.8m 以内	株	3
10	050102002004	栽植灌木	珍珠梅,高度1.5m 以内	株	13
11	050102002005	栽植灌木	迎春,高度1.5m 以内	株	15
12	050102002006	栽植灌木	榆叶梅,高度1.8m 以内	株	10
13	050102002007	栽植灌木	榆叶梅,高度1.5m 以内	株	20
14	050102008001	栽植花卉	丰花月季	株	22
15	050102008002	栽植花卉	牡丹	株	22
16	050102012001	铺种草皮	铺草卷	m²	580.00
17	050101010001	整理绿化用地	人工整理绿化用地	m²	580.00

2.定额工程量

(1)栽植乔木(表1-2)

栾　树:胸径25cm 以内——18 株(套定额2－7)

　　　　胸径20cm 以内——8 株(套定额2－6)

白皮松:胸径20cm 以内——1 株(套定额2－6)

合　欢:胸径20cm 以内——2 株(套定额2－6)

樱　花:胸径15cm 以内——4 株(套定额2－5)

　　　　胸径10cm 以内——4 株(套定额2－3)

(2)栽植灌木(表1-3)

贴梗海棠:高度1.8m 以内——2 株(套定额2－9)

　　　　　高度1.5m 以内——8 株(套定额2－8)

珍　珠　梅:高度1.8m以内——3株(套定额2-9)
　　　　　高度1.5m以内——13株(套定额2-8)
迎　　　春:高度1.5m以内——15株(套定额2-8)
榆　叶　梅:高度1.8m以内——10株(套定额2-9)
　　　　　高度1.5m以内——20株(套定额2-8)
(3)栽植花卉(表1-16)
丰花月季:木本——1.0(10m²)(套定额2-96)
牡　　　丹:木本——1.0(10m²)(套定额2-96)
(4)铺种草皮(表1-4)
铺种草皮:铺草卷——58.00(10m²)(套定额2-92)

【例1-14】　图1-12所示为某局部绿化示意图,整体为草地及踏步,踏步厚度为120mm,其他尺寸见图中标注,试求铺植的草坪工程量。

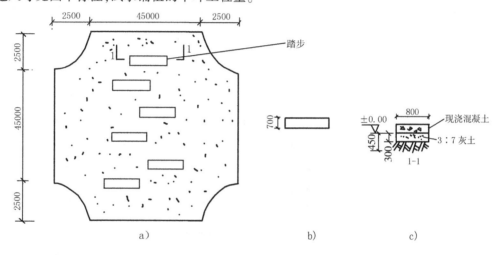

图1-12　某局部绿化示意图
a)平面图　b)踏步平面图　c)1-1剖面图

【解】　1.清单工程量
项目编码:050102012　　　项目名称:铺种草皮
工程量计算规则:按设计图示尺寸以面积计算。

$$S = \left[(2.5 \times 2 + 45)^2 - \frac{3.14 \times 2.5^2}{4} \times 4 - 0.8 \times 0.7 \times 6 \right] \text{m}^2$$

$$= (2500 - 19.625 - 3.36)\text{m}^2 = 2477.02\text{m}^2$$

【注释】　正方形面积(边长为2.5×2+45m)减去四角四个四分之一圆形面积(圆的半径为2.5m)和中间六个踏步面积(踏步长0.8m,宽0.7m)得出要铺种草皮的面积。

清单工程量计算见表1-37。

表1-37　清单工程量计算表

项目编码	项目名称	项目特征描述	计量单位	工程量
050102012001	铺种草皮	铺种草坪	m²	2477.02

2.定额工程量

定额工程量计算同清单工程量。

【例 1-15】 如图 1-12 所示，试求踏步 3:7 灰土垫层工程量（灰土厚度为 300mm）。

【解】 1.清单工程量

$0.8 \times 0.7 \times 6 \times 0.3 m^3 = 1.01 m^3$

【注释】 六个长为 800mm，宽为 700mm，灰土厚度为 300mm 的踏步。

清单工程量计算见表 1-38。

表 1-38 清单工程量计算表

项目编码	项目名称	项目特征描述	计量单位	工程量
010404001001	垫层	3:7 灰土垫层	m³	1.01

2.定额工程量

定额工程量计算同清单工程量。

【例 1-16】 图 1-13 所示为某局部绿化示意图，共有 4 个入口，有 4 个一样大小的模纹花坛，试求铺种草皮工程量、模纹种植工程量（养护三年）。

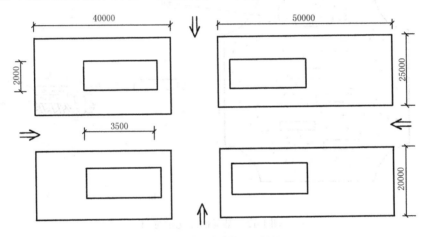

图 1-13 某局部绿化示意图

【解】 1.清单工程量

（1）铺种草皮工程量

项目编码:050102012　　　项目名称:铺种草皮

工程量计算规则:按设计图示尺寸以面积计算。

$S = (40 \times 25 + 50 \times 25 + 50 \times 20 + 40 \times 20 - 3.5 \times 2 \times 4) m^2$

$= (1000 + 1250 + 1000 + 800 - 28) m^2 = 4022.00 m^2$

【注释】 四个不同的大矩形面积（第一个长 40m，宽 25m;第二个长 50m，宽 25m;第三个长 50m，宽 20m;第四个长 40m，宽 20m）减去中间四个相同的小矩形面积（长 3.5m，宽 2m）即为所求。

（2）模纹种植清单工程量

$S = 2 \times 3.5 \times 4 m^2 = 28.00 m^2$

【注释】 4 个长为 3.5m、宽为 2m 的模纹花坛。

清单工程量计算见表 1-39。

表 1-39 清单工程量计算表

序号	项目编码	项目名称	项目特征描述	计量单位	工程量
1	050102012001	铺种草皮	养护 3 年	m²	4022.00
2	050102013001	喷播植草	养护 3 年	m²	28.00

2. 定额工程量

（1）铺种草皮定额工程量同清单工程量。

（2）模纹种植工程量：$S = 2 \times 3.5 \times 4 \text{m}^2 = 28.00 \text{m}^2 = 2.80(10 \text{m}^2)$

【例 1-17】 某街头小区绿化带如图 1-14 所示，种植紫叶小檗绿化带，宽 1.2m。试求其工程量（二类土，色带养护两年）。

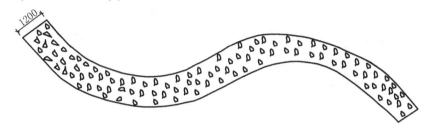

图 1-14 紫叶小檗绿化带

说明：单弧长 5340。

【解】 1. 清单工程量

（1）平整场地

项目编码：050101010　　项目名称：整理绿化用地

工程量计算规则：按设计图示尺寸以面积计算。

$S = 弧长 \times 宽 = 5.34 \times 1.2 \text{m}^2 = 6.41 \text{m}^2$

（2）栽植色带

由图 1-14 可知，该街头小区栽植的是紫叶小檗的绿化带，弧长 5340mm，宽1.2m。

项目编码：050102007　　项目名称：栽植色带

工程量计算规则：按设计图示尺寸以面积计算。

$S = 5.34 \times 1.2 \text{m}^2 = 6.41 \text{m}^2$

清单工程量计算见表 1-40。

表 1-40 清单工程量计算表

序号	项目编码	项目名称	项目特征描述	计量单位	工程量
1	050101010001	整理绿化用地	二类土	m²	6.41
2	050102007001	栽植色带	养护两年	m²	6.41

2. 定额工程量

定额编号：1 - 1　2 - 24　　项目名称：人工整理绿化用地　　色带高度（0.8m 以内）

（1）平整场地：6.41m²

说明：在计算平整场地时按设计图示尺寸以 m² 计算。

（2）栽植色带：0.64（10m²）

说明：在计算色带（块）时，要注意单位；在定额计算中，单位是按"10m²"来计算的。

【例 1-18】 某地为了扩建需要,需将图 1-15 绿地上的植物进行挖掘、清除,试求其工程量。

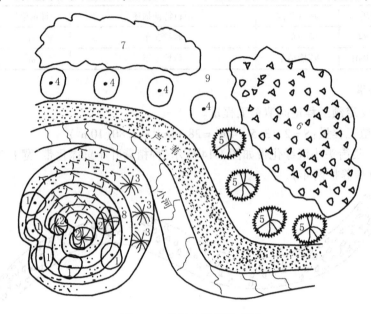

图 1-15　某绿地局部示意图

1—银杏　2—五角枫　3—白玉兰　4—白蜡　5—木槿

6—紫叶小檗　7—大叶黄杨　8—白三叶草及缀花小草　9—竹林

【解】　1. 清单工程量

(1)项目编码:050101001　　项目名称:砍伐乔木(树干胸径均在 30cm 以内)

　　工程量计算规则:按数量计算。

　　银杏——5 株　　　　五角枫——3 株　　　　白蜡——4 株

　　白玉兰——3 株　　　木槿——4 株

(2)项目编码:050101002　　项目名称:挖树根(蔸)

　　工程量计算规则:按数量计算。

　　银杏——5 株　　　　五角枫——3 株　　　　白蜡——4 株

　　白玉兰——3 株　　　木槿——4 株

(3)项目编码:050101003　　项目名称:砍挖灌木丛及根

　　工程量计算规则:按数量计算。

　　紫叶小檗——68 株丛(丛高 1.6m)

　　大叶黄杨——360 株丛(丛高 2.5m)

(4)项目编码:050101004　　项目名称:砍挖竹及根

　　工程量计算规则:按数量计算。

　　竹林——160 株丛(根直径 10cm)

(5)项目编码:050101005　　项目名称:砍挖芦苇及根

　　工程量计算规则:按面积计算。

　　芦苇根——8.00m²(丛高 1.8m)

(6)项目编码:050101006　　项目名称:清除草皮

工程量计算规则:按面积计算。

白三叶草及缀花小草——110.00m²(丛高0.6m)

清单工程量计算见表1-41。

表1-41 清单工程量计算表

序号	项目编码	项目名称	项目特征描述	计量单位	工程量
1	050101001001	砍伐乔木	树干胸径均在30cm以内	株	19
2	050101002001	挖树根(蔸)	树干胸径均在30cm以内	株	19
3	050101003001	砍挖灌木丛及根	丛高1.6m	株丛	68
4	050101003002	砍挖灌木丛及根	丛高2.5m	株丛	360
5	050101004001	砍挖竹及根	根盘直径10cm	株丛	160
6	050101005001	砍挖芦苇及根	丛高1.8m	m²	8.00
7	050101006001	清除草皮	丛高0.6m	m²	110.00

2.定额工程量

(1)伐树

银杏:5棵,按离地面20cm处树干直径分:

　　　　30cm以内(套定额1-12)

　　　　40cm以内(套定额1-13)

　　　　50cm以内(套定额1-14)

　　　　50cm以外(套定额1-15)

五角枫:3棵,按离地面20cm处树干直径分:

　　　　30cm以内(套定额1-12)

　　　　40cm以内(套定额1-13)

　　　　50cm以内(套定额1-14)

　　　　50cm以外(套定额1-15)

白蜡:4棵,按离地面20cm处树干直径分:

　　　　30cm以内(套定额1-12)

　　　　40cm以内(套定额1-13)

　　　　50cm以内(套定额1-14)

　　　　50cm以外(套定额1-15)

白玉兰:3棵,按离地面20cm处树干直径分:

　　　　30cm以内(套定额1-12)

　　　　40cm以内(套定额1-13)

　　　　50cm以内(套定额1-14)

　　　　50cm以外(套定额1-15)

木槿:4棵,按离地面20cm处树干直径分:

　　　　30cm以内(套定额1-12)

　　　　40cm以内(套定额1-13)

50cm 以内(套定额 1－14)

50cm 以外(套定额 1－15)

(2)挖树根

银杏——5 棵　　　　　五角枫——3 棵　　　　　白蜡——4 棵

木槿——4 棵　　　　　白玉兰——3 棵

以上植物按离地面 20cm 处树干直径在不同范围内可套用不同的定额。

30cm 以内(套定额 1－16)

40cm 以内(套定额 1－17)

50cm 以内(套定额 1－18)

50cm 以外(套定额 1－19)

(3)砍挖灌木林

紫叶小檗——1.6($10m^2$)　　(单位:$10m^2$)

大叶黄杨——2.5($10m^2$)　　(单位:$10m^2$)

以上两种灌木林按胸径 10cm 以下分:

稀(套定额 1－20)

密(套定额 1－21)

(4)挖竹根

竹根——1.8($10m^3$)　　(单位:$10m^3$)　　(套定额 1－23)

(5)挖芦苇根

芦苇根——$8.00m^2$,丛高 1.5cm 以下(套定额 1－1－补 1)

(6)人工挖割草皮

草皮　11.00($10m^2$)(单位:$10m^2$)(套定额 1－22)

说明:1.凡砍挖灌木林每 $1000m^2$ 在 220 棵以下者为稀,220 棵以上者为密。

2.砍伐乔木、挖树根(蔸)以株计算。

3.砍挖灌木林、割挖草皮以 m^2 计算。

4.挖竹根以 m^3 计算。

【例 1-19】　根据图 1-16 所示,试求其工程量。

【解】　1.清单工程量

(1)项目编码:050102001　　项目名称:栽植乔木

工程量计算规则:按设计图示数量计算。

垂柳——5 株　　　　　广玉兰——6 株

(2)项目编码:050102009　　项目名称:栽植水生植物

工程量计算规则:按设计图示数量或面积计算。

水生植物——100 丛

(3)项目编码:050102012　　项目名称:铺种草皮

工程量计算规则:按设计图示尺寸以面积计算。

高羊茅——$1000.00m^2$

清单工程量计算见表 1-42。

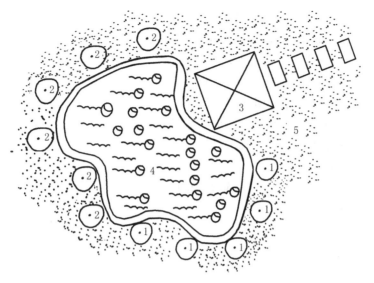

图 1-16　某绿地局部示意图

1—垂柳　2—广玉兰　3—亭子　4—水生植物　5—高羊茅

注:垂柳5株;广玉兰6株;水生植物100丛;高羊茅1000.00m²。

表 1-42　清单工程量计算表

序号	项目编码	项目名称	项目特征描述	计量单位	工程量
1	050102001001	栽植乔木	垂柳	株	5
2	050102001002	栽植乔木	广玉兰	株	6
3	050102009001	栽植水生植物	养护3年	丛	100
4	050102012001	铺种草皮	高羊茅	m²	1000.00

2.定额工程量

(1)栽植乔木

1)普坚土种植(表1-2):

垂柳——5株　广玉兰——6株　这两种植物根据其胸径不同,其定额也不同,分为:

裸根乔木胸径:5cm以内(套定额2-1)

　　　　　　　7cm以内(套定额2-2)

　　　　　　　10cm以内(套定额2-3)

　　　　　　　12cm以内(套定额2-4)

　　　　　　　15cm以内(套定额2-5)

　　　　　　　20cm以内(套定额2-6)

　　　　　　　25cm以内(套定额2-7)

2)砂砾坚土种植(表1-2):

垂柳、广玉兰这两种植物根据其胸径不同,其定额也不同,分为:

裸根乔木胸径:5cm以内(套定额2-1)

　　　　　　　7cm以内(套定额2-2)

10cm 以内(套定额 2－3)

12cm 以内(套定额 2－4)

15cm 以内(套定额 2－5)

20cm 以内(套定额 2－6)

25cm 以内(套定额 2－7)

说明:胸径是指距地坪 1.20m 高处的树干直径;苗木种植按不同土壤类别分别计算;裸根乔木按不同胸径以株计算。

(2)栽植水生植物

水生植物——10(10 丛)(套定额 2－101)

说明:单位为 10 丛。

(3)铺种草皮

高羊茅——100.00(10m²)(套定额 2－93)

说明:单位为 10m²。

【例 1-20】 某小区娱乐场地要进行绿化,图 1-17 是局部绿化带示意图,试求其工程量。

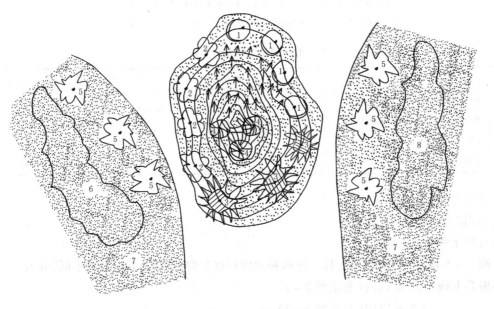

图 1-17 局部绿化带

1—银杏 2—广玉兰 3—雪松 4—紫叶李 5—蒲葵 6—月季

7—红花酢浆草 8—鸢尾

【解】 1.清单工程量

(1)项目编码:050102004 项目名称:栽植棕榈类

工程量计算规则:按设计图示数量计算。

蒲葵——6 株

(2)项目编码:050102001 项目名称:栽植乔木

工程量计算规则:按设计图示数量计算。

银杏——4 株 广玉兰——4 株 紫叶李——3 株 雪松——3 株

(3)项目编码:050102008   项目名称:栽植花卉

工程量计算规则:按设计图示数量或面积计算。

月季——190 株(总占地面积为 38.00m²)

鸢尾——180 株(总占地面积为 38.00m²)

(4)项目编码:050102013   项目名称:喷播植草

工程量计算规则:按设计图示尺寸以面积计算。

红花酢浆草——8000.00m²

清单工程量计算见表 1-43。

表 1-43　清单工程量计算表

序号	项目编码	项目名称	项目特征描述	计量单位	工程量
1	050102004001	栽植棕榈类	蒲葵	株	6
2	050102001001	栽植乔木	紫叶李	株	3
3	050102001002	栽植乔木	雪松	株	3
4	050102001003	栽植乔木	银杏	株	4
5	050102001004	栽植乔木	广玉兰	株	4
6	050102008001	栽植花卉	月季	株	190
7	050102008002	栽植花卉	鸢尾	株	180
8	050102013001	喷播植草	红花酢浆草	m²	8000.00

2. 定额工程量

(1)栽植乔木:根据其胸径不同,其定额也不同

紫叶李——3 株　雪松——3 株　银杏——4 株　广玉兰——4 株

1)普坚土种植:

裸根乔木胸径(表 1-2):5cm 以内(套定额 2 - 1)

7cm 以内(套定额 2 - 2)

10cm 以内(套定额 2 - 3)

12cm 以内(套定额 2 - 4)

15cm 以内(套定额 2 - 5)

20cm 以内(套定额 2 - 6)

25cm 以内(套定额 2 - 7)

2)砂砾坚土种植:

裸根乔木胸径:5cm 以内(套定额 2 - 44)

7cm 以内(套定额 2 - 45)

10cm 以内(套定额 2 - 46)

13cm 以内(套定额 2 - 47)

15cm 以内(套定额 2 - 48)

20cm 以内(套定额 2 - 49)

25cm 以内(套定额 2 - 50)

说明:胸径是指距地坪1.20m高处的树干直径;苗木种植按不同土壤类别分别计算;裸根乔木按不同胸径以株计算。

(2)栽植灌木(表1-3)

蒲葵:高度2.5m以内——3株(套定额2-11)

　　　高度1.8以内——3株(套定额2-9)

(3)栽植花卉

　　月季——3.8(10m²)(单位:10m²)(套定额2-96)

　　鸢尾——3.8(10m²)(单位:10m²)(套定额2-94)

表 1-44　　　　　　　　　　　　　　(单位:10m²)

定额编号	2-94	2-95	2-96	2-97	2-98
项目	花卉 一两年生草花	花卉			
		宿根	木本	球、块根	彩纹图案花坛

(4)喷播植草

红花酢浆草——80.00(100m²)(单位:100m²)

根据坡度、坡长不同,所用定额也不同,见表1-45。

表 1-45　　　　　　　　　　　　　　(单位:100m²)

定额编号	项　目	
	坡　度	坡　长
2-103		8m以内
2-104	1:1以下	12m以内
2-105		12m以外
2-106		8m以内
2-107	1:1以上	12m以内
2-108		12m以外

【例1-21】　某绿化带新建两行绿篱,如图1-18所示,试求其工程量。

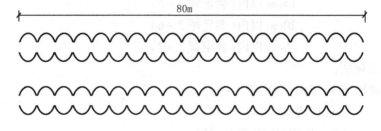

图1-18　绿篱

【解】　1.清单工程量

项目编码:050102005　　项目名称:栽植绿篱

工程量计算规则:按设计图示以长度或面积计算。

双行绿篱 $80 \times 2\mathrm{m} = 160.00\mathrm{m}$

清单工程量计算见表 1-46。

表 1-46 清单工程量计算表

项目编码	项目名称	项目特征描述	计量单位	工程量
050102005001	栽植绿篱	两行	m	160.00

2. 定额工程量

双行绿篱——160.00m，即为 16.00(10m)。

双行绿篱高度不同，所选定额也不同，见表 1-47。

表 1-47

定 额 编 号	双行绿篱高度(m 以内)
2 – 138	0.6
2 – 139	0.8
2 – 140	1
2 – 141	1.2
2 – 142	1.5
2 – 143	2

【例 1-22】 如图 1-19 所示为攀缘植物紫藤，共 5 株，试求其工程量。

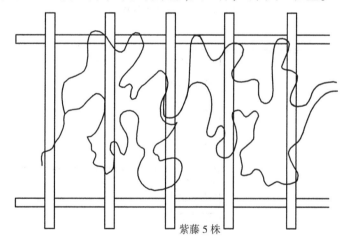

紫藤 5 株

图 1-19 攀缘植物紫藤

【解】 1. 清单工程量

项目编码:050102006 项目名称:栽植攀缘植物

工程量计算规则:按设计图示数量计算。

攀缘植物紫藤——5 株

清单工程量计算见表 1-48。

表 1-48 清单工程量计算表

项目编码	项目名称	项目特征描述	计量单位	工程量
050102006001	栽植攀缘植物	紫藤	株	5

2.定额工程量

攀缘植物紫藤——0.5(10 株)(单位:10 株)。

植物生长年限不同,所用定额也不同,见表1-49。

表 1-49

定额编号	2－152	2－153	2－154	2－155
项 目	攀缘植物生长年限			
	3 年生长	4 年生长	5 年生长	5～8 年生长

【例1-23】 某高树池,树池壁高为45cm,宽为15cm,树池为圆形树池,外径为2m,如图1-20、图1-21 所示,试求其工程量。

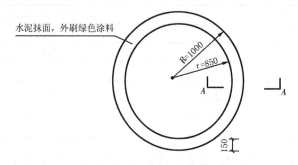

图1-20 高树池平面图

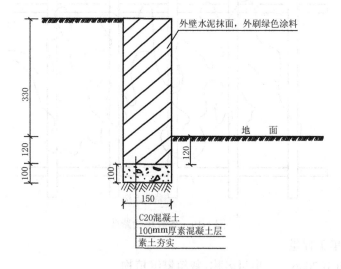

图1-21 高树池 A-A 剖面图

【解】 1.清单工程量

由题意及图1-20、图1-21 所示可得:

(1)平整场地

$S = \pi R^2 = 3.14 \times 1^2 \text{m}^2 = 3.14 \text{m}^2$

【注释】 树池为圆形,外围半径为1000mm,平整场地即计算外圆面积。

36

（2）人工挖地槽

$V = \pi(R^2 - r^2) \times 高 = 3.14 \times (1^2 - 0.85^2) \times (0.1 + 0.12)\text{m}^3 = 0.19\text{m}^3$

【注释】 环形树池的面积乘以高度，高度为120mm加上100mm的素混凝土垫层。

（3）素混凝土基础垫层

$V = \pi(R^2 - r^2) \times 高 = 3.14 \times (1^2 - 0.85^2) \times 0.10\text{m}^3 = 0.09\text{m}^3$

【注释】 环形的面积（大圆半径为1m，小圆半径为0.85m）乘以基础垫层厚度，由高树池$A - A$剖面图可知垫层厚度为100mm。

（4）混凝土池壁

$V = \pi R^2 \times 高 = 3.14 \times (1^2 - 0.85^2) \times (0.12 + 0.33)\text{m}^3 = 0.39\text{m}^3$

【注释】 素混凝土垫层之上即为池壁。环形面积已知，高度为地面以下120mm和地面以上330mm之和。

（5）水泥抹面

$S = 2\pi R \times 高 + \pi(R^2 - r^2) = [2 \times 3.14 \times 1 \times 0.33 + 3.14 \times (1^2 - 0.85^2)]\text{m}^2 = 2.94\text{m}^2$

【注释】 环形树池的外围面积（外径为1m，高度为0.33m）加上上部环形面积即为水泥抹面的总面积。

（6）外刷绿色涂料

$S = 2\pi R \times 高 + \pi(R^2 - r^2) = [2 \times 3.14 \times 1 \times 0.33 + 3.14 \times (1^2 - 0.85^2)]\text{m}^2 = 2.94\text{m}^2$

【注释】 同水泥抹面。

清单工程量计算见表1-50。

表1-50　清单工程量计算表

序号	项目编码	项目名称	项目特征描述	计量单位	工程量
1	010101001001	平整场地	三类土	m²	3.14
2	010101002001	挖一般土方	独立基础，挖土深0.22m	m³	0.19
3	010501001001	垫层	素混凝土基础垫层	m³	0.09
4	010507007001	其他构件	现浇混凝土池壁C20	m³	0.39
5	011203001001	零星项目一般抹灰	树池壁	m²	2.94
6	011407001001	墙面刷喷涂料	刷绿色涂料	m²	2.94

2.定额工程量

定额工程量计算同清单工程量。

【例1-24】 如图1-22所示为某地绿篱（绿篱为双行，高50cm），试求其工程量。

图1-22　某地绿篱示意图

【解】 1.清单工程量

项目编码:050102005   项目名称:栽植绿篱

工程量计算规则:按设计图示以长度或面积计算。

$$L = 2\pi R \times 2 = 2 \times 3.14 \times 5.00 \times 2 \text{m} = 62.80 \text{m}$$

【注释】 S形绿篱中心断开相接刚好是一个圆形,绿篱双行,则为2个圆周。半径为5m。

不同株高其单价不同,不同的材料(小灌木、花灌)其损耗不同。

苗木价值应根据设计要求的品种、规格、数量和损耗量计算。

损耗量 = 苗木量 × 本苗木的损耗率

清单工程量计算见表1-51。

表1-51　清单工程量计算表

项目编码	项目名称	项目特征描述	计量单位	工程量
050102005001	栽植绿篱	篱高50cm,2行	m	62.80

2.定额工程量

定额工程量计算同清单工程量。

【例1-25】 某场地要栽植5株黄山栾(胸径5.6~7cm,高4.0~5m,球径60cm,定杆高3~3.5m),种植在3m×35m的区域内,树下铺置草坪,树池高为60mm,养护乔木时间为半年,如图1-23所示。计算各分部分项工程量。

a)

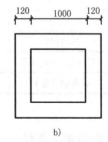

b)

图1-23　某场地种植示意图

a)种植带　b)树池

【解】 (1)草坪的面积

$$S_{草} = S_{总} - S_{树池} = \left[3 \times 35 - (1 + 0.12 \times 2)^2 \times 5 \right] \text{m}^2 = 97.31 \text{m}^2$$

【注释】 种植区域(长35m,宽3m)减去五个边长为$(1+0.12\times2)$m树池的面积,得出即为草坪的种植面积。

(2)草坪铺置工程量清单计价

综合单价$\times S_草$

(3)树池的工程量

$V=(1+0.12)\times4\times0.06\times5\times0.12m^3=1.344\times0.12m^3=0.16m^3$

【注释】 $(1+0.12)\times4$为树池中心线长度,0.06为树池高度,5为树池个数,0.12为树池宽度。

(4)植物栽植计算工程量

1)植物乔木 5株

2)养护乔木 5株/月$\times6$月=30株

(5)栽植乔木费用:

乔木材料费+人工费+其他材料费

乔木价格:160元/株

人工费:50元/工日

其他材料费:30元

合计:$(160\times5+50\times1+30)$元=880元

乔木养护费用:

每株每月养护$\times$株数$\times$月数=$7\times5\times6$元=210元,人工费170元,材料费40元。

合计:人工费:50+170元/工日=220元/工日　　材料费:$(160\times5+30+40)$元=870元

综合:

直接费用合计:$(870+220)$元=1090元

管理费=直接费$\times$管理费率=1090元$\times25\%$=272.5元

利润=直接费$\times8\%$=1090元$\times8\%$=87.2元

总计:1090+272.5+87.2元=1449.7元

综合单价:总价/工程数量=1449.7元/5株=289.94元/株

分部分项工程量见表1-52。

表1-52 分部分项工程量清单与计价表

工程名称:$\times\times\times\times$绿化工程　　　　　　标段:　　　　　　　　　　第 页 共 页

序号	项目编码	项目名称	项目特征描述	计量单位	工程量	金额/元		
						综合单价	合价	其中:暂估价
1	050102001001	栽植乔木	黄山栾,胸径5.6~7cm,高4.0~5m,球径60cm,养护期6个月	株	5	289.94	1449.70	
2	050102012001	铺种草皮	草坪铺设	m²	100.00			

【例1-26】 某道路绿化带,共栽植旱柳75株(胸径9~10cm),广玉兰32株(胸径7~8cm),如图1-24所示,试求其工程量。

图 1-24　种植示意图
1—旱柳　2—广玉兰

【解】　根据图 1-24 计算可知:旱柳 75 株(胸径 9~10cm),广玉兰 32 株(胸径 7~8cm),共 107 株。

（1）旱柳(胸径 9~10cm)　75 株

1）普坚土种植,胸径 10cm 以内

①人工费:14.37 元/株 ×75 株 =1077.75 元

②材料费:5.99 元/株 ×75 株 =449.25 元

③机械费:0.34 元/株 ×75 株 =25.50 元

2）普坚土掘苗,胸径 10cm 以内

①人工费:8.47 元/株 ×75 株 =635.25 元

②材料费:0.17 元/株 ×75 株 =12.75 元

③机械费:0.20 元/株 ×75 株 =15.00 元

3）裸根乔木客土(100×70),胸径 9~10cm

①人工费:2.86 元/株 ×75 株 =214.50 元

②材料费:0.55m³/株 ×5 元/m³ ×75 株 =206.25 元

③机械费:0.07 元/株 ×75 株 =5.25 元

4）场外运苗,胸径 10cm 以内

①人工费:4.72 元/株 ×75 株 =354.00 元

②材料费:0.24 元/株 ×75 株 =18.00 元

③机械费:7.00 元/株 ×75 株 =525.00 元

5）旱柳材料费:75 株(胸径 9~10cm)

28.8 元/株 ×75 株 =2160.00 元

综合：直接费:5698.50 元,其中人工费:2281.50 元

　　　管理费:5698.50 元 ×34% =1937.49 元

　　　利润:5698.50 元 ×8% =455.88 元

　　　小计:(5698.50 +1937.49 +455.88)元 =8091.87 元

　　　综合单价:8091.87 元/75 株 =107.89 元/株

（2）广玉兰　　(胸径 7~8cm)　　32 株

1）普坚土种植(胸径 7~8cm)

①人工费:14.37 元/株 ×32 株 =459.84 元

②材料费:5.99 元/株 ×32 株 =191.68 元

③机械费:0.34 元/株 ×32 株 =10.88 元

2)普坚土掘苗,胸径 10cm 以内

①人工费:8.47 元/株 ×32 株 =271.04 元

②材料费:0.17 元/株 ×32 株 =5.44 元

③机械费:0.20 元/株 ×32 株 =6.40 元

3)裸根乔木客土(100 ×70),胸径 9 ~10cm

①人工费:2.86 元/株 ×32 株 =91.52 元

②材料费:0.55m³/株 ×32 株 ×5 元/m³ =88.00 元

③机械费:0.07 元/株 ×32 株 =2.24 元

4)场外运苗,胸径 10cm 以内

①人工费:4.72 元/株 ×32 株 =151.04 元

②材料费:0.24 元/株 ×32 株 =7.68 元

③机械费:7.00 元/株 ×32 株 =224.00 元

5)广玉兰材料费:32 株(胸径 7 ~8cm)

76.5 元/株 ×32 =2448 元

综合:直接费:3957.76 元,其中人工费 973.44 元

　　　管理费:3957.76 元 ×34% =1345.64 元

　　　利润:3957.76 元 ×8% =316.62 元

　　　小计:(3957.76 +1345.64 +316.62)元 =5620.02 元

　　　综合单价:5620.02 元/32 株 =175.63 元/株

分部分项工程量清单与计价表见表 1-53,工程量清单综合单价分析表见表 1-54 和表 1-55。

表 1-53 分部分项工程量清单与计价表

工程名称:绿化地　　　　　　　　　　　　　　　　　　　　　　　　第 页 共 页

序号	项目编码	项目名称	项目特征描述	计量单位	工程量	金额/元		
						综合单价	合价	其中:暂估价
1	050102001001	栽植乔木	旱柳,胸径 9 ~10cm	株	75	107.90	8091.87	
2	050102001002	栽植乔木	广玉兰,胸径 7 ~8cm	株	32	175.63	5620.02	
			本页小计					
			合　计					

41

表 1-54　工程量清单综合单价分析表

工程名称:绿化地工程　　　　　　　　　　　　　标段:　　　　　　　　　第 页 共 页

| 项目编码 | 050102001001 | 项目名称 | | 栽植乔木 | | 计量单位 | | 株 |

清单综合单价组成明细

定额编号	定额名称	定额单位	数量	单价				合价			
				人工费	材料费	机械费	管理费和利润	人工费	材料费	机械费	管理费和利润
2-3	普坚土种植,胸径 10cm 以内	株	1	14.37	5.99	0.34	8.69	14.37	5.99	0.34	8.69
3-1	普坚土掘苗,胸径 10cm 以内	株	1	8.47	0.17	0.20	3.71	8.47	0.17	0.20	3.71
3-25	场外运苗,胸径 10cm 以内	株	1	4.72	0.24	7.00	5.02	4.72	0.24	7.00	5.02
4-3	裸根乔木客土 100×70,胸径 9~10cm	株	1	2.86	—	0.07	1.23	2.86	—	0.07	1.23
4703010	馒头柳,胸径 9~10cm	株	1	—	28.80	—	12.10	—	28.80	—	12.10
人工单价			小　计					30.42	35.20	7.61	30.75
30.81 元/工日			未计价材料费					2.75			
清单项目综合单价								107.90			

材料费明细	主要材料名称、规格、型号		单位	数量	单价/元	合价/元	暂估单价/元	暂估合价/元
	土		m³	0.55	5.00	2.75		
	其他材料费				—	—		
	材料费小计				—	2.75	—	

注:1. 本表采用《北京市建设工程预算定额》中的绿化工程定额及《北京市建设工程材料预算价格》定额;

　　2. 管理费采取 34%,利润采取 8%。

表 1-55　工程量清单综合单价分析表

工程名称:绿化地工程　　　　　　　　　　　　　标段:　　　　　　　　　第 页 共 页

| 项目编码 | 050102001002 | 项目名称 | | 栽植乔木 | | 计量单位 | | 株 |

清单综合单价组成明细

定额编号	定额名称	定额单位	数量	单价				合价			
				人工费	材料费	机械费	管理费和利润	人工费	材料费	机械费	管理费和利润
2-3	普坚土种植,胸径 10cm 以内	株	1	14.37	5.99	0.34	8.69	14.37	5.99	0.34	8.69

定额编号	定额名称	定额单位	数量	单价				合价			
				人工费	材料费	机械费	管理费和利润	人工费	材料费	机械费	管理费和利润
3-1	普坚土掘苗,胸径10cm以内	株	1	8.47	0.17	0.20	3.71	8.47	0.17	0.20	3.71
3-25	场外运苗,胸径10cm以内	株	1	4.72	0.24	7.00	5.02	4.72	0.24	7.00	5.02
4-3	裸根乔木客土100×70,胸径10cm以内	株	1	2.86	—	0.07	1.23	2.86	—	0.07	1.23
4939001	阔瓣玉兰,胸径10cm以内	株	1	—	76.50	—	32.13	—	76.50	—	32.13
人工单价		小　计						30.42	82.90	7.61	50.78
30.81元/工日		未计价材料费						2.75			
	清单项目综合单价							175.63			

	主要材料名称、规格、型号				单位	数量	单价/元	合价/元	暂估单价/元	暂估合价/元
材料费明细	土				m³	0.55	5.00	2.75		
	其他材料费						—		—	
	材料费小计						—	2.75	—	

注:1. 本表采用《北京市建设工程预算定额》中的绿化工程定额及《北京市建设工程材料预算价格》定额;

2. 管理费采取34%,利润采取8%。

第二节　综合实例详解

【例 1-27】　某广场绿化工程如图 1-25 ～图 1-38 所示。图 1-25 为广场绿化的具体布置情况,图 1-26 ～图 1-38 为各分项工程的示意图,总面积及草坪面积见图中说明,试计算其工程量。

序号1:

项目编码　010101001001

项目名称　平整场地,普坚土

【解】　$S = 1102m^2$　（根据图 1-25 得出）

序号2:

项目编码　**050102001001**

项目名称　**栽植乔木,合欢,高 1.5 ～ 1.6m,土球苗木**

【解】　6 株　（根据设计图示数量计算,如图 1-25 所示）

序号3:

项目编码　**050102001002**

项目名称　**栽植乔木,龙爪槐,高 1.2 ～ 1.7m,土球苗木**

【解】　5 株　（根据设计图示数量计算,如图 1-25 所示）

序号4:

项目编码　**050102001003**

项目名称　**栽植乔木,白玉兰,高 1.5 ～ 1.8m,露根乔木**

【解】　28 株　（根据设计图示数量计算,如图 1-25 所示）

序号5:

项目编码　**050102001004**

项目名称　**栽植乔木,国槐,高 1.4 ～ 1.7m,土球苗木**

【解】　6 株　（根据设计图示数量计算,如图 1-25 所示）

序号6:

项目编码　**050102002001**

项目名称　**栽植灌木,紫薇,高 1 ～ 1.3m,露根灌木**

【解】　16 株　（根据设计图示数量计算,如图 1-25 所示）

序号7:

项目编码　**050102002002**

项目名称　**栽植灌木,迎春,高 1.2 ～ 1.5m,露根灌木**

【解】　3 株丛　（根据设计图示数量计算,如图 1-25 所示）共计 22.00m²。

序号8:

项目编码　**050102002003**

项目名称　**栽植灌木,紫叶小檗,高 0.6 ～ 0.8m,露根灌木,群栽**

【解】　每个模纹花坛长 5m,宽 0.8m,共 4 个（由设计图得出,如图 1-36 所示）。

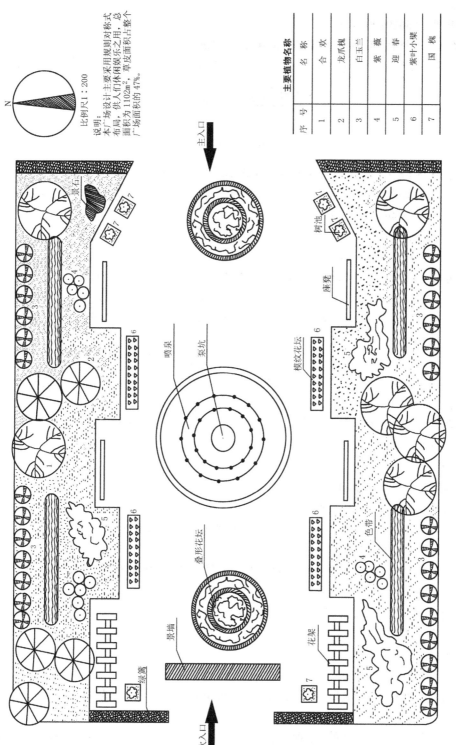

图1-25 某广场平面示意图

比例尺1：200

说明：本广场设计主要采用规则对称式布局，供人们休闲娱乐之用，总面积为1102m²，草皮面积占整个广场面积的47%。

主入口

次入口

景石

树池

坐凳

喷泉

泵坑

模纹花坛

景墙

叠形花坛

色带

花架

绿篱

序 号	主要植物名称 名 称
1	合 欢
2	龙爪槐
3	白玉兰
4	紫 薇
5	迎 春
6	紫叶小檗
7	国 槐

故　$S = 5 \times 0.8 \times 4\text{m}^2 = 16.00\text{m}^2$，每个 m^2 约 16 株，共计 16×16 株 $= 256$ 株

序号 9：

项目编码　050102007001

项目名称　栽植色带，紫花酢酱草，高 0.2～0.3m

【解】　由设计图可知，色带共有 4 条，每条色带如图 1-26 所示，则

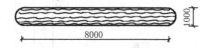

图 1-26　色带示意图

单条色带：$S = 8 \times 1 + \pi r^2 = (8 + 3.14 \times 0.5^2)\text{m}^2 = 8.785\text{m}^2$

【注释】　矩形的面积（长 8m，宽 1m）加上两端半圆拼成的一个圆面积（半径为 0.5m）。

共计　$8.785 \times 4\text{m}^2 = 35.14\text{m}^2$

序号 10：

项目编码　050102008001

项目名称　栽植花卉，月季，二年生，露地花卉

【解】　如图 1-27 所示为平面图中的一个花坛，主要种植各种颜色二年生月季，虽是叠形花坛，但整体来看近似一个半径为 2.5m 的圆形花坛，采用估算法计算。

$S = \pi r^2 = 3.14 \times 2.5^2\text{m}^2 = 19.625\text{m}^2$。

图 1-27　模纹花坛平面示意图

【注释】　叠形花坛从上部半径为 200mm 的小花坛看下去，可近似看作是一个半径为 2500mm 的平花坛，即可按平花坛的面积计。

由于每平方米约 9 株，故而总株数为 19.625×9 株 $= 176.625$ 株 ≈ 176 株，在实际施工中根据实际种植数量进行调整。

序号 11：

项目编码　050102012001

项目名称　铺种草皮，野牛草、草皮

【解】　在实际施工中根据实际计算，而在此则根据设计图示尺寸以面积计算，已知草皮面积占整个广场面积的 47%。

根据比例尺及图上距离求出此广场长约 38m，宽约 29m，则铺种草皮面积 $S = (38 \times 29 \times 47\%)\text{m}^2 = 517.94\text{m}^2$

【注释】　广场长 38m，宽 29m，草皮面积占整个广场面积的 47%。据此求出广场面积，再计算其 47% 的面积即为草皮面积。

序号 12：

项目编码　050102005001

项目名称　栽植绿篱，金叶女贞，篱高 0.5～0.6m，共 2 行，分别为主入口处一行，次入口处一行。

【解】　如图 1-28 所示，绿篱分别位于次入口和主入口处，共两行，根据工程量清单项目及计算规则，需按设计图示以长度计算，则有

$L = (10.6 + 8.6 + 7.6)\text{m} = 26.80\text{m}$

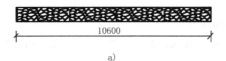

a)

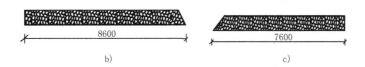

b)   c)

图 1-28　绿篱示意图

a)次入口处的一行　b)主入口处的一行　c)主入口处的一行

【注释】　次入口处一行长 10.6m,主入口处一行的长度为 8.6m,另一行为 7.6m。三行长度相加即可。

序号 13:

项目编码　050201001001

项目名称　园路,150mm 厚 3∶7 灰土垫层,100mm 厚碎石层,20mm 厚混凝土垫层,30mm 厚花岗石地面。

【解】　如图 1-29 所示,为园路的局部断面示意图,其中园路面积 $S = 367.33 \text{m}^2$(由设计图纸得知),其中:

(1)挖土方(序号 14 项目编码)

$V = 367.33 \times (0.15 + 0.1 + 0.02) \text{m}^3 = 99.18 \text{m}^3$

【注释】　面积乘以高度,高度为 150 厚三七灰土、100 厚碎石层和 20 厚混凝土之和。

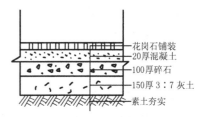

图 1-29　园路局部断面示意图

(2)素土夯实

$V = 367.33 \times 0.15 \text{m}^3 = 55.10 \text{m}^3$

【注释】　素土夯实的厚度为 0.15m。

(3)3∶7 灰土垫层(序号 15 项目编码)

$V = 367.33 \times 0.15 \text{m}^3 = 55.10 \text{m}^3$

【注释】　灰土垫层厚度为 0.15m。

(4)碎石层(序号 16 项目编码)

$V = 367.33 \times 0.1 \text{m}^3 = 36.73 \text{m}^3$

【注释】　碎石层厚度为 0.1m。

(5)混凝土层(序号 17 项目编码)

$V = 367.33 \times 0.02 \text{m}^3 = 7.35 \text{m}^3$

【注释】　混凝土层厚度为 0.02m。

(6)花岗石铺装(序号 18 项目编码)

$S = 367.33 \text{m}^2$

【注释】　路面铺花岗石,铺设面积为园路面积。

序号 14：

项目编码 050201003001

项目名称 路牙铺设，150mm 厚 3:7 灰土垫层，100mm 厚碎石层，20mm 厚混凝土垫层，300mm 厚花岗石路牙。

【解】 如图 1-30 所示，为局部路牙断面示意图，路牙按设计图示尺寸以长度计算，由本设计图可知路牙长度 $L=102\mathrm{m}$，则有：

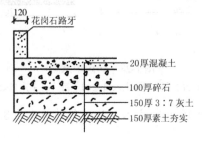

图 1-30 局部路牙断面示意图

(1)挖地槽

$V=102\times0.12\times(0.02+0.1+0.15)\mathrm{m}^3=3.30\mathrm{m}^3$

【注释】 路牙长为 102m，宽为 0.12m，高为 20m(厚混凝土层)加 100m(厚碎石层)加 150m(厚三七灰土层)。

(2)素土夯实

$V=102\times0.12\times0.15\mathrm{m}^3=1.84\mathrm{m}^3$

【注释】 路牙长 102m，宽 0.12m，素土夯实的厚度为 0.15m。

(3)3:7 灰土垫层

$V=102\times0.12\times0.15\mathrm{m}^3=1.84\mathrm{m}^3$

【注释】 灰土层厚度 0.15m。

(4)碎石层

$V=102\times0.12\times0.1\mathrm{m}^3=1.22\mathrm{m}^3$

【注释】 碎石层厚度 0.1m。

(5)混凝土

$V=102\times0.12\times0.02\mathrm{m}^3=0.24\mathrm{m}^3$

【注释】 混凝土层厚度 0.02m。

(6)路牙侧石安装

$L=102.00\mathrm{m}$

序号 15：

项目编码 050301005001

项目名称 点风景石，1 块，湖石，2.2t/m³。

【解】 如图 1-31 所示为景石的示意图，各尺寸如图所示。

(1)基础

1)挖地坑：

$V=4.2\times2.2\times(0.025+0.1+0.15)\mathrm{m}^3=2.54\mathrm{m}^3$

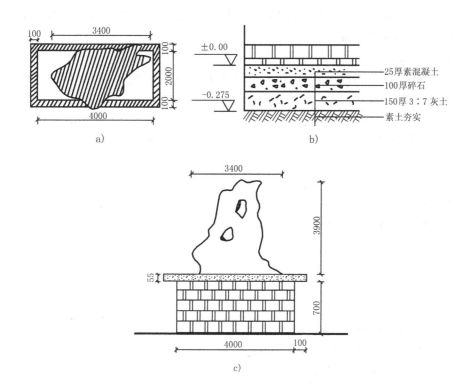

图 1-31 点风景石示意图

a) 平面示意图　b) 砖砌台座基础剖面示意图　c) 立面示意图

【注释】　如图所示,从平面图中可看出长为4200,宽为2200,从截面图中可看出高为25(厚混凝土层)加100(厚碎石层)加150(厚三七灰土层)。

2)素土夯实:

$V = 4.2 \times 2.2 \times 0.15 m^3 = 1.39 m^3$

【注释】　地坑长4.2m,宽2.2m,素土夯实厚度为0.15m。

3)150mm 厚3:7 灰土:

$V = 4.2 \times 2.2 \times 0.15 m^3 = 1.39 m^3$

【注释】　灰土层厚度为0.15m。

4)100mm 厚碎石层:

$V = 4.2 \times 2.2 \times 0.1 m^3 = 0.92 m^3$

【注释】　碎石层厚度为0.1m。

5)25mm 厚素混凝土:

$V = 4.2 \times 2.2 \times 0.025 m^3 = 0.23 m^3$

【注释】　素混凝土层厚度为0.025m。

(2)砖砌台座(240 砖墙,台座为空心的)

$V = [4 \times 0.24 \times 2 \times 0.7 + (2 - 0.24 \times 2) \times 0.24 \times 2 \times 0.7] m^3$

$\quad = (1.344 + 0.511) m^3 = 1.86 m^3$

【注释】　$(4 \times 0.24 \times 2) \times 0.7$ 为两道长边砖墙的工程量,$(2 - 0.24 \times 2) \times 0.24 \times 2 \times 0.7$

为两道短边砖墙的工程量,其中$(2-0.24\times2)$指的是长为2000的那一侧减去长为4000的那侧两端已经砌过的240厚的墙。

(3)台座上的混凝土边沿

$$V=\left[\left(4+0.1\times2\right)\times0.1\times2\times0.055+2\times0.1\times2\times0.055\right]m^3=(0.0462+0.022)m^3$$
$$=0.07m^3$$

【注释】 $(4+0.1\times2)$是台座两端边沿多出的0.1m,乘以宽0.1m和高0.055m再乘以2,得出台座两长边的混凝土工程量;同理$(2\times0.1\times2\times0.055)$为台座两短边的混凝土工程量。

(4)景石

$$W_{单}=LBH\rho=3.1\times2.2\times3.7\times2.2t=55.515t$$

式中　$W_{单}$——山石单体重量(t);

　　　L——长度方向的平均值(m);

　　　B——宽度方向的平均值(m);

　　　H——高度方向的平均值(m);

　　　ρ——石料密度(湖石为$2.2t/m^3$)。

(5)砖墙外抹水泥砂浆

$$S=(4\times0.7\times2+2\times0.7\times2)m^2=8.40m^2$$

【注释】 砖墙长4m,高0.7m,宽2m。则四个侧面面积可知。

序号16:

项目编码　050307014001

项目名称　花坛

【解】 如图1-32所示,分步求出工程量(叠形花坛平面图如图1-27所示)。由总平面图(图1-25)知,叠形花坛共有2个。

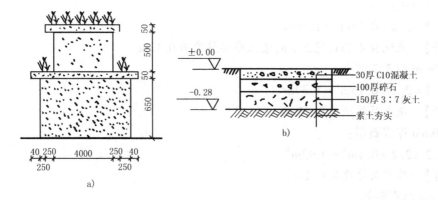

图1-32　叠形花坛示意图

a)立面示意图　b)基础剖面示意图

(1)基础

1)挖地坑:

$$V=2\pi r^2h=2\times3.14\times2.5^2\times0.28m^3=10.99m^3$$

【注释】 两个底面半径为2500mm的叠形花坛,高为0.28m。

2)素土夯实:

$$V = 2\pi r^2 h = 2 \times 3.14 \times 2.5^2 \times 0.15\text{m}^3 = 5.89\text{m}^3$$

【注释】 圆形花坛半径为 2.5m,素土夯实的厚度为 0.15m。

3)3:7 灰土:

$$V = 2\pi r^2 h = 2 \times 3.14 \times 2.5^2 \times 0.15\text{m}^3 = 5.89\text{m}^3$$

【注释】 灰土厚度为 0.15m。

4)碎石层:

$$V = 2\pi r^2 h = 2 \times 3.14 \times 2.5^2 \times 0.1\text{m}^3 = 3.93\text{m}^3$$

【注释】 碎石层厚度为 0.1m。

5)C10 混凝土:

$$V = 2\pi r^2 h = 2 \times 3.14 \times 2.5^2 \times 0.03\text{m}^3 = 1.18\text{m}^3$$

【注释】 混凝土厚度为 0.03m。

(2)砌墙(240 砖墙)

1)底层砌墙:

$$V = \left[3.14 \times 2.5^2 - 3.14 \times (2.5 - 0.24)^2\right] \times 0.65\text{m}^3 = 2.33\text{m}^3$$

【注释】 $\left[3.14 \times 2.5^2 - 3.14 \times (2.5 - 0.24)^2\right]$ 为砌一圈 240 厚墙的面积,乘以 0.65 得出砌墙的工程量。

2)上层砌墙:

$$V = \left[3.14 \times 2^2 - 3.14 \times (2 - 0.24)^2\right] \times 0.5\text{m}^3 = (12.56 - 9.73) \times 0.5\text{m}^3 = 1.42\text{m}^3$$

【注释】 同底层砌墙。

2 个叠形花坛砌墙工程量总计:$(2.33 + 1.42) \times 2\text{m}^3 = 7.50\text{m}^3$

(3)花坛边沿(现浇混凝土)

1)底层边沿:

$$V = \left[3.14 \times 2.54^2 - 3.14 \times (2.5 - 0.24)^2\right] \times 0.05\text{m}^3$$
$$= (20.258 - 16.038) \times 0.05\text{m}^3 = 0.21\text{m}^3$$

【注释】 多出底面半径宽度 40 的边沿面积乘以其高度 50 即为边沿混凝土工程量。

2)上层边沿:

$$V = \left[3.14 \times 2.25^2 - 3.14 \times (2 - 0.24)^2\right] \times 0.05\text{m}^3$$
$$= (15.8963 - 9.7265) \times 0.05\text{m}^3 = 0.31\text{m}^3$$

【注释】 同底层边沿。

2 个叠形花坛边沿现浇混凝土工程量总计:$(0.21 + 0.31) \times 2\text{m}^3 = 1.04\text{m}^3$

(4)砖砌墙外抹水泥沙浆

$$S = (2 \times 3.14 \times 2.5 \times 0.65 + 2 \times 3.14 \times 2 \times 0.5) \times 2\text{m}^2$$
$$= (10.205 + 6.28) \times 2\text{m}^2$$
$$= 32.97\text{m}^2 \text{(总计为 2 个叠形花坛,故而要乘以 2)}$$

【注释】 叠形花坛下部半径为 2.5m,高 0.65m;上部半径为 2m,高为 0.5m。则周长可知,乘以高度即为所求。

序号 17：

项目编码　050305004001

项目名称　现浇混凝土桌凳

【解】　如图 1-33 所示尺寸进行计算。

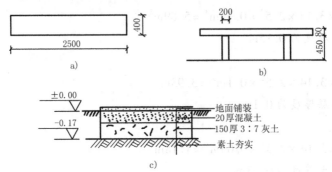

图 1-33　石凳示意图

a)平面示意图　b)立面示意图　c)基础剖面示意图

(1)基础

1)挖地槽：

单个：$V = 2.5 \times 0.4 \times 0.17 \text{m}^3 = 0.17 \text{m}^3$

【注释】　石凳长 2500mm，宽 400mm，挖深 0.17m。

4 个：$0.17 \times 4 \text{m}^3 = 0.68 \text{m}^3$

2)素土夯实：

$V = 4 \times 2.5 \times 0.4 \times 0.15 \text{m}^3 = 0.60 \text{m}^3$

【注释】　石凳长 2.5m，宽 0.4m，素土夯实的厚度为 0.15m，共 4 个石凳。

3)3:7 灰土：

$V = 4 \times 2.5 \times 0.4 \times 0.15 \text{m}^3 = 0.60 \text{m}^3$

【注释】　灰土厚度为 0.15m。

4)混凝土层：

$V = 4 \times 2.5 \times 0.4 \times 0.02 \text{m}^3 = 0.08 \text{m}^3$

【注释】　混凝土厚度为 0.02m。

(2)现浇混凝土凳腿

$V = 0.4 \times 0.2 \times 0.45 \times 8 \text{m}^3 = 0.29 \text{m}^3$

【注释】　凳腿长 450mm，宽 400mm，厚 200mm，四个石凳共计八条凳腿。

(3)现浇混凝土凳面

$V = 2.5 \times 0.4 \times 0.08 \times 4 \text{m}^3 = 0.32 \text{m}^3$

【注释】　凳面长 2500mm，宽 400mm，凳面厚 80mm。

序号 18：

项目编码　050201004001

项目名称　树池围牙、盖板(箅子)

【解】　如图 1-34 所示进行计算，共有 6 个树池。

(1)基础

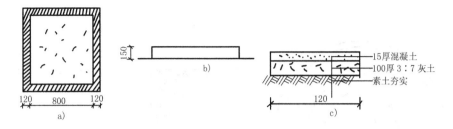

图 1-34 树池示意图

a)平面示意图　b)围牙立面示意图　c)基础剖面示意图

1)挖地槽:

$V = [0.8 \times 0.12 \times (0.015 + 0.1) \times 2 + (0.8 + 0.24) \times 0.12 \times (0.015 + 0.1) \times 2] \times 6m^3$

$= 0.30m^3$

【注释】 $[0.8 \times 0.12 \times (0.015 + 0.1) \times 2 + (0.8 + 0.24) \times 0.12 \times (0.015 + 0.1) \times 2]$ 为图 1-34 中树池围牙四条边的体积,即树池围牙面积×挖深。由基础剖面图可知挖深为 15mm 厚混凝土和 100mm 厚三七灰土层之和。共 6 个树池。

2)素土夯实:

$V = [0.8 \times 0.12 \times 0.15 \times 2 + (0.8 + 0.24) \times 0.12 \times 0.15 \times 2] \times 6m^3 = 0.40m^3$

【注释】 树池围牙的平面面积(两道边长 0.8m,两道外边沿长 0.8 + 0.12 × 2m,宽度为 0.12m,素土夯实厚度为 0.15m),共 6 个树池。

3)3:7 灰土:

$V = [0.8 \times 0.12 \times 0.1 \times 2 + (0.8 + 0.24) \times 0.12 \times 0.1 \times 2] \times 6m^3 = 0.26m^3$

【注释】 灰土厚度为 0.1m。

4)混凝土面层:

$V = [0.8 \times 0.12 \times 0.015 \times 2 + (0.8 + 0.24) \times 0.12 \times 0.015 \times 2] \times 6m^3 = 0.04m^3$

【注释】 混凝土面层厚度为 0.015m。

(2)现浇混凝土围牙

$V = [0.12 \times (0.8 + 0.24) \times 0.15 \times 2 + 0.8 \times 0.12 \times 0.15 \times 2] \times 6m^3 = 0.40m^3$

【注释】 树池围牙的平面面积已知,立面图中围牙的高度为 0.15m。共 6 个树池。

(3)围牙长

$L = (0.8 + 0.24) \times 4 \times 6 = 24.96m$ (以围牙外边沿长度计算)

序号 19:

项目编码　050306

项目名称　喷泉安装

【解】 根据图 1-35 所示,进行计算。

(1)平整场地(已包括在整理绿化地里面)

(2)挖土方

1)泵坑:

$V = \pi r^2 h = 3.14 \times (1.94/2)^2 \times (0.02 + 0.82 + 0.04 \times 2 + 0.15)m^3 = 3.16m^3$

【注释】 泵坑面积乘以高度,高度为 20mm 的不锈钢算子,820mm 的坑深,40mm 厚 C10 混凝土,40mm 厚防水层,150mm 厚的三七灰土之和。

53

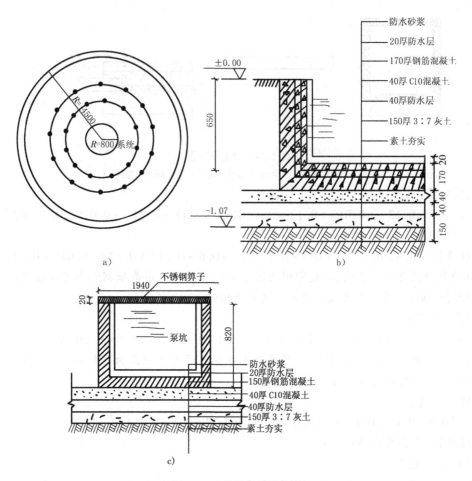

图 1-35 喷泉有关示意图

a)平面示意图　b)喷池局部剖面示意图　c)泵坑剖面示意图

注:两排喷水池长分别为 18.84m、10.68m,喷水池宽 400mm。

2)喷水池:

挖方宽 = (0.4 + 0.17 × 2 + 0.02 × 2)m = 0.78m

【注释】　喷水池宽度为 0.4m,加上所有结合层厚度。0.17 为钢筋混凝土厚度,0.02 为防水砂浆厚度。

挖方厚 = (0.65 + 0.02 + 0.17 + 0.04 × 2 + 0.15)m = 1.07m

【注释】　挖方厚为剖面图中所有结合层的厚度之和。0.65 为水池高度,0.02 为防水砂浆厚度,0.17 为钢筋混凝土厚度,0.04 为 C10 混凝土厚度,0.04 为防水层厚度,0.15 为三七灰土厚度。

$V = (18.84 × 0.78 + 10.68 × 0.78) × 1.07m^3 = 24.64m^3$

(3)素土夯实

1)泵坑:

$V = \pi r^2 h = 3.14 × 0.97^2 × 0.15m^3 = 0.443m^3$

【注释】　泵坑底面半径为 0.97m,面积可知。素土夯实厚度为 0.15m。

2)喷水池：

$V = (18.84 \times 0.78 \times 0.15 + 10.68 \times 0.78 \times 0.15) \mathrm{m}^3 = 3.45 \mathrm{m}^3$

【注释】 两排喷水池，长分别为18.84m、10.68m。挖方宽度为0.78m,则两排喷水池的挖方面积为$(18.84 \times 0.78) \mathrm{m}^2$、$(10.68 \times 0.78) \mathrm{m}^2$,素土夯实的厚度为0.15m。

（4）基础

1)泵坑：

① 3:7灰土：$V = 3.14 \times 0.97^2 \times 0.15 \mathrm{m}^3 = 0.44 \mathrm{m}^3$

【注释】 灰土层厚度为0.15m。

② 40mm厚防水层：$V = 3.14 \times 0.97^2 \times 0.04 \mathrm{m}^3 = 0.12 \mathrm{m}^3$

【注释】 防水层厚度为0.04m。

③ 40mm厚C10混凝土：$V = 3.14 \times 0.97^2 \times 0.04 \mathrm{m}^3 = 0.12 \mathrm{m}^3$

【注释】 混凝土厚度为0.04m。

④ 150mm厚钢筋混凝土：$V = 3.14 \times 0.97^2 \times 0.15 \mathrm{m}^3 = 0.44 \mathrm{m}^3$

【注释】 钢筋混凝土厚度为0.15m。

2)喷水池：

① 3:7灰土：$V = (0.78 \times 18.84 \times 0.15 + 10.68 \times 0.78 \times 0.15) \mathrm{m}^3 = 3.45 \mathrm{m}^3$

【注释】 两排喷水池的挖方面积为$(18.84 \times 0.78) \mathrm{m}^2$、$(10.68 \times 0.78) \mathrm{m}^2$,乘以灰土厚度为0.15m。

② 40mm厚防水层：$V = (0.78 \times 18.84 \times 0.04 + 10.68 \times 0.78 \times 0.04) \mathrm{m}^3 = 0.92 \mathrm{m}^3$

【注释】 防水层厚度为0.04m。

③ 40mm厚C10混凝土：$V = (0.78 \times 18.84 \times 0.04 + 10.68 \times 0.78 \times 0.04) \mathrm{m}^3 = 0.92 \mathrm{m}^3$

【注释】 两排喷水池的挖方面积为$(18.84 \times 0.78) \mathrm{m}^2$、$(10.68 \times 0.78) \mathrm{m}^2$,乘以C10混凝土厚度为0.04m。

④ 170mm厚钢筋混凝土：$V = (0.78 \times 18.84 \times 0.17 + 10.68 \times 0.78 \times 0.17) \mathrm{m}^3 = 3.91 \mathrm{m}^3$

【注释】 钢筋混凝土厚度为0.17m。

（5）泵坑

1)150mm厚钢筋混凝土：

高度 $h = (0.82 - 0.15) \mathrm{m} = 0.67 \mathrm{m}$

【注释】 由泵坑剖面示意图中可知,泵坑底部至口部为0.82m,减去150mm的钢筋混凝土厚度,则泵坑的高度为0.67m。

$S = [3.14 \times (0.8 + 0.02 + 0.15)^2 - 3.14 \times (0.8 + 0.02)^2] \mathrm{m}^2 = 0.843 \mathrm{m}^2$

【注释】 泵坑底部的半径为0.8m,20mm厚的防水层,150mm厚的钢筋混凝土。则底部半径R为$(0.8 + 0.02 + 0.15) \mathrm{m}$。不加混凝土的半径$r$为$(0.8 + 0.02) \mathrm{m}$。则$3.14 \times R^2 - 3.14 \times r^2$得出的面积为底部150mm厚混凝土的环形面积。

$V_{侧壁} = Sh = 0.843 \times 0.67 \mathrm{m}^3 = 0.565 \mathrm{m}^3$

【注释】 侧壁的工程量 = 底部的环形面积(上式已求得)×侧壁高度(0.67m)。

$V_{底壁} = 3.14 \times 0.97^2 \times 0.15 \mathrm{m}^3 = 0.443 \mathrm{m}^3$

【注释】 底部半径为$(0.8 + 0.02 + 0.15) \mathrm{m}$,则底部面积可知。钢筋混凝土厚度为0.15m,则底壁钢筋混凝土的工程量可求得。

$$V_{总} = (0.565 + 0.443) \text{m}^3 = 1.01 \text{m}^3$$

2)20mm 厚防水层:

$$S = Sh = (3.14 \times 0.82^2 - 3.14 \times 0.8^2) \text{m}^2 = 0.102 \text{m}^2$$

【注释】 泵坑半径为 0.8m,防水层厚度为 0.02m,则加上防水层厚度之后的半径为 (0.8 + 0.02)m。以后者半径求出的底面积减去前者半径求得的底面积则为 20mm 厚防水层在底部的环形面积。

$$V_{侧壁} = Sh = 0.102 \times (0.82 - 0.02 - 0.15) \text{m}^3 = 0.0663 \text{m}^3$$

【注释】 底面防水层的环形面积为 0.102m²,除去防水层外泵坑的高度为 (0.82 - 0.02 - 0.15)m。则防水层侧壁的工程量可知。

$$V_{底壁} = \left(\frac{1.94 - 0.15 \times 2}{2}\right)^2 \times 3.14 \times 0.02 \text{m}^3 = 0.042 \text{m}^3$$

【注释】 底部加上 150mm 厚混凝土、20mm 厚防水层之后的直径为 (1.6 + 0.02 × 2 + 0.15 × 2)m = 1.94m。去除 150mm 厚的混凝土厚度,得出只有防水层时泵坑的半径。求得底面积,防水层厚度为 0.02m。则防水层底部工程量可知。

$$V_{总} = (0.0663 + 0.042) \text{m}^3 = 0.11 \text{m}^3$$

(6)喷水池

1)170mm 厚钢筋混凝土:

$$V_{侧壁} = [0.17 \times 18.84 \times (0.65 + 0.02) + 0.17 \times 10.68 \times (0.65 + 0.02)] \text{m}^3 = 3.362 \text{m}^3$$

【注释】 钢筋混凝土的厚度为 0.17m,两排喷水池的长分别是 18.84m 和 10.68m。喷池的高度为 (0.65 + 0.02)m。则喷水池侧壁钢筋混凝土的工程量 = 喷水池的长度 × 钢筋混凝土的厚度 × 喷水池的高度。

$$V_{底壁} = 0.17 \times (18.84 \times 0.78 + 10.68 \times 0.78) \text{m}^3 = 3.914 \text{m}^3$$

【注释】 底部喷水池的宽度为 0.78m,长度为 18.84m 和 10.68m,则底部喷池面积可知。钢筋混凝土厚度为 0.17m,则底部钢筋混凝土的体积可求得。

$$V_{总} = (3.362 + 3.914) \text{m}^3 = 7.28 \text{m}^3$$

2)20mm 厚防水层:

$$V_{侧壁} = [0.02 \times 18.84 \times (0.65 + 0.02) + 0.02 \times 10.68 \times (0.65 + 0.02)] \text{m}^3 = 0.396 \text{m}^3$$

【注释】 防水层的厚度为 0.02m,两排喷水池的长分别是 18.84m 和 10.68m。喷池的高度为 (0.65 + 0.02)m。则喷水池侧壁防水层的工程量 = 喷水池的长度 × 防水层的厚度 × 喷水池的高度。

$$V_{底壁} = 0.78 \times 0.02 \times (18.84 + 10.68) \text{m}^3 = 0.461 \text{m}^3$$

【注释】 底部喷水池的宽度为 0.78m,长度分别为 18.84m 和 10.68m,则底部喷池面积可知。防水层厚度为 0.02m,则底部防水层的工程量可求得。

$$V_{总} = (0.396 + 0.461) \text{m}^3 = 0.86 \text{m}^3$$

(7)不锈钢算子

1)泵坑:

$$S = 3.14 \times \left(\frac{1.94}{2}\right)^2 \text{m}^2 = 2.95 \text{m}^2$$

【注释】 泵坑底部加混凝土厚度和防水层厚度之后的直径为 1.94m,则底面面积可得。

2）喷水池：

$$S = (0.4 + 0.17 \times 2 + 0.02 \times 2) \times (18.84 + 10.68) \text{m}^2 = 23.03 \text{m}^2$$

【注释】 喷水池宽0.4m,两侧钢筋混凝土厚0.17m,防水层厚0.02m,则总的宽度为 $(0.4 + 0.17 \times 2 + 0.02 \times 2)$ m。两排喷水池的长度为 $(18.84 + 10.68)$ m,则面积可知 = 喷水池长度 × 宽度。

（8）防水砂浆

1）泵坑：

$$S = \pi r^2 + 2\pi rh = [3.14 \times 0.8^2 + 2 \times 3.14 \times 0.8 \times (0.82 - 0.02 - 0.15)] \text{m}^2$$
$$= 5.28 \text{m}^2$$

【注释】 泵坑中防水砂浆包括侧壁和底部。底部净半径为0.8m,则面积可知。侧壁面积为周长×高度。半径为0.8m,周长可知,高度为 $(0.82 - 0.02 - 0.15)$ m。其中0.02m为防水层厚度,0.15m为钢筋混凝土厚度。

2）喷水池：

$$S = [0.4 \times (18.84 + 10.68) + 18.84 \times 0.65 + 10.68 \times 0.65] \text{m}^2 = 31.00 \text{m}^2$$

【注释】 喷水池宽度为0.4m,长度为两排之和 $(18.84 + 10.68)$ m,侧面高度为0.65m,则上表面面积可知,侧面面积可知。

（9）喷泉广场周围条石

$$L = 2\pi r = 2 \times 3.14 \times 4.5 \text{m} = 28.26 \text{m}$$

【注释】 喷泉的半径为4.5m,则周长即为条石的长度。周长 $= 2\pi r$。

序号20：

项目编码 **050307014001**

项目名称 **花盆(坛、箱),模纹花坛,现浇混凝土**

【解】 模纹花坛如图1-36所示,试计算各项工程量。

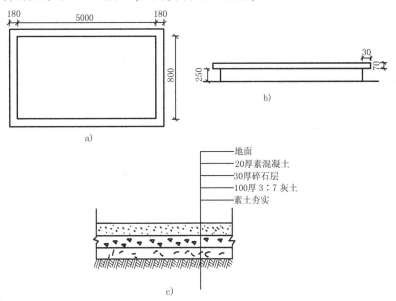

图1-36 模纹花坛示意图

a)平面示意图 b)立面示意图 c)基础剖面示意图

（1）挖地槽

$V = (0.18 + 5.18) \times (0.8 + 0.18 \times 2) \times (0.1 + 0.03 + 0.02) \text{m}^3 = 5.36 \times 1.16 \times 0.15 \text{m}^3$

$\quad = 0.93 \text{m}^3$

【注释】　模纹花坛的长为$(0.18 + 5.18)\text{m}$，宽为$(0.8 + 0.18 \times 2)\text{m}$，模纹花坛的面积乘以挖深$(0.1 + 0.03 + 0.02)\text{m}$，0.1 为灰土厚度，0.03 为碎石层厚度，0.02 为素混凝土厚度。

（2）基础垫层

1）素土夯实：

$V = (0.18 + 5.18) \times (0.8 + 0.18 \times 2) \times 0.15 \text{m}^3 = 5.36 \times 1.16 \times 0.15 \text{m}^3 = 0.93 \text{m}^3$

【注释】　模纹花坛的长为$(5 + 0.18 \times 2)\text{m}$，宽为$(0.8 + 0.18 \times 2)\text{m}$，则面积可知。素土夯实的厚度为 0.15m，则面积×厚度即为所求。

2）100mm 厚 3:7 灰土：

$V = (0.18 + 5.18) \times (0.8 + 0.18 \times 2) \times 0.1 \text{m}^3 = 0.62 \text{m}^3$

【注释】　模纹花坛的面积如上求得，灰土的厚度为 0.1m，则灰土工程量可知。

3）30mm 厚碎石层：

$V = (0.18 + 5.18) \times (0.8 + 0.18 \times 2) \times 0.03 \text{m}^3 = 0.19 \text{m}^3$

【注释】　碎石层的厚度为 0.03m，模纹花坛的面积可得，则碎石层体积为面积×厚度。

4）20mm 厚素混凝土：

$V = (0.18 + 5.18) \times (0.8 + 0.18 \times 2) \times 0.02 \text{m}^3 = 0.12 \text{m}^3$

【注释】　模纹花坛的面积乘以素混凝土的厚度 0.02m 可求其体积。

（3）现浇混凝土花坛

$V = [(5.18 + 0.18 - 0.03 \times 2) \times (0.18 - 0.03) \times 0.25 \times 2 + 0.15 \times 0.8 \times 0.25 \times 2 +$
$\quad (5.18 + 0.18) \times 0.18 \times 0.07 \times 2 + 0.8 \times 0.18 \times 2 \times 0.07] \text{m}^3$

$\quad = 0.61 \text{m}^3$

【注释】　$[(5.18 + 0.18 - 0.03 \times 2) \times (0.18 - 0.03) \times 0.25 \times 2 + 0.15 \times 0.8 \times 0.25 \times 2]$ 为立面图中高度为 250mm，两端向里缩进 30mm 的矩形花坛的混凝土工程量，$(5.18 + 0.18) \times 0.18 \times 0.07 \times 2 + 0.8 \times 0.18 \times 2 \times 0.07$ 为立面图中高度为 70mm，两端向外挑出 30mm 的花坛的混凝土工程量。

序号 21：

项目编码　**050307010001**

项目名称　**景墙**

【解】　景墙如图 1-37 所示，依据图示尺寸进行工程量计算。

（1）挖地槽

$V = 8 \times 0.8 \times 0.555 \text{m}^3 = 3.55 \text{m}^3$

【注释】　长 8m，宽 0.8m，挖深 0.555m。

（2）素土夯实

$V = 8 \times 0.8 \times 0.15 \text{m}^3 = 0.96 \text{m}^3$

【注释】　景墙长 8m，宽 0.8m，乘以素土夯实厚度 0.15m，得出体积即为所求。

（3）基础垫层

1）100mm 厚 3:7 灰土：

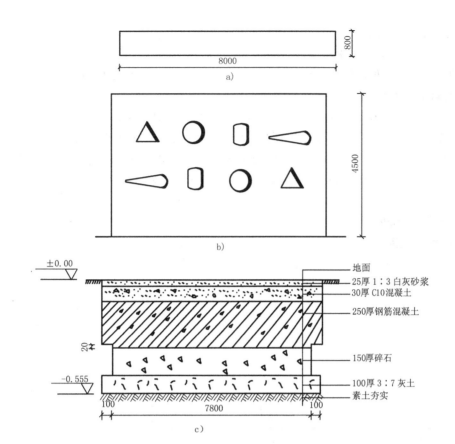

图 1-37　景墙示意图

a)平面示意图　b)立面示意图　c)基础剖面示意图

注:漏窗面积共 $3.6m^2$。

$V = 8 \times 0.8 \times 0.1 m^3 = 0.64 m^3$

【注释】　景墙平面面积为 $6.4m^2$,乘以灰土厚度 $0.1m$,得出灰土体积。

2)150mm 厚碎石层:

$V = (8 - 0.1 \times 2) \times 0.8 \times 0.15 m^3 = 0.94 m^3$

【注释】　相对于景墙长度两端各向里缩进 100mm,即长度为 $(8-0.1 \times 2)m$,宽度为 $0.8m$,碎石层厚度为 $0.15m$。

3)250mm 厚钢筋混凝土:

$V = [7.8 \times 0.8 \times 0.02 + 8 \times 0.8 \times (0.25 - 0.02)] m^3 = 1.6 m^3$

【注释】　钢筋混凝土部分为长 7800mm、厚 20mm 和长 8000mm、厚 230mm 的两部分组成,宽皆为 800mm。

4)30mm 厚 C10 混凝土:

$V = 8 \times 0.8 \times 0.03 m^3 = 0.192 m^3$

【注释】　景墙平面面积乘以 C10 混凝土厚度。

5)25mm 厚1:3 白灰砂浆:

$V = 8 \times 0.8 \times 0.025 m^3 = 0.16 m^3$

【注释】　景墙平面面积(长 8m,宽 0.8m)乘以白灰砂浆的厚度 0.025m。

（4）现浇混凝土景墙

$V = (8 \times 4.5 - 3.6) \times 0.8 \text{m}^3 = 25.92 \text{m}^3$

【注释】 墙面面积为$(8 \times 4.5)\text{m}^2$，墙面漏窗面积共3.6m^2，墙厚0.8m。

（5）表面贴大理石

$S = [(8 \times 4.5 - 3.6) \times 2 + 4.5 \times 0.8 \times 2 + 8 \times 0.8]\text{m}^2 = 78.40\text{m}^2$

【注释】 大理石粘贴面积为两个除去漏窗的大侧面，两个相邻的小侧面以及最上部的平面，大侧面的长为8m，高为4.5m，漏窗面积为3.6m^2，则净面积可知，共2个面。小侧面长0.8m，高4.5m，两个面。上表面长8m，宽0.8m。则五个面面积可知。

序号22：

项目编码 050304

项目名称 花架

【解】 花架如图1-38所示，根据图示尺寸计算工程量。

（1）挖地坑（柱子）

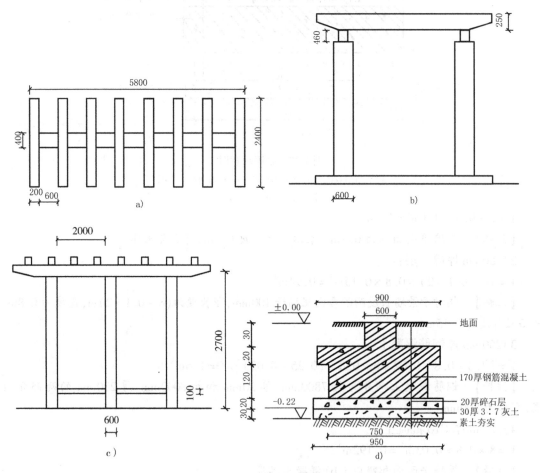

图1-38 花架示意图

a）平面示意图 b）侧立面示意图 c）正立面示意图 d）柱子基础剖面示意图

注：1. 图中花架梁尺寸画出了一根以示意。

2. 图中长椅宽度与柱相同。

60

$V = 0.95 \times 0.95 \times 0.22 \times 6m^3 = 1.19m^3$

【注释】 如图 1-38 知,挖方截面尺寸为 $0.95m \times 0.95m$,挖深为 $0.22m$,6 根柱子。

(2)素土夯实

$V = 0.95 \times 0.95 \times 0.15 \times 6m^3 = 0.81m^3$

【注释】 素土夯实厚度为 $0.15m$。

(3)柱子基础

1)30mm 厚 3:7 灰土:

单根:$V = 0.95 \times 0.95 \times 0.03m^3 = 0.027m^3$

【注释】 柱子的截面面积为 $0.95 \times 0.95m^2$,灰土的厚度为 $0.03m$,则柱子的灰土体积可知。

6 根:$V = 6 \times 0.027m^3 = 0.16m^3$

【注释】 一根柱子灰土体积为 $0.027m^3$,共 6 根柱子。

2)20mm 厚碎石层:

$V = 0.95 \times 0.95 \times 0.02 \times 6m^3 = 0.11m^3$

【注释】 柱子的截面面积为 $0.95 \times 0.95m^2$,碎石层厚度为 $0.02m$,共 6 根柱子,则碎石层的工程量可知。

3)170mm 厚钢筋混凝土:

$V = (0.75 \times 0.75 \times 0.12 \times 6 + 0.9 \times 0.9 \times 0.02 \times 6 + 0.6 \times 0.6 \times 0.03 \times 6)m^3$

$\quad = (0.405 + 0.0972 + 0.0648)m^3 = 0.57m^3$

【注释】 170mm 厚钢筋混凝土为不规则矩形,分三部分计算,第一部分为长、宽均为 750mm,高为 120mm,第二部分为长、宽均为 900mm,高为 20mm,第三部分为长、宽均为 600mm,高为 30mm。共 6 根柱子,所以每一部分都乘以 6。

(4)混凝土柱

$V = 0.6 \times 0.6 \times 2.7 \times 6m^3 = 5.83m^3$

【注释】 柱子的截面尺寸为 $0.6m \times 0.6m$,高 2700mm,柱子有 6 根。

(5)混凝土梁

$V = 0.46 \times 0.4 \times 5.8 \times 2m^3 = 2.13m^3$

【注释】 梁宽 400mm,高 460mm,长 5800mm,两根梁。

(梁要伸出柱子与柱面相平)

(6)混凝土檩

$V = 0.2 \times 2.4 \times 0.25 \times 8m^3 = 0.96m^3$

【注释】 檩长 2400mm,宽 200mm,高 250mm,有 8 根。

(7)现浇混凝土长椅

$V = 0.6 \times 2 \times 0.1 \times 4m^3 = 0.48m^3$

【注释】 长椅放置在柱子之间,长 2m,宽 0.6m,高 0.1m,有 4 块。

清单工程量计算见表 1-56。

表 1-56 清单工程量计算表

序号	项目编码	项目名称	项目特征描述	计量单位	工程量
1	050101010001	整理绿化用地	普坚土	m^2	1102.00

序号	项目编码	项目名称	项目特征描述	计量单位	工程量
2	050102001001	栽植乔木	合欢,高1.5~1.6m,土球苗木	株	6
3	050102001002	栽植乔木	龙爪槐,高1.2~1.7m,土球苗木	株	5
4	050102001003	栽植乔木	白玉兰,高1.5~1.8m,露根乔木	株	28
5	050102001004	栽植乔木	国槐,高1.4~1.7m,土球苗木	株	6
6	050102002001	栽植灌木	紫薇,高1~1.3m,露根灌木	株	16
7	050102002002	栽植灌木	迎春,高1.2~1.5m,露根灌木	株丛	3
8	050102002003	栽植灌木	紫叶小檗,高0.6~0.8m,露根灌木,群栽	株	256
9	050102007001	栽植色带	紫花酢酱草,高0.2~0.3m	m²	35.14
10	050102008001	栽植花卉	月季,二年生,露地花卉	株	176
11	050102012001	铺种草皮	野牛草,草皮	m²	517.94
12	050102005001	栽植绿篱	金叶女贞,篱高0.5~0.6m,共2行	m	26.80
13	050201001001	园路	150mm厚3:7灰土垫层,100mm厚碎石层,20mm厚混凝土垫层,30mm厚的花岗石地面	m²	367.33
14	010101002001	挖一般土方	挖土平均厚度为(0.15+0.1+0.2)m	m³	99.18
15	050201003001	路牙铺设	150mm厚3:7灰土垫层,100mm厚碎石层,20mm厚混凝土垫层,300mm厚花岗石	m	102.00
16	010101002002	挖一般土方	挖土平均厚度为(0.02+0.1+0.15)m	m³	3.30
17	050301005001	点风景石	湖石密度为2.2t/m³	块	1
18	010101002003	挖一般土方	挖土平均厚度为(0.025+0.1+0.15)m	m³	2.54
19	010404001001	垫层	150mm厚3:7灰土	m³	1.39
20	010404001002	垫层	100mm厚碎石层	m³	0.92
21	010501001001	垫层	25mm厚素混凝土	m³	0.23
22	010401003001	实心砖墙	砖砌台座(240砖墙)	m³	1.86
23	010507007001	其他构件	台座上的混凝土边沿	m³	0.07
24	011201001001	墙面一般抹灰	砖墙外抹水泥砂浆	m²	8.40
25	010101002004	挖一般土方	挖土平均厚度为0.28m	m³	10.99
26	010404001003	垫层	3:7灰土	m³	5.89

序号	项目编码	项目名称	项目特征描述	计量单位	工程量
27	010404001004	垫层	碎石层	m³	3.93
28	010501001002	垫层	C10 混凝土	m³	1.18
29	010401003002	实心砖墙	砌墙（240 砖墙）	m³	7.47
30	010507007002	其他构件	花坛边吊（现浇混凝土）	m³	1.04
31	011201001002	墙面一般抹灰	砖砌墙以抹水泥砂浆	m²	32.97
32	050305004001	现浇混凝土桌凳	现浇混凝土	个	4
33	010404001005	垫层	3:7灰土	m³	0.60
34	010501001003	垫层	混凝土层	m³	0.08
35	050201004001	树池围牙、盖板（篦子）	现浇混凝土围牙	m	24.96
36	010101002005	挖一般土方	挖土平均厚度为(0.1 +0.015)m	m³	0.30
37	010404001006	垫层	3:7灰土	m³	0.26
38	010501001004	垫层	混凝土面层	m³	0.04
39	010101002006	挖一般土方	挖土平均厚度为(0.02 +0.82 + 0.4×2 +0.15)m	m³	3.16
40	010101002007	挖一般土方	挖土平均厚度为(0.65 +0.02 + 0.17 +0.04×2 +0.15)m	m³	24.64
41	010404001007	垫层	3:7灰土	m³	0.44 +3.45 = 3.89
42	010404001008	垫层	40mm 厚防水层	m³	0.12 +0.92 = 1.04
43	010501001005	垫层	40mm 厚 C10 混凝土	m³	0.12 +0.92 = 1.04
44	010507007003	其他构件	泵坑,150mm 厚现浇混凝土	m³	1.01
45	010903003001	墙面砂浆防水（防潮）	20mm 厚防水层	m²	$0.102 + (\frac{1.94 - 0.5 \times 2}{2})^2 \times 3.14 = 2.20$
46	010507007004	其他构件	喷水池,170mm 厚现浇混凝土	m³	7.28
47	010903003002	墙面砂浆防水（防潮）	20mm 厚防水层	m²	0.857/0.02 = 42.85
48	011201001003	墙面一般抹灰	防水砂浆	m²	5.2752 +30.996 = 36.27
49	010101002008	挖一般土方	挖土平均厚度 0.15m	m³	0.93
50	01040400109	垫层	100mm 厚 3:7灰土	m³	0.62
51	010404001010	垫层	30mm 厚碎石层	m³	0.19
52	010501001006	垫层	20mm 厚素混凝土	m³	0.12
53	010507007005	其他构件	现浇混凝土花坛	m³	0.61
54	010504001001	直形墙	现浇混凝土墙,有漏窗	m³	25.92
55	010101002009	挖一般土方	挖土平均厚度 0.555m	m³	3.55
56	010404001011	垫层	100mm 厚 3:7灰土	m³	0.64
57	010404001012	垫层	50mm 厚碎石层	m³	0.94

序号	项目编码	项目名称	项目特征描述	计量单位	工程量
58	010501001007	垫层	250mm 厚钢筋混凝土	m³	1.60
59	010501001008	垫层	30mm 厚 C10 混凝土	m³	0.19
60	010404001013	垫层	25mm 厚 1:3 白灰砂浆	m³	0.16
61	011204001001	石材墙面	大理石墙面	m²	78.40
62	010404001014	垫层	30mm 厚 3:7 灰土	m³	0.16
63	010404001015	垫层	20mm 厚碎石层	m³	0.11
64	010501001009	垫层	170mm 厚钢筋混凝土	m³	0.57
65	050304001001	现浇混凝土花架柱	柱:0.6m×0.6m×2.7m　6根	m³	5.83
66	050304001002	现浇混凝土花架梁	梁:0.46m×0.4m×5.8m　2根	m³	2.13
67	050304001003	现浇混凝土花架梁	檀:0.2m×2.4m×0.25m　8根	m³	0.96
68	050305004002	现浇混凝土桌凳	长椅:0.6m×2m×0.1m(宽×长×厚)	个	4

第二章　园路、园桥、假山工程

第一节　分部分项工程量(清单与定额)计算实例

【例2-1】　某商场外停车场为砌块嵌草路面,长500m,宽300m,120mm厚混凝土空心砖,40mm厚粗砂垫层,200mm厚碎石垫层,素土夯实;路面边缘设置路牙,挖槽沟深180mm,用3:7灰土垫层,厚度为160mm,路牙高160mm,宽100mm,如图2-1所示试求其工程量。

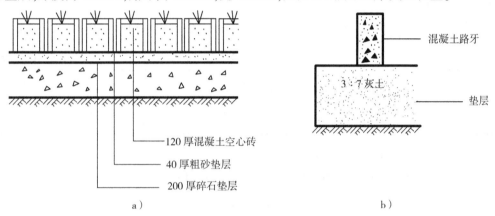

图2-1　某停车场路面图
a)停车场剖面图　b)停车场路牙剖面图

【解】　1.清单工程量

(1)项目编码:050201001　　　项目名称:园路

工程量计算规则:按设计图尺寸以面积计算,不包括路牙。

$S = 长 \times 宽 = 500 \times 300 \text{m}^2 = 150000.00 \text{m}^2$

(2)项目编码:050201005　　　项目名称:嵌草砖铺装

工程量计算规则:按设计图示尺寸以面积计算。

$S = 长 \times 宽 = 500 \times 300 \text{m}^2 = 150000.00 \text{m}^2$

(3)项目编码:050201003　　　项目名称:路牙铺设

工程量计算规则:按设计图示尺寸以长度计算。

路牙长　500.00m

清单工程量计算见表2-1。

表2-1　清单工程量计算表

序号	项目编码	项目名称	项目特征描述	计量单位	工程量
1	050201001001	园路	120mm厚混凝土空心砖,40mm厚粗砂垫层,200mm厚碎石垫层,素土夯实	m²	150000.00

序号	项目编码	项目名称	项目特征描述	计量单位	工程量
2	050201005001	嵌草砖铺装	40mm 厚粗砂垫层，200mm 厚碎石垫层，混凝土空心砖	m²	150000.00
3	050201003001	路牙铺设	160mm 厚3:7 灰土垫层，路牙高 160mm，宽 100mm	m	500.00

说明:1. 垫层按图示尺寸 m³ 计算。园路垫层宽度:带路牙者,按路面加宽 20cm 计算;无路牙者,按路面宽度加 10cm 计算。

　　2. 本题中停车场为混凝土砌块嵌草铺装,使得路面特别是在边缘部分容易发生歪斜、散落。所以,设置路牙可以对路面起保护作用。

2. 定额工程量

(1)停车场挖土方(表 2-2)

$V = 长 \times 宽 \times 高 = 500 \times (300 + 0.2) \times (0.12 + 0.04 + 0.2) \text{m}^3 = 54036.00 \text{m}^3$ (套定额 1 - 4)

表　2-2 (单位:见表)

定额编号	1 - 1	1 - 2	1 - 3	1 - 4
项目	平整场地	挖沟槽	挖柱基	挖土方
	m²	m³		

(2)120mm 厚混凝土空心砖面积(表 2-3)

$S = 长 \times 宽 = 500 \times 300 \text{m}^2 = 150000.00 \text{m}^2$ (套定额 2 - 14)

表　2-3 (单位:m²)

定额编号	2 - 14	2 - 15	2 - 16
项目	铺混凝土砌块砖		栽小卵石
	砂垫	浆垫	混凝土

(3)40mm 厚粗砂垫层体积(表 2-4)

$V = 长 \times 宽 \times 高 = 500 \times (300 + 0.2) \times 0.04 \text{m}^3 = 6004.00 \text{m}^3$ (套定额 2 - 3)

表　2-4 (单位:m³)

定额编号	2 - 1	2 - 2	2 - 3	2 - 4
项目	3:7灰土	2:8灰土	砂	天然级配砂石

(4)200mm 厚碎石垫层体积(表 2-5)

$V = 长 \times 宽 \times 高 = 500 \times (300 + 0.2) \times 0.2 \text{m}^3 = 30020.00 \text{m}^3$ (套定额 2 - 8)

表　2-5 (单位:m³)

定额编号	2 - 5	2 - 6	2 - 7	2 - 8
项目	素混凝土	混合料	煤渣	碎石

(5)嵌草砖铺装面积(表 2-6)

$$S = 长 \times 宽 = 500 \times 300 m^2 = 150000.00 m^2 (套定额 2-32)$$

表 2-6 　　　　　　　　　　　　　　　　　　　　　　（单位：m^2）

定额编号	2-32	2-33	2-34
项目	嵌草砖铺装	广场砖铺装素拼	广场砖铺装拼图案

（6）铺设路牙平整场地（表2-2）

$$S = 长 \times 宽 = 500 \times 0.1 m^2 = 50.00 m^2 (套定额 1-1)$$

（7）3:7 灰土垫层体积（表2-4）

$$V = 长 \times 宽 \times 高 = 500 \times 0.1 \times 0.16 m^3 = 8.00 m^3 (套定额 2-1)$$

（8）混凝土路牙

$$L = 500.00 m (套定额 2-35)$$

【例2-2】 某圆形广场采用青砖铺设路面（无路牙），具体路面结构设计如图2-2所示，已知该广场半径为15m，试求其工程量。

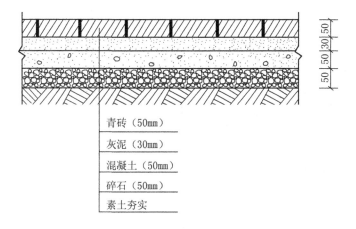

青砖（50mm）
灰泥（30mm）
混凝土（50mm）
碎石（50mm）
素土夯实

图 2-2　园路剖面示意图

【解】 1.清单工程量

项目编码：050201001　　　项目名称：园路

工程量计算规则：按设计图示尺寸以面积计算，不包括路牙。

园路工程量：$3.14 \times 15^2 m^2 = 706.50 m^2$

【注释】 圆形广场，半径为15m，则面积可求得。

清单工程量计算见表2-7。

表 2-7　清单工程量计算表

项目编码	项目名称	项目特征描述	计量单位	工程量
050201001001	园路	青砖50mm，灰泥30mm，混凝土50mm，碎石50mm	m^2	706.50

2.定额工程量

（1）垫层（表2-4、表2-5）

1）碎石工程量 $= 3.14 \times (15 + 0.1)^2 \times 0.05 m^3 = 35.80 m^3 (套定额 2-8)$

【注释】 做垫层时加100mm的工作面,则半径为(15+0.1)m圆形广场的面积可得。碎石层的厚度为0.05m,则碎石层的工程量可知。

2)灰泥工程量 $=3.14\times(15+0.1)^2\times0.03m^3=21.48m^3$

【注释】 广场面积可知,灰泥厚度为0.03m,则体积可求。

广场采用3:7灰泥(套定额2-1)。

3)混凝土工程量 $=3.14\times(15+0.1)^2\times0.05m^3=35.80m^3$(套定额2-5)

【注释】 广场面积已知,混凝土厚度为0.05m。则混凝土工程量为面积×厚度。

(2)路面、地面(表2-6)

青砖工程量 $=3.14\times15^2m^2=706.50m^2$

【注释】 圆形广场半径为15m,则面积可知。青砖的工程量可求。

该广场为广场砖铺素拼(套定额2-33)。

【例2-3】 某景区为丰富景观,在景区一定地段设置台阶,以增加景观层次感,具体台阶设置构造如图2-3所示,试求台阶工程量(该地段台阶为5级)。

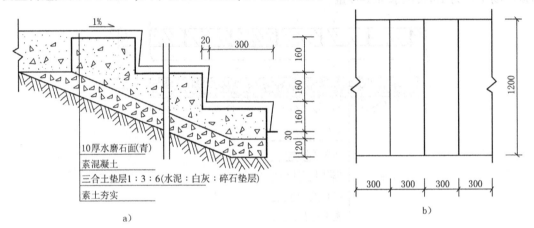

图2-3 台阶设置构造图

a)台阶剖面图 b)台阶平面图

【解】 1.清单工程量

项目编码:050201001 项目名称:园路

工程量计算规则:按设计图示尺寸以面积计算,不包括路牙。

水磨石面工程量 $=1.2\times0.3\times5m^2=1.80m^2$

【注释】 台阶长1200mm,宽300mm,有5级。

清单工程量计算见表2-8。

表2-8 清单工程量计算表

项目编码	项目名称	项目特征描述	计量单位	工程量
050201001001	园路	10mm厚水磨石面,素混凝土,1:3:6三合土垫层	m²	1.80

2.定额工程量

(1)垫层(表2-5)

1)素混凝土工程量 $=1.2\times(\frac{1}{2}\times0.3\times0.16\times5+\sqrt{0.3^2+0.16^2}\times5\times0.03)m^3$

68

$$= 0.21 m^3 (套定额 2-5)$$

【注释】 台阶侧面积乘以长度得出为素混凝土的工程量,台阶侧面由五个三角形侧面和以五个三角形斜边组成长 $\sqrt{0.3^2 + 0.16^2} \times 5$,宽 0.03m 近似矩形的两个部分组成,台阶长 1200mm。

2)1:3:6三合土垫层工程量 $= \sqrt{0.3^2 + 0.16^2} \times 5 \times 1.2 \times 0.12 m^3$
$$= 0.24 m^3 (套定额 2-6)$$

【注释】 三角形的斜边通长乘以三合土厚度120mm,乘以台阶长度1200mm(当作规则矩形计算)。

(2)台阶工程量(表2-9)

表 2-9 (单位:m³)

定额编号	2-42	2-43	2-44	2-45
	m³		m²	
项　目	混凝土	砌机砖	砌毛石	抹水泥面

水磨石面工程量为:$0.3 \times 5 \times 1.2 m^2 = 1.8 m^2$(套定额 2-45)

说明:1.台阶和坡道的踏步面层,按图示水平投影以面积计算。

2.为了防止台阶积水、结冰,每级台阶应有1%~2%向下的坡度,以利于排水。

3.一般台阶不宜连续使用。

【例2-4】 某混凝土车行道一部分,长200m,宽5m,如图2-4所示,试求其工程量。

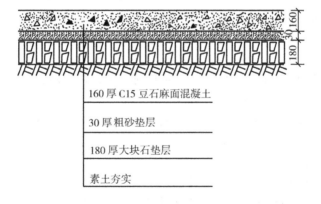

图2-4 混凝土车行道

【解】 1.清单工程量

项目编码:050201001 项目名称:园路

工程量计算规则:按设计图示尺寸以面积计算,不包括路牙。

依据题意及工程量计算规则可得:

园路清单工程量 = 长×宽 = $200 \times 5 m^2 = 1000.00 m^2$

清单工程量计算见表2-10。

表2-10 清单工程量计算表

项目编码	项目名称	项目特征描述	计量单位	工程量
050201001001	园路	园路长 200m,宽 5m	m²	1000.00

2. 定额工程量

（1）挖土方（表2-2）

$V = 长 \times 宽 \times 厚度 = 200 \times (5 + 0.1) \times (0.18 + 0.03 + 0.16) m^3$

$= 377.40 m^3（套定额 1 - 2）$

说明：1. 人工平整场地是指园路、水池、假山、花架、步桥等五个项目施工前所用的场地平整，其他项目均不得计取。平整场地只限于自然地坪与设计地坪相差厚度在 ±30cm 以内的就地挖填土或找平，若厚度超过 ±30cm 者，按挖填土方相应定额子目执行，而本题场地平整的厚度超过 30cm，所以按挖填土方相应定额子目执行，即套定额 1 - 2。

2. 题中"0.1"——计算园路垫层宽度时，对于无路牙者，按路面宽度加 10cm 计算，所以在计算挖土方量时宽度也加上 10cm。

（2）C15 豆石麻面混凝土（表2-11）

定额工程量计算：$S = 200 \times 5 \times 0.16 m^2 = 160.00 m^2（套定额 2 - 9、2 - 10）$

表2-11　C15 豆石麻面混凝土

定额编号	2 - 9	2 - 10
项　　目	C15 豆石麻面混凝土路面	
	12cm 厚	每增厚 1cm

（3）粗砂垫层（表2-4）

$V = 长 \times 宽 \times 厚度 = 200 \times (5 + 0.1) \times 0.03 m^3 = 30.60 m^3（套定额 2 - 3）$

说明：垫层按图示尺寸以 m^3 计算。园路垫层宽度：无路牙者，按路面宽度加 10cm 计算；因本题没有涉及到路牙，所以在进行定额工程量计算时，垫层的宽度是按路面宽度加 10cm 来计算的。

【例2-5】　某公园有一条长 150m、宽 1.5m 的透水透气性园路，如图 2-5 所示为该园路局部路面剖面示意图，试求其工程量。

说明：彩色水混凝土异形砖的总长度占该透水透气性园路总长度的 3/5，并且同 1:3 石灰砂浆等长。

【解】　1. 清单工程量

项目编码：050201001　　项目名称：园路

工程量计算规则：按设计图示尺寸以面积计算，不包括路牙。

园路清单工程量 = 长 × 宽 = $150 \times 1.5 m^2 = 225.00 m^2$

清单工程量计算见表2-12。

表2-12　清单工程量计算表

项目编码	项目名称	项目特征描述	计量单位	工程量
050201001001	园路	园路长 150m,宽 1.5m	m^2	225.00

2. 定额工程量

（1）平整场地

人工平整场地是指园路、水池、假山、花架、步桥等五个项目施工前所用的场地平整，其他项目均不得计取。

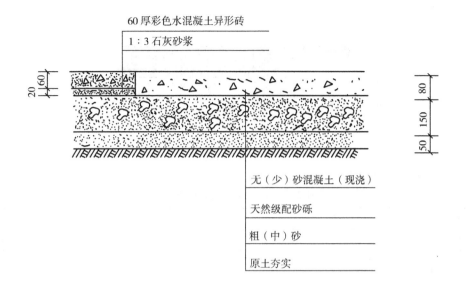

60厚彩色水混凝土异形砖

1:3石灰砂浆

无（少）砂混凝土（现浇）

天然级配砂砾

粗（中）砂

原土夯实

图 2-5　园路局部剖面示意图

平整场地只限于自然地坪与设计地坪相差厚度在 ±30cm 以内的就地挖填土或找平，若厚度超过 ±30cm 者，按挖填土方相应定额子目执行。

因本题园路场地的平整未超过 30cm，即在 30cm 以内，所以按平整场地进行计算。

$S = 长 \times 宽 = 150 \times 1.5 \times 1.4 m^2 = 315.00 m^2$（套定额 1 – 1 表 2-2）

（2）无（少）砂混凝土（现浇）

在定额计算中，无（少）砂混凝土（现浇）路面是按图 2-6 所示尺寸以 m² 来计算，其单位是 10m²。

则有：无（少）砂混凝土（现浇）的工程量为：

$S = 长 \times 宽 = 150 \times 1.5 m^2 = 225 m^2 = 22.50（10m^2）$（套定额 9 – 6）

（3）天然级配砂砾（表 2-4）

$V = 长 \times 宽 \times 厚度 = 150 \times (1.5 + 0.1) \times 0.15 m^3 = 36.00 m^3$（套定额 2 – 4）

说明：在定额工程量计算规则中规定：

1. 垫层按图示尺寸（即该题是按图 2-5 所示尺寸）以 m³ 计算。

2. 园路垫层宽度：因为本题无路牙，所以按路面宽度加 10cm 计算。

（4）粗（中）砂（表 2-4）

$V = 长 \times 宽 \times 厚度 = 150 \times (1.5 + 0.1) \times 0.05 m^3 = 12.00 m^3$（套定额 2 – 3）

【例 2-6】　某道路长 200m，为了使其路面与路肩在高程上起衔接作用，并能保护路面，便于排水，因此在其道路的路面两侧安置路牙，平路牙示意图如图 2-6 所示，试求其工程量。

【解】　1. 清单工程量

项目编码：050201003　　　项目名称：路牙铺设

工程量计算规则：按设计图示尺寸以长度计算。

因该道路两边均安置路牙，所以路牙的工程量为 2 倍的道路长，即 $2 \times 200 m = 400.00 m$。

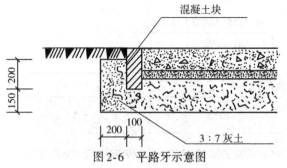

图 2-6 平路牙示意图

清单工程量计算见表 2-13。

表 2-13 清单工程量计算表

项目编码	项目名称	项目特征描述	计量单位	工程量
050201003001	路牙铺设	路牙铺设	m	400.00

2. 定额工程量

(1) 路牙

$2 \times 200 \text{m} = 400.00 \text{m}$。因为为混凝土块路牙,所以套定额 2 – 35。

说明:路牙在定额中计算时是按两侧长度以延长米计算的。

(2) 3:7 灰土(表 2-4)

$V = 长 \times 宽 \times 厚度 = [200 \times (0.2 + 0.1) \times 0.15 + 200 \times 0.2 \times 0.2] \times 2 \text{m}^3$
$= 34.00 \text{m}^3$(套定额 2 – 1)

说明:铺设 3:7 灰土垫层厚度不小于 100mm。

【例 2-7】 某小游园中一园路路面为卵石路面,该路长 100m,宽 2.5m,如图 2-7 所示,试求其工程量。

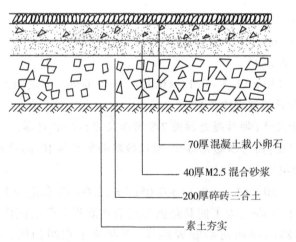

70厚混凝土栽小卵石

40厚M2.5混合砂浆

200厚碎砖三合土

素土夯实

图 2-7 某园路剖面图

【解】 1. 清单工程量

项目编码:050201001   项目名称:园路

工程量计算规则:按设计图示尺寸以面积计算,不包括路牙。

$S = 长 \times 宽 = 100 \times 2.5 \text{m}^2 = 250.00 \text{m}^2$

清单工程量计算见表2-14。

表2-14　清单工程量计算表

项目编码	项目名称	项目特征描述	计量单位	工程量
050201001001	园路	70mm厚混凝土栽小卵石,40mm厚M2.5混合砂浆,200mm厚碎砖三合土	m²	250.00

说明:计算园路工程量时,路面厚度、宽度、材料种类、垫层厚度、宽度、材料种类、混凝土强度等级、砂浆强度等级都要交代清楚。计算公式各代表什么,需提前标出。

2.定额工程量

(1)挖土方(表2-2)

$V = LBH = 100 \times (2.5 + 0.1) \times (0.07 + 0.04 + 0.2)\text{m}^3 = 80.60\text{m}^3$(套定额1-4)

【注释】　园路长100m,宽2.5m,允许超挖0.1m,挖深$(0.07 + 0.04 + 0.2)$m,其中0.07m为混凝土栽小卵石的厚度,0.04m为M2.5混合砂浆的厚度,0.2m为碎砖三合土的厚度。长×宽×挖深=挖土方量。0.1为允许超挖量。

(2)混凝土栽小卵石

$S = LB = 100 \times 2.5\text{m}^2 = 250.00\text{m}^2$(套定额2-16)

【注释】　园路长100m,宽2.5m,则面积可得。

(3)M2.5混合砂浆(表2-5)

$V = LBH = 100 \times 2.5 \times 0.04\text{m}^3 = 10.00\text{m}^3$(套定额2-6)

【注释】　园路长100m,宽2.5m,M2.5混合砂浆厚度为0.04m,则混合砂浆的体积可得。

(4)碎砖三合土(表2-5)

$V = LBH = 100 \times 2.5 \times 0.2\text{m}^3 = 50.00\text{m}^3$(套定额2-8)

【注释】　园路长100m,宽2.5m,碎砖三合土的厚度为0.04m。则碎砖三合土的体积可得。L表示长度,B表示宽度,H表示高度。

【例2-8】　某一段行车道路长200m,宽30m,此道路为25mm厚水泥表面处理,级配碎石面层厚90mm,碎石垫层厚150mm,素土夯实,如图2-8所示,试求其工程量。

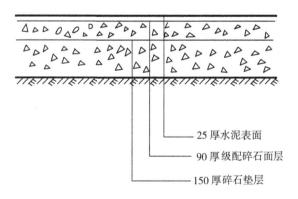

图2-8　某行车道路剖面图

【解】　1.清单工程量

项目编码:050201001　　　项目名称:园路

工程量计算规则:按设计图示以面积计算,不包括路牙。

$$S = 长 \times 宽 = 200 \times 30 m^2 = 6000.00 m^2$$

清单工程量计算见表2-15。

项目编码	项目名称	项目特征描述	计量单位	工程量
050201001001	园路	150mm 厚碎石垫层,90mm 厚级配碎面层,25mm 厚水泥表面处理	m²	6000.00

2. 定额工程量

（1）挖土方（表2-2）

$$V = 长度 \times 宽度 \times 厚度 = 200 \times (30 + 0.1) \times (0.025 + 0.09 + 0.15) m^3$$
$$= 1595.30 m^3 （套定额 1 - 4）$$

（2）水泥表面层面积

$$S = 长 \times 度 = 200 \times 30 m^2 = 6000.00 m^2 （套定额 2 - 18）$$

（3）级配碎石表面面积

$$S = 长 \times 宽 = 200 \times 30 m^2 = 6000.00 m^2 （套定额 2 - 20）$$

（4）碎石垫层（表2-5）

$$V = 200 \times (30 + 0.1) \times 0.15 m^3 = 903.00 m^3 （套定额 2 - 8）$$

说明:计算时按设计图示尺寸以长度计算。

【例2-9】　有一个正方形的树池,边长为1.1m,其四周进行围牙处理,试求该树池围牙的工程量。

【解】　1. 清单工程量

项目编码:050201004　　　项目名称:树池围牙、盖板(算子)

工程量计算规则:按设计图示尺寸以长度计算。

树池围牙　$L = 4 \times 1.1 m = 4.40 m$

在清单计算时,树池围牙是按设计图示尺寸以长度计算,因为该树池是正方形的,又知边长为1.10m,所以该树池围牙的清单工程量为4.40m。

清单工程量计算见表2-16。

表2-16　清单工程量计算表

项目编码	项目名称	项目特征描述	计量单位	工程量
050201004001	树池围牙、盖板(算子)	树池围牙周长4.4m	m	4.40

2. 定额工程量（表2-21）

树池围牙:$L = 4 \times 1.1 m = 4.40 m$（套定额 2 - 38）

说明:树池围牙:指按设计用混凝土预制的长条形砌块铺装在道路边缘,起保护路面的作用。

【例2-10】　某单位汽车停车场用100mm 厚混凝土空心砖(内填土壤种草)进行铺装地面,如图2-9所示,为该停车场局部剖面示意图,该汽车停车场长100m,宽50m,试求其工程量。

【解】　1. 清单工程量

项目编码:050201005　　　项目名称:嵌草砖铺装

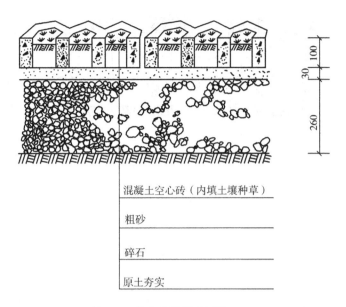

图 2-9　停车场嵌草砖铺装

工程量计算规则:按设计图示尺寸以面积计算。

嵌草砖铺装工程量 = 长 × 宽 = 100 × 50m² = 5000.00m²

清单工程量计算见表 2-17。

表 2-17　清单工程量计算表

项目编码	项目名称	项目特征描述	计量单位	工程量
050201005001	嵌草砖铺装	嵌草砖铺装	m²	5000.00

2. 定额工程量

(1)嵌草砖铺装(表 2-25)

S = 长 × 宽 = 100 × 50m² = 5000.00m²(套定额 2 – 32)

(2)挖土方(表 2-2)

V = 长 × 宽 × 厚度 = 100 × 50 × (0.26 + 0.03 + 0.1)m³ = 1950.00m³(套定额 1 – 4)

(3)粗砂(表 2-4)

V = 长 × 宽 × 厚度 = 100 × 50 × 0.03m³ = 150.00m³(套定额 2 – 3)

(4)碎石(表 2-5)

V = 长 × 宽 × 厚度 = 100 × 50 × 0.26m³ = 1300.00m³(套定额 2 – 8)

(5)原土夯实

S = 长 × 宽 = 100 × 50m² = 5000.00m²

【例 2-11】　某校园内有一处嵌草砖铺装场地,场地长 50m,宽 20m,其局部剖面示意图如图 2-10 所示,试求其工程量。

【解】　1.清单工程量

项目编码:050201005　　项目名称:嵌草砖铺装

工程量计算规则:按设计图示尺寸以面积计算。

嵌草砖铺装工程量 = 长 × 宽 = 50 × 20m² = 1000.00m²

清单工程量计算见表 2-18。

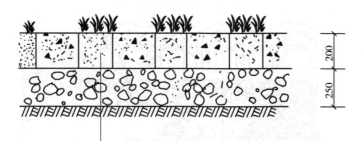

200mm 厚培养土种草

250mm 厚砾石

原土夯实

图 2-10　校园内嵌草砖铺装

表 2-18　清单工程量计算表

项目编码	项目名称	项目特征描述	计量单位	工程量
050201005001	嵌草砖铺装	嵌草砖铺装	m^2	1000.00

2.定额工程量

（1）嵌草砖铺装（表2-6）

$S = 长 \times 宽 = 50 \times 20 m^2 = 1000.00 m^2$（套定额 2 – 32）

（2）砾石

$V = 长 \times 宽 \times 厚度 = 50 \times 20 \times 0.25 m^3 = 250.00 m^3$

（3）挖土方（表2-2）

$V = 长 \times 宽 \times 厚度 = 50 \times 20 \times (0.25 + 0.2) m^3 = 450.00 m^3$（套定额 1 – 4）

（4）原土夯实

$S = 长 \times 宽 = 50 \times 20 m^2 = 1000.00 m^2$

【例 2-12】　某景区园路为水泥混凝土路,路两侧设置有路牙,已知路长 22m,宽 6m,具体园路构造布置如图 2-11 所示,路牙为 $20cm \times 20cm \times 10cm$（长 × 宽 × 厚）的机砖。试求其工程量。

【解】　1.清单工程量

（1）项目编码:050201001　　项目名称:园路

工程量计算规则:按设计图示尺寸以面积计算,不包括路牙。

园路的面积为 $= 22 \times 6 m^2 = 132.00 m^2$

【注释】　园路长 22m,宽 6m,则面积可得。

（2）项目编码:050201003　　项目名称:路牙铺设

工程量计算规则:按设计图示尺寸以长度计算。

该园路路牙长度为 $22 \times 2 m = 44.00 m$

【注释】　路牙长 22m,两侧均有,则路牙的长可知。

清单工程量计算见表 2-19。

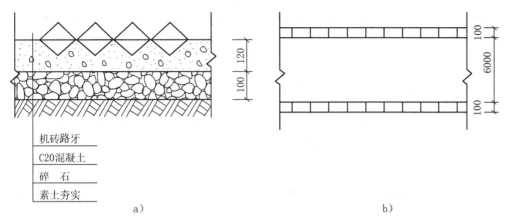

图 2-11 园路构造示意图

a) 剖面图　b) 平面图

表 2-19　清单工程量计算表

项目编码	项目名称	项目特征描述	计量单位	工程量
050201001001	园路	C20 混凝土厚 120mm,碎石厚 100mm	m²	132.00
050201003001	路牙铺设	机砖尺寸为 20cm×20cm×10cm	m	44.00

2. 定额工程量

(1) 垫层(表 2-5)

1) C20 混凝土工程量 $= \left[22 \times (6+0.2) \times 0.12 - \left(\dfrac{1}{2} \times 0.2 \times 0.2 \times 0.1 \times 156 \right) \right] \mathrm{m}^3$

$$= 16.368 - 0.312 \mathrm{m}^3$$

$$= 16.06 \mathrm{m}^3 \quad (套定额 2-5)$$

【注释】　长 22m,宽 6m,两侧路牙各宽 100mm,混凝土层厚 120mm,混凝土量即为 $22 \times (6+0.2) \times 0.12 \mathrm{m}^3$。路牙深入混凝土层有一半的体积,则需减去这部分的量,为 $\dfrac{1}{2} \times 0.2 \times 0.2 \times 0.1 \times 156 \mathrm{m}^3$,由勾股定理可知一块机砖路牙的长,可得出 22m 的路长两侧共铺 156 块机砖路牙。

2) 碎石所占工程量 $= 22 \times (6+0.2) \times 0.1 \mathrm{m}^3 = 13.64 \mathrm{m}^3$　(套定额 2-8)

【注释】　碎石所占工程量 = 长度 × 宽度 × 碎石层厚度。

(2) 路面、地面(表 2-20)

表　2-20　　　　　　　　　　　　　　　　　　　　　　　　(单位:m²)

定额编号	2-29	2-30	2-31
项　　目	水磨石地面青水泥	混凝土地面	
		120mm 厚	每增厚 12mm

该园路为水泥混凝土路,路面厚 120mm,其面积为 $22\mathrm{m} \times 6 = 132.00 \mathrm{m}^2$(套定额 2-30)。

(3) 路牙(表 2-21)

表 2-21 （单位:m）

定额编号	2 - 38	2 - 39	2 - 40	2 - 41
项　目	树池围牙	机砖路牙1/2 砖宽	机砖路牙立裁 1/4 砖宽	机砖路牙侧裁 1/4 砖宽

整个园路所需铺机砖块数 $=22/(\dfrac{2\times 0.2}{\sqrt{2}})\times 2$ 块 $=156$ 块

整个园路路牙的机砖所占体积 $=0.2\times 0.2\times 0.1\times 156\mathrm{m}^3=0.62\mathrm{m}^3$,则它在路面和路面下方埋设的体积各为一半,即 $1/2\times 0.624=0.31\mathrm{m}^3$。

整个园路所设置的路牙长度为 $22\times 2\mathrm{m}=44.00\mathrm{m}$(套定额 2 - 39)。

说明:1.路牙和路面相切的边长采用三角形的正弦函数来计算,$\sin 45°=\dfrac{\sqrt{2}}{2}$,所以边长 $=$

$\dfrac{2\times 0.2}{\sqrt{2}}\mathrm{m}$。

2.路牙为两侧栽植的,在计算时要注意计算出两侧总量。

【例 2-13】 为了保护路面,一般会在道路的边缘铺设路牙,已知某园路长 20m,用机砖铺设路牙,具体结构如图 2-12 所示,试求路牙工程量(其中每两块路牙之间有 10mm 的水泥砂浆勾缝)。

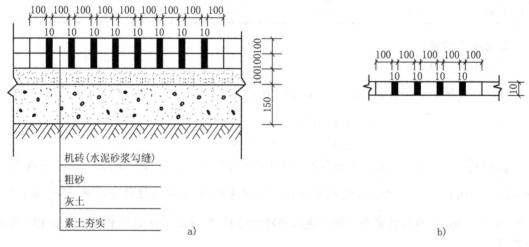

图 2-12 道牙铺设结构图
a)剖面图 b)平面图

【解】 1.清单工程量

项目编码:050201003　　项目名称:路牙铺设

工程量计算规则:按设计图示尺寸以长度计算。

该题路牙铺设长度:$20\times 2\mathrm{m}=40.00\mathrm{m}$

清单工程量计算见表 2-22。

表 2-22 清单工程量计算表

项目编码	项目名称	项目特征描述	计量单位	工程量
050201003001	路牙铺设	机砖厚 200mm,粗砂厚 100mm,灰土厚 150mm,机砖路牙	m	40.00

2. 定额工程量

（1）垫层（表2-4）

1）先计算出该园路大约需要多少块砖：$20/(0.1+0.01)$ 块 $=182$ 块

水泥砂浆勾缝的工程量 $=0.01\times0.2\times0.01\times182\times2m^3=0.007m^3$（套定额 $2-1$）

【注释】 缝宽为10mm，长为10mm，深为200mm，一侧182块砖，共两侧。

2）所需粗砂工程量 $=20\times0.1\times0.05m^3=0.10m^3$（套定额 $2-3$）

3）所需灰土工程量 $=20\times0.15\times0.05m^3=0.15m^3$（套定额 $2-2$）

（2）路牙（表2-21）

机砖工程量 $=0.1\times0.2\times0.05\times182\times2m^3=0.36m^3$（套定额 $2-39$）

说明：道牙都是路两边铺设的，因此计算时要注意计算两侧。

【例2-14】 某绿地中有六角边的树池，树池的池壁用混凝土预制，其长×宽×厚为 $100mm\times60mm\times120mm$，为高树池，高度为10cm，试求其工程量。

【解】 1. 清单工程量

项目编码：050201004 项目名称：树池围牙、盖板（箅子）

工程量计算规则：按设计图示尺寸以长度计算。

树池围牙的总长度为 $=0.1\times6m=0.60m$

【注释】 六角边的树池，长为0.1m，则周长为0.1×6m。

清单工程量计算见表2-23。

表2-23 清单工程量计算表

项目编码	项目名称	项目特征描述	计量单位	工程量
050201004001	树池围牙、盖板（箅子）	预制混凝土	m	0.60

2. 定额工程量（表2-21）

树池围牙总长度为0.60m，计算方法同清单工程量计算（套定额 $2-38$）。

【例2-15】 某园路用嵌草砖铺装，即在砖的空心部分填土种草来丰富景观。已知嵌草砖为六角形，边长是22cm，厚度为12cm，空心部分圆形半径为14cm，里面填10cm厚种植土，该园路所占面积约为40.5m²（27m×1.5m），园路铺设如图2-13所示，试求其工程量。

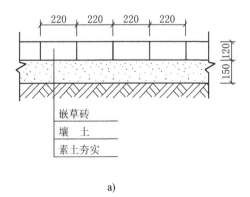

a)

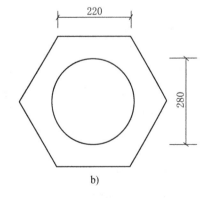

b)

图2-13 园路铺设示意图
a)剖面图 b)平面图

【解】 1. 清单工程量

项目编码:050201005   项目名称:嵌草砖铺装

工程量计算规则:按设计图示尺寸以面积计算。

(1)每块砖所占面积 $= 6 \times \dfrac{1}{2} \times 0.22 \times 0.11 \times \sqrt{3} \, \text{m}^2 = 0.13 \text{m}^2$

【注释】 嵌草砖为正六边形,边长为 0.22m,将正六边形从中心分割为 6 个正三角形,则三角形的底边为 0.22m,高为 $0.11 \times \sqrt{3}$m,面积可知。

(2)整个园路所铺设的砖面积等于园路面积 40.50m²

清单工程量计算见表 2-24。

表 2-24   清单工程量计算表

项目编码	项目名称	项目特征描述	计量单位	工程量
050201005001	嵌草砖铺装	嵌草砖厚120mm,壤土厚150mm	m²	40.50

2. 定额工程量

(1)垫层

1)整个园路所需砖块数 $= (40.5/0.13)$ 块 $= 321$ 块。

2)中间空心种植草的总面积 $= 3.14 \times 0.14^2 \times 321 \text{m}^2 = 19.76 \text{m}^2$

【注释】 嵌草砖中心圆的半径为 0.14m,则圆面积可知。共 321 块嵌草砖,则空心种草的总面积可求。

所填的种植土总体积 $= 19.76 \times 0.1 \text{m}^3 = 1.98 \text{m}^3$

【注释】 种植的总面积 19.76m²,填种植土的厚度为 0.1m,则种植土的体积可知。

2)壤土垫层的总体积 $= 27 \times (1.5 + 0.1) \times 0.15 \text{m}^3 = 6.48 \text{m}^3$

【注释】 园路长 27m,宽 1.5m,0.1m 为超挖长度,则垫层的面积可知。壤土厚度为 0.15m,则壤土的体积可求。

(2)路面、地面(表 2-25)

表   2-25   (单位:m²)

定额编号	2 – 32	2 – 33	2 – 34
项 目	嵌草砖铺装	广场砖铺装素拼	广场砖铺装拼图案

1)每块砖所占面积为 0.13m^2,计算方法同清单工程量计算(套定额 2 – 32)。

2)整个园路所铺设的砖面积等于园路面积 40.50m²,计算方法同清单工程量计算。

说明:采用砌块嵌草铺装的路面,砌块和嵌草是指道路的结构面层,其下面只能有一个壤土垫层,在结构上没有基层,只有这样的路面结构才能有利于草的存活与生长。

【例 2-16】 有一座拱桥,采用花岗石制作安装拱旋石,石旋脸的制作、安装采用青白石,桥洞底板为钢筋混凝土,桥基细石安装用金刚墙青白石,厚 20cm,具体拱桥的构造如图 2-14 所示。试求其工程量。

【解】 1. 清单工程量

(1)项目编码:050201006   项目名称:桥基础

工程量计算规则:按设计图示尺寸以体积计算。

混凝土石桥基础工程量 $= 7 \times 1.5 \times 0.5 \text{m}^3 = 5.25 \text{m}^3$

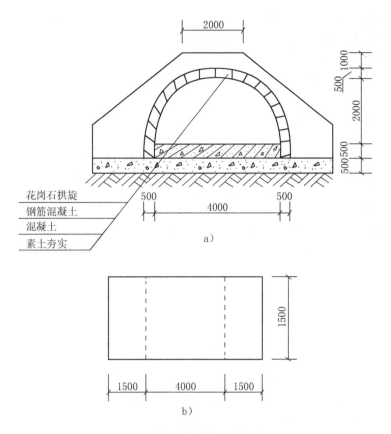

图 2-14 拱桥构造示意图

a)剖面图 b)平面图

【注释】 混凝土石桥长7m,宽1.5m,基础厚度0.5m。则基础体积为长×宽×厚度。

钢筋混凝土桥洞底板工程量 $= 4 \times 1.5 \times 0.5 m^3 = 3.00 m^3$

【注释】 桥洞的长为4m,宽为1.5m,底板厚0.5m,则底板的工程量可知。

(2)项目编码:050201008　　项目名称:拱券石

工程量计算规则:按设计图示尺寸以体积计算。

拱圈石层的厚度,应取桥拱半径的1/12～1/6,加工成上宽下窄的楔形石块,石块一侧做有榫头,另一侧做有榫眼,相互扣合。

其工程量 $= \dfrac{1}{2} \times 3.14 \times (2.5^2 - 2^2) \times 1.5 m^3 = 5.30 m^3$

【注释】 桥拱加石层厚度时半径为2.5m,不加石层厚度时半径为2m,则桥拱石层的截面积为 $1/2 \times (2.5^2 - 2^2)$,桥宽1.5m,则石层的体积可知。

(3)项目编码:050201009　　项目名称:石券脸

工程量计算规则:按设计图示尺寸以面积计算。

石旋脸的工程量 $= \dfrac{1}{2} \times 3.14 \times (2.5^2 - 2.0^2) \times 2 m^2 = 7.07 m^2$

【注释】 石旋脸即石层外侧的贴脸,石层的截面积已知,石旋脸的面积即为截面面积。两侧都有石旋脸,则总面积可知。

石旋脸计算时要注意桥的两面工程量都要计算,所以要乘以2来计算。

(4)项目编码:050201010　　项目名称:金刚墙砌筑

工程量计算规则:按设计图示尺寸以体积计算。

金刚墙采用青白石处理,其工程量 $=7\times1.5\times0.2m^3=2.10m^3$

【注释】　桥长7m,宽1.5m,金刚墙青白石的厚度为0.2m。则工程量可知。

清单工程量计算见表2-26。

表2-26　清单工程量计算表

序　号	项目编码	项目名称	项目特征描述	计量单位	工程量
1	050201006001	桥基础	混凝土石桥基础青白石	m^3	5.25
2	050201008001	拱券石	混凝土石桥基础青白石	m^3	5.30
3	050201009001	石券脸	青白石	m^3	7.07
4	050201010001	金刚墙砌筑	青白石	m^3	2.10

2.定额工程量

(1)桥基(表2-27~表2-29)

1)基础及拱旋(表2-27)

表　2-27　　　　　　　　　　　　　　　　　　　　　(单位:m^3)

定额编号	7－1	7－2	7－3
项　　目	混凝土桥基础	砖拱旋砌筑	花岗石内旋安装

混凝土桥基础的工程量为5.25m^3,计算方法同清单计算(套定额7－1)。

花岗石的内旋工程量为5.30m^3,计算方法同清单计算(套定额7－3)。

2)细石安装(表2-28、表2-29):

表　2-28　　　　　　　　　　　　　　　　　　　　　(单位:m^3)

定额编号	7－4	7－5
项　　　目	金刚墙青白石厚(cm以内)	
	32	20

青白石金刚墙的工程量为2.10m^3,其厚度为20cm,计算方法同清单计算(套定额7－5)。

表　2-29　　　　　　　　　　　　　　　　　　　　　(单位:m^3)

定额编号	7－8	7－9
项　　目	旋脸青白石	旋脸花岗石

青白石旋脸的工程量为7.065$\times$0.5m^3=3.53m^3,计算方法同清单计算(套定额7－8)。

(2)混凝土构件制作(表2-30)

表　2-30　　　　　　　　　　　　　　　　　　　　　(单位:m^3)

定额编号	7－16	7－17	7－18	7－19
项　　目	现浇钢筋混凝土			
	桥柱、桥墩	单梁	拱石旋	桥洞底板

花岗石拱旋的工程量为 5.30m³,计算方法同清单计算(套定额 7 − 18)。

钢筋混凝土桥洞底板工程量为 3.00m³,计算方法同清单计算(套定额 7 − 19)。

【例2-17】 某公园有一座石桥,具体基础构造如图 2-15 所示,桥的造型形式为平桥,已知桥长 10m,宽 2m,试求园桥的基础工程量(该园桥基础为杯形基础,共有 3 个)。

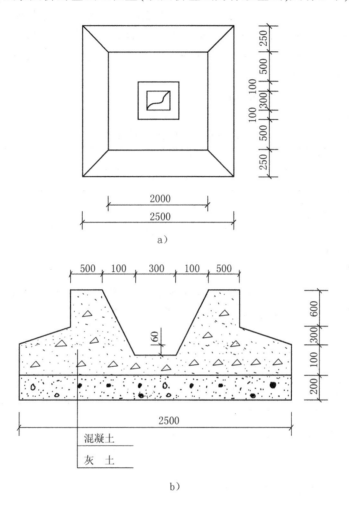

图 2-15 石桥基础构造图

a)平面图 b)剖面图

【解】 1.清单工程量

项目编码:050201006   项目名称:桥基础

工程量计算规则:按设计图示尺寸以体积计算。

(1)垫层

采用灰土处理,要分层碾压,使密实度达到 95% 以上,工程量 $= 3 \times 2.5 \times 2 \times 0.2 \mathrm{m}^3 = 3.00 \mathrm{m}^3$。

(2)杯形混凝土基础

工程量 $= 2.5 \times 2 \times 0.1 + 1.5 \times 2 \times 0.6 + \dfrac{0.3}{6} \times [\, 2.5 \times 2 + 2 \times 1.5 + (2.5 + 2)(2 + 1.5)\,] -$

$$\dfrac{(0.6 + 0.3 + 0.06)}{6} \times [\, 0.3^2 + 0.5^2 + (0.3 + 0.5)^2)\,]\, \mathrm{m}^3$$

$$= (0.5 + 1.8 + 1.19 - 0.16)\text{m}^3 = 3.33\text{m}^3$$

【注释】 杯形基础底部长 2.5m,宽 2m,垫层上 0.1m 的厚度为规则立方体,则体积可知。棱台上部长 2m,宽 1.5m,高 0.6m,也为规则的立方体,体积可知。杯形基础的工程量 = 垫层以上的立方体体积 + 棱台体积 + 棱台之上的立方体体积 - 中部凹下的棱台体积。外部棱台的大口长为 2.5m,宽为 2m,小口的长为 2m,宽为 1.5m,高度为 0.3m,则棱台体积为 $0.3/6 \times [2.5 \times 2 + 2 \times 1.5 + (2.5 + 2)(2 + 1.5)]\text{m}^3$。内部棱台的大口长为 0.5m,宽为 0.5m,小口的长为 0.3m,宽为 0.3m,高为 $(0.6 + 0.3 + 0.06)\text{m}$,则内部棱台的体积为 $(0.6 + 0.3 + 0.06)/6 \times [0.5^2 + 0.3^2 + (0.3 + 0.5)^2]\text{m}^3$。

3 个杯形基础:$3.33 \times 3\text{m}^3 = 9.99\text{m}^3$

清单工程量计算见表 2-31。

表 2-31　清单工程量计算表

项目编码	项目名称	项目特征描述	计量单位	工程量
050201006001	桥基础	杯形基础	m³	9.99

2. 定额工程量(表 2-27)

园桥为混凝土杯形基础,其工程量为 9.99m³,计算方法同清单计算(套定额 7 - 1)。

说明:1. 桥基础按图示尺寸以 m³ 计算;

2. 计算杯形等不规则形状的基础工程量时,可采用图形分割法来分块计算。

【例 2-18】 某园桥的形状构造如图 2-16 所示,已知桥基的细石安装采用金刚墙青白石,厚 25cm,采用条形混凝土基础,桥墩有 3 个,桥长 8m,宽 2.0m,试求其工程量。

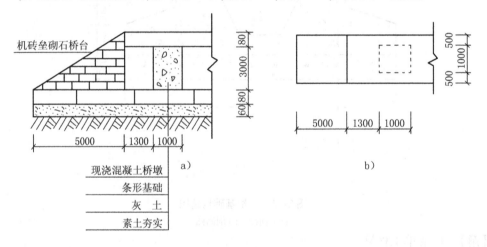

图 2-16　园桥构造示意图

a)剖面图　b)平面图

【解】 1. 清单工程量

(1)项目编码:050201006　　项目名称:桥基础

工程量计算规则:按设计图示尺寸以体积计算。

1)条形混凝土基础工程量 $= 8 \times 2 \times 0.08\text{m}^3 = 1.28\text{m}^3$

【注释】 桥长 8m,宽 2m,由图 2-16 中剖面图可知,条形混凝土基础的厚度为 80mm。

2)灰土垫层要分层碾压,使密实度达 95% 以上,它的工程量 $= 8 \times 2 \times 0.06\text{m}^3 = 0.96\text{m}^3$

(2)项目编码:050201007　　项目名称:石桥墩、石桥台工程量计算规则:按设计图示尺寸以体积计算。

1)石桥台为机砖砌筑工程量 $= 3.08 \times 5 \times \frac{1}{2} \times 2 \times 2 m^3 = 30.80 m^3$

【注释】 桥台高3.08m,长5m,桥宽2m,有左右两个桥台。

2)石桥墩工程量 $= 1 \times 1 \times 3 \times 3 m^3 = 9.00 m^3$

【注释】 桥墩长1m,宽1m,高3m,有3个桥墩。

(3)项目编码:050201010　　　项目名称:金刚墙砌筑

工程量计算规则:按设计图示尺寸以体积计算。

桥基的细石安装采用金刚墙青白石,工程量 $= 8 \times 2 \times 0.25 m^3 = 4.00 m^3$

【注释】 桥长8m,宽2m。金刚墙青白石的厚度为0.25m。

清单工程量计算见表2-32。

表2-32　清单工程量计算表

序　号	项目编码	项目名称	项目特征描述	计量单位	工程量
1	050201006001	桥基础	条形混凝土基础	m³	1.28
2	050201007001	石桥墩、石桥台	石桥台,机砖砌筑	m³	30.80
3	050201007002	石桥墩、石桥台	石桥墩	m³	9.00
4	050201010001	金刚墙砌筑	金刚墙青白石	m³	4.00

2.定额工程量

(1)桥基(表2-27、表2-28)

1)基础及拱旋。

2)条形混凝土工程量为1.28m³,计算方法同清单计算(套定额7-1)。

3)灰土垫层工程量为0.96m³,计算方法同清单计算。

4)细石安装。金刚墙青白石工程量为4.00m³,厚25cm,计算方法同清单计算(套定额7-4)。

(2)混凝土构件制作(表2-30)

1)现浇混凝土桥墩的工程量为9.00m³,计算方法同清单计算(套定额7-16)。

2)石桥台的工程量为30.80m³,计算方法同清单计算。

说明:1.桥基础按图示尺寸以m³计算;

　　　2.计算桥台时要注意计算两边的石桥台工程量;

　　　3.计算石桥墩时要注意计算出所有数量的石桥墩的工程量。

【例2-19】 已知某园桥的石桥墩如图2-17所示,该园桥有6个桥墩,试求该桥墩的工程量。

【解】 1.清单工程量

项目编码:050201007　　　项目名称:石桥墩、石桥台

工程量计算规则:按设计图示尺寸以体积计算。

求桥墩工程量就是求桥墩的体积,它的体积由大放脚四周体积和柱身体积两部分组成。

(1)大放脚体积

$[0.16 \times (0.5 + 0.21 + 0.21)^2 + 0.16 \times (0.5 + 0.07 \times 2 \times 2)^2 + 0.16 \times (0.5 + 0.07 \times 2)^2] m^3 =$
$(0.135 + 0.097 + 0.066) m^3 = 0.30 m^3$

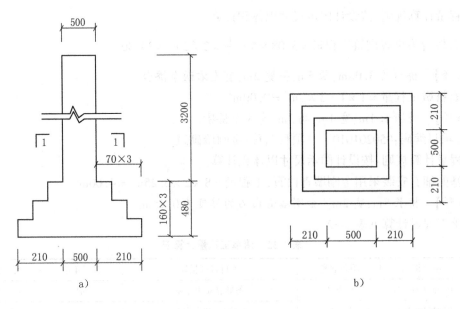

图 2-17 石桥墩示意图

a)立面图 b)剖面图

【注释】 大放脚体积为三层长方体的体积,底部均为正方形,高度均为 0.16m。第一层为 $0.16 \times (0.5 + 0.21 + 0.21)^2 \text{m}^3$,第二层为 $0.16 \times (0.5 + 0.07 \times 2 \times 2)^2 \text{m}^3$,第三层为 $0.16 \times (0.5 + 0.07 \times 2)^2 \text{m}^3$。

(2)柱身体积

$0.5 \times 0.5 \times 3.2 \text{m}^3 = 0.80 \text{m}^3$

【注释】 柱子的截面尺寸为 500mm×500mm,柱子长 3.2m。

(3)整个桥墩体积

$0.30 + 0.80 \text{m}^3 = 1.10 \text{m}^3$

【注释】 桥墩的体积 = 大放脚的体积 + 柱身的体积。

所有桥墩体积 = $1.10 \times 6 \text{m}^3 = 6.60 \text{m}^3$

清单工程量计算见表 2-33。

表 2-33 清单工程量计算表

项目编码	项目名称	项目特征描述	计量单位	工程量
050201007001	石桥墩、石桥台	石桥墩	m^3	6.60

2. 定额工程量(表 2-30)

该园桥的桥墩工程量为 6.60m^3,计算方法同清单工程量(套定额 7 – 16)。

【例 2-20】 某石桥工程,其基础为杯形基础(图 2-18)共 9 个,试求其工程量。

【解】 1.清单工程量

项目编码:050201006　　项目名称:桥基础

工程量计算规则:按设计图示尺寸以体积计算。

(1)杯形基础模板接触面面积

依据图 2-18 所标注的尺寸以及上述计算规则,则该基础模板接触面面积可分步计算如下:

86

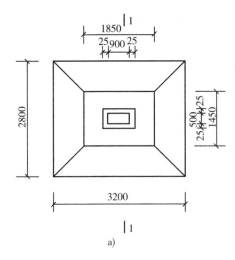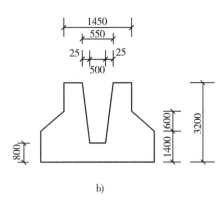

图 2-18 杯形基础

a)平面图　b)1–1剖面图

$F_1 = 2 \times (A + B) \times h_3 = 2 \times (2.8 + 3.2) \times 1.4 \text{m}^2 = 16.80 \text{m}^2$

【注释】 计算为底部长3.2m、宽2.8m、高1.4m的立方体的侧面积。

$F_2 = 2 \times (a + b) \times (h - h_1 - h_3) = 2 \times (1.85 + 1.45) \times (3.2 - 0.6 - 1.4) \text{m}^2 = 7.92 \text{m}^2$

【注释】 计算为上部长1.85m、宽1.45m、高1.2m的立方体的侧面积。

$$F_3 = 2 \times \frac{1}{2} \times (b + B) \times \sqrt{h_1{}^2 + \left(\frac{A - a}{2}\right)^2} + 2 \times \frac{1}{2} \times (a + A) \times \sqrt{h_1{}^2 + \left(\frac{B - b}{2}\right)^2}$$

$$= \left[(1.45 + 2.8) \times \sqrt{0.6^2 + \left(\frac{3.2 - 1.85}{2}\right)^2} + (1.85 + 3.2) \times \sqrt{0.6^2 + \left(\frac{2.8 - 1.45}{2}\right)^2} \right] \text{m}^2$$

$$= (3.838 + 4.561) \text{m}^2 = 8.40 \text{m}^2$$

【注释】 计算为外侧棱台部分的侧面面积。棱台上口的长为1.85m,宽为1.45m,下口的长为3.2m,宽为2.8m。四个侧面积为梯形,两两相同。第一个梯形面的上底为1.45m,下底为2.8m,高为 $\sqrt{0.6^2 + [(2.8 - 1.85)/2]^2}$ m,梯形面积可知,共2个面。另一个梯形上底长1.85m,下底长3.2m,高为 $\sqrt{0.6^2 + [(3.2 - 1.85)/2]^2}$ m,梯形面积可知,共2个面。

$$F_4 = \frac{1}{2} [a_1 + (a_1 + 2c)] \times \sqrt{(h - h_2)^2 + c^2} \times 2 + \frac{1}{2} \times [b_1 + (b_1 + 2c)] \times \sqrt{(h - h_2)^2 + c^2} \times 2$$

$$= \left\{ \frac{1}{2} \times [0.9 + (0.9 + 2 \times 0.025)] \times \sqrt{(3.2 - 0.8)^2 + 0.025^2} \times 2 + \frac{1}{2} \times [0.5 + (0.5 + 2 \times 0.025)] \times \sqrt{(3.2 - 0.8)^2 + 0.025^2} \times 2 \right\} \text{m}^2$$

$$= \left\{ \frac{1}{2} \times [0.9 + (0.9 + 2 \times 0.025)] + \frac{1}{2} \times [0.5 + (0.5 + 2 \times 0.025)] \right\} \times \sqrt{(3.2 - 0.8)^2 + 0.025^2} \times 2 \text{m}^2 = \frac{1}{2} \times 2.9 \times 2.4 \times 2 \text{m}^2 = 6.96 \text{m}^2$$

【注释】 计算为内侧凹下去的棱台部分的侧面面积。棱台上口的长为0.95m,宽为0.55m,下口的长为0.9m,宽为0.5m。四个侧面积为梯形,两两相同。第一个梯形面的上底为0.5m,下底为0.9m,高为 $\sqrt{(3.2 - 0.8)^2 + 0.025^2}$ m,梯形面积可知,共2个面。另一个梯形上底长0.55m,下底长0.95m,高为 $\sqrt{(3.2 - 0.8)^2 + 0.025^2}$ m,梯形面积可知,共2个面。

87

则：$F_总 = (F_1 + F_2 + F_3 + F_4)N(数量) = (16.80 + 7.92 + 8.40 + 6.96) \times 9m^2$

$$= 40.9 \times 9m^2 = 360.72m^2$$

【注释】 $A = 2800mm, B = 3200mm, a = 1850mm, b = 1450mm, a_1 = 900mm, b_1 = 500mm, h = 3200mm, h_1 = 600mm, h_2 = 800mm, h_3 = 1400mm, c = 25mm$。

即杯形基础模板接触面面积为 $360.72m^2$。

（2）此杯形基础工程量计算

由图 2-18 所示标注的尺寸以及上述给出的计算公式可得：此杯形基础工程量为：

$$V = ABh_3 + \frac{h_1}{3}[AB + ab + \sqrt{ABab}] + ab(h - h_1 - h_3) - \frac{h - h_2}{3}[(a_1 + 2c)(b_1 + 2c) + a_1b_1 + \sqrt{(a_1 + 2c)(b_1 + 2c)a_1b_1}]$$

$$= \{3.2 \times 2.8 \times 1.4 + \frac{0.6}{3} \times [3.2 \times 2.8 + 1.85 \times 1.45 + \sqrt{3.2 \times 2.8 \times 1.85 \times 1.45}] +$$

$$1.85 \times 1.45 \times (3.2 - 0.6 - 1.4) - \frac{3.2 - 0.8}{3} \times [(0.9 + 2 \times 0.025) \times (0.5 + 2 \times$$

$$0.025) + 0.9 \times 0.5 + \sqrt{(0.9 + 0.025 \times 2) \times (0.5 + 0.025 \times 2) \times 0.9 \times 0.5}]\}m^3/个$$

$$= [12.54 + 0.2 \times (8.96 + 2.68 + 4.90) + 3.22 - 0.8 \times (0.52 + 0.45 + 0.48)]m^3/个$$

$$= 17.91m^3/个$$

【注释】 计算思路为下部立方体的体积 + 上部立方体的体积 + 棱台部分的体积 − 内侧凹下部分棱台的体积。

因为有 9 个此基础，故 $V_总 = 17.91 \times 9m^3 = 161.19m^3$

清单工程量计算见表 2-34。

表 2-34　清单工程量计算表

项目编码	项目名称	项目特征描述	计量单位	工程量
050201006001	桥基础	石桥杯形基础,混凝土浇筑	m^3	161.19

2. 定额工程量

此杯形基础定额工程量的计算同清单工程量,为 $17.91m^3/个$（套定额 7 - 41）,因为此杯形基础由题意可知有 9 个,所以总的此杯形基础定额工程量为 $161.19m^3$。

注意：计算杯形基础工程量时,可用下列公式：

$$V = ABh_3 + \frac{h_1}{3}[AB + ab + \sqrt{ABab}] + ab(h - h_1 - h_3) - (\frac{h - h_2}{3})[(a_1 + 2c)(b_1 + 2c) + a_1b_1 + \sqrt{(a_1 + 2c)(b_1 + 2c)a_1b_1}]$$

V 的单位为 $m^3/个$, $V_总 = V \times 数量$, $V_总$ 的单位为 m^3。

【例 2-21】 某桥面的铺装构造如图 2-19 所示,桥面用水泥混凝土铺装,厚度为 6cm,桥面檐板为石板铺装,厚度为 10cm,位于桥面两边的仰天石为青白石,桥面的长为 8m、宽为 2m,为了便于排水,桥面设置 1.5% 的横坡,试求其工程量。

【解】 1. 清单工程量

（1）项目编码：050201011　　项目名称：石桥面铺筑

工程量计算规则：按设计图示尺寸以面积计算。

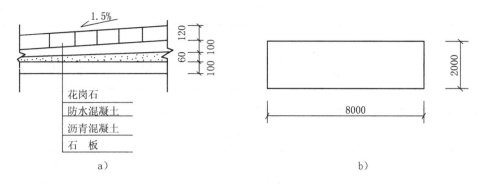

图 2-19　桥面构造示意图

a)剖面图　b)平面图

桥面各构造层的面积都相同为 $8 \times 2m^2 = 16.00m^2$

（2）项目编码:050201012　　项目名称:石桥面檐板

工程量计算规则:按设计图示尺寸以面积计算。

该园桥面檐板面积为 $2 \times 8m^2 = 16.00m^2$

（3）项目编码:020201006　　项目名称:仰天石

工程量计算规则:按设计图示水平投影尺寸以面积计算。

园桥青白石的仰天石面积: $8 \times 2m^2 = 16.00m^2$

清单工程量计算见表 2-35。

表 2-35　清单工程量计算表

序　号	项目编码	项目名称	项目特征描述	计量单位	工程量
1	050201011001	石桥面铺筑	花岗石厚 120mm,防水混凝土厚 100mm,沥青混凝土厚 60mm,石板厚 100mm	m²	16.00
2	050201012001	石桥面檐板	石板铺装,厚 10cm	m²	16.00
3	020201006001	仰天石	青白石	m²	16.00

说明:桥面铺装要求具有一定强度、耐磨、防止开裂,通常布置要求线形平顺,与路线顺利搭接。

2.定额工程量

桥面(表 2-36 ~ 表 2-38):

细石安装:

表　2-36　　　　　　　　　　　　　　　　　　(单位:10m²)

定额编号	7 – 25	7 – 26	7 – 27	7 – 28
项　　　目	桥面石青白石		桥面石花岗石	
	厚 13cm 以内	每增厚 2cm 以内	厚 13cm 以内	每增厚 2cm 以内

花岗石桥面厚 12cm,其面积为 $2 \times 8/10m^2 = 1.60(10m^2)$(套定额 7 – 27)。

定额编号	7 – 29	7 – 30	7 – 31	7 – 32
项　目	牙子石 15cm×30cm 以内		仰天石青白石	仰天石花岗石
	青白石(100m)	花岗石(100m)		

表　2-37　　　　　　　　　（单位:10m)

该园桥为青白石的仰天石长度 16/10 = 1.60(10m)(套定额 7 – 31)。

表　2-38　　　　　　　　　（单位:10m)

定额编号	7 – 37	7 – 38
项　目	青白石地伏石安装	预制平桥板制作
	m	m³

该园桥的石桥面檐板采用石板处理,其厚度为 100mm,体积 = 8 × 2 × 0.1m³ = 1.60m³(套定额 7 – 38)。

【例 2-22】 某园桥的桥台为台阶处理,具体结构布置如图 2-20 所示,为便于排水,防止结冰,台阶踏步设置 1% 的向下坡度,采用青白石材料,试求台阶工程量(台阶有 6 级)。

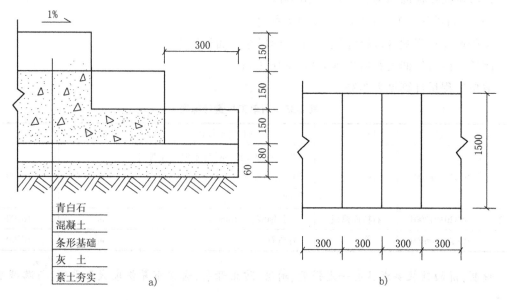

图 2-20　园桥台阶结构示意图
a)剖面图　b)平面图

【解】 1.清单工程量

(1)项目编码:050201006　　　项目名称:桥基础

工程量计算规则:按设计图示尺寸以体积计算。

1)混凝土的工程量 = (0.3 × 0.15 + 0.3 × 0.15 × 2 + 0.3 × 0.15 × 3 + 0.3 × 0.15 × 4 +

0.3 × 0.15 × 5) × 1.5 × 2m³

= 0.675 × 1.5 × 2m³ = 2.03m³

【注释】 共 6 级台阶,由图 2-20a 可知,台阶宽度 300mm 不变,厚度第一级 150mm,后者依次增加 150mm。

90

2）条形基础的工程量 $= 0.3 \times 6 \times 0.08 \times 1.5 \times 2m^3 = 0.43m^3$

【注释】 条形基础长 $0.3 \times 6m$，宽 $1.5m$，基础厚度为 $0.08m$，两侧桥台。

3）灰土层的工程量 $= 0.3 \times 6 \times 0.06 \times 1.5 \times 2m^3 = 0.32m^3$

【注释】 条形基础长 $0.3 \times 6m$，宽 $1.5m$，灰土层厚度为 $0.06m$，两侧桥台。

计算时要注意台阶一侧6级，要计算出两侧台阶的总工程量，所以乘以2。

（2）项目编码:050201011　　项目名称:石桥面铺筑

工程量计算规则:按设计图示尺寸以面积计算。

踏步安装青白石面积 $= (0.3 \times 1.5 + 0.15 \times 1.5) \times 6 \times 2m^2 = 8.10m^2$

【注释】 青白石的面积分踢面和踏面，踢面长 $1.5m$，宽 $0.15m$；踏面长 $1.5m$，宽 $0.3m$。共6级台阶。

清单工程量计算见表2-39。

表 2-39　清单工程量计算表

序　号	项目编码	项目名称	项目特征描述	计量单位	工程量
1	050201006001	桥基础	混凝土	m³	2.03
2	050201006002	桥基础	条形基础,密度在95%以上的灰土垫层	m³	0.43
3	050201011001	石桥面铺筑	青白石	m²	8.10

2.定额工程量

（1）桥基（表2-27）

基础及拱旋:

1）混凝土的工程量为 $2.03m^3$，计算方法同清单工程量计算（套定额 $7-1$）。

2）条形基础的工程量为 $0.43m^3$，计算方法同清单工程量计算。

3）灰土层的工程量为 $0.32m^3$，计算方法同清单工程量计算。

（2）桥面（表2-40）

表　2-40　　　　　　　　　　　　　　　　（单位:10m）

定额编号	7-33	7-34	7-35	7-36
项　目	踏步安装青白石		踏步安装花岗石	
	厚15cm以内	每增厚2cm	厚15cm以内	每增厚2cm

细石安装:

该园桥的踏步安装青白石，厚15cm，其工程量为 $0.15 \times 6m = 0.90m$，计算方法同清单计算（套定额 $7-33$）。

说明:灰土层要分层夯实，其密实度达95%以上。

【例2-23】 某园桥的桥面为了游人安全以及更好地起到装饰效果，安装了钢筋混凝土制作的雕刻栏杆，采用青白石罗汉板，有扶手（厚8cm），并采用银锭扣固定，在栏杆端头用抱鼓石对罗汉板封头，具体结构布置如图2-21所示，该园桥长 $8.5m$，宽 $2m$，试求其工程量，栏杆下面用青白石的地伏石安装。

【解】 1.清单工程量

（1）项目编码:050201011　　项目名称:石桥面铺筑

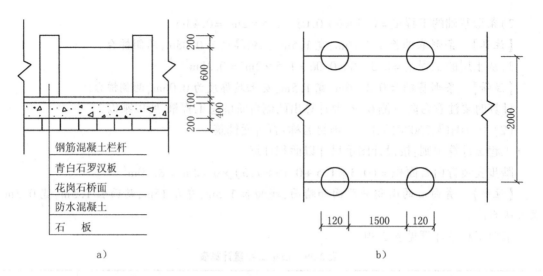

图 2-21　园桥结构布置示意图

a)剖面图　b)平面图

工程量计算规则:按设计图示尺寸以面积计算。

花岗石桥面的工程量:$8.5 \times 2m^2 = 17.00m^2$。

(2)项目编码:020201006　项目名称:地伏石

工程量计算规则:按设计图示水平投影尺寸以面积计算。

青白石的地伏石面积等于桥面长度乘以宽度,为 $8.5 \times 2m^2 = 17.00m^2$。

(3)项目编码:020202003　项目名称:栏杆

工程量计算规则:按设计图示尺寸以长度计算。

该题所给园桥共有 12 根栏杆,高 80cm 栏杆工程量为 17.00m。

(4)项目编码:020202004　项目名称:栏板

工程量计算规则:按设计图示数量计算。

该园桥共有青白石罗汉板 10 块。

清单工程量计算见表 2-41。

表 2-41　清单工程量计算表

序　号	项目编码	项目名称	项目特征描述	计量单位	工程量
1	050201011001	石桥面铺筑	花岗石	m^2	17.00
2	020201006001	地伏石	青白石	m^2	17.00
3	020202003001	栏杆	钢筋混凝土制作	m	17.00
4	020202004001	栏板	青白石罗汉板	块	10

2.定额工程量

(1)细石安装(表 2-36、表 2-38)

该园桥为花岗石桥面厚 10cm,其工程量为 $17/10m^2 = 1.70(10m^2)$,计算方法同清单工程量计算(套定额 7 – 27)。

1)青白石地伏石长度为 17m(套定额 7 – 37)。

2)石板层的工程量 $=8.5 \times 2 \times 0.2 \mathrm{m}^3 = 3.40 \mathrm{m}^3$(套定额7-38)。

【注释】 该园桥长8.5m,宽2m,石板层厚度为0.2m。

(2)栏杆安装(表2-42、表2-43)

表 2-42 (单位:10块)

定额编号	7-44	7-45	7-46	7-47
项 目	青白石寻仗栏板		青白石罗汉板有扶手	罗汉板无扶手
	板长(m以内)			
	1.6		1.4	1.2

该园桥有青白石罗汉板有扶手厚8cm,长1.50m,共有10块,其面积为:$1.5 \times 0.6 \times 10/10 \mathrm{m}^2/(10 块) = 0.90 \mathrm{m}^2/(10 块)$,其体积为:$1.5 \times 0.6 \times 0.08 \times 10/10 \mathrm{m}^3/(10 块) = 0.07 \mathrm{m}^3/(10 块)$(套定额7-46)。

表 2-43 (单位:m²)

定额编号	7-65	7-66	7-67	7-68	7-69	7-70
项 目	栏杆制作榥宽(cm以内)			栏杆安装榥宽(cm以内)		
	10	15	20	10	15	20

桥面栏杆数量根据图示尺寸及桥的长宽尺寸,可推出桥面一侧栏杆为6根,罗汉板为5块,施工中存在一定的误差,所以$(0.12 \times 6 + 1.5 \times 5)\mathrm{m} = 8.22 \mathrm{m}$,并不正好等于8.50m。此外,计算时还要注意将两侧的工程量都计算出来,所以,钢筋混凝土雕花栏杆为圆柱形,高80cm,直径为12cm,其所占体积为:$3.14 \times \left(\dfrac{0.12}{2}\right)^2 \times 0.8 \times 6 \times 2 \mathrm{m}^3 = 0.11 \mathrm{m}^3$,所占桥面面积为:$3.14 \times \left(\dfrac{0.12}{2}\right)^2 \times 6 \times 2 \mathrm{m}^2 = 0.14 \mathrm{m}^2$(套定额7-66,其栏杆安装套定额7-69)。

【例2-24】 某公园有一座木制步桥,是以天然木材为材料,桥长6.6m,宽1.5m,桥洞底板用现浇钢筋混凝土处理,木梁梁宽20cm,栏杆为井字纹花栏杆,栏杆为圆形,直径为10cm,都用螺栓进行加固处理,共用2kg左右螺栓,制作安装完成后用油漆处理表面,具体结构布置如图2-22所示,试求其工程量。

【解】 1.清单工程量

(1)项目编码:050201006 项目名称:桥基础

工程量计算规则:按设计图示尺寸以体积计算。

现浇钢筋混凝土桥洞底板工程量 $= (6.6 + 1.5 + 1.5) \times 1.5 \times 0.2 \mathrm{m}^3 = 2.88 \mathrm{m}^3$

【注释】 桥长6.6m,桥台长1.5m,两侧桥台。桥宽1.5m,底板厚200mm。

混凝土层的工程量 $= (6.6 + 1.5 + 1.5) \times 1.5 \times 0.4 \mathrm{m}^3 = 5.76 \mathrm{m}^3$

【注释】 同底板计算方式相同,只是混凝土层厚0.4m。

总工程量 $= 2.88 + 5.76 \mathrm{m}^3 = 8.64 \mathrm{m}^3$

(2)项目编码:050201007 项目名称:石桥墩、石桥台

工程量计算规则:按设计图示尺寸以体积计算。

青白石桥台的工程量 $= \left(\dfrac{1}{2} \times 3 \times 1.5 \times 1.5\right) \times 2 \mathrm{m}^3 = 6.75 \mathrm{m}^3$

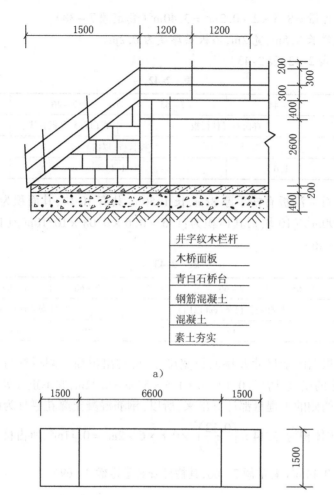

a)

b)

图 2-22 步桥结构示意图

a)剖面图 b)平面图

【注释】 桥台截面为三角形,两条直角边的长为 3m、1.5m,则截面积可知。桥台宽 1.5m,则桥台体积可求。共 2 侧桥台。

因为桥的两边都有桥台,计算时要乘以 2,求出桥台的工程量。

(3)项目编码:050201014　项目名称:木制步桥

工程量计算规则:按设计图示尺寸以桥面板长乘桥面板宽以面积计算。

木桥面板的面积 $= 6.6 \times 1.5 \mathrm{m}^2 = 9.90 \mathrm{m}^2$,其体积 $= 6.6 \times 1.5 \times 0.4 \mathrm{m}^3 = 3.96 \mathrm{m}^3$。

清单工程量计算见表 2-44。

表 2-44　清单工程量计算表

序号	项目编码	项目名称	项目特征描述	计量单位	工程量
1	050201006001	桥基础	混凝土	m³	8.64
2	050201007001	石桥墩、石桥台	青白石	m³	6.75
3	050201014001	木制步桥	天然木材	m²	9.90

94

2.定额工程量

（1）桥基

1）基础及拱旋（表2-27）：混凝土桥基础的工程量为5.76m^3，计算方法同清单工程量计算（套定额7-1）。

2）混凝土构件（表2-30）：

制作：现浇钢筋混凝土桥洞底板工程量为2.88m^3，计算方法同清单工程量计算（套定额7-19）。

（2）桥面（表2-45~表2-47）

木步桥：

1）该园桥的木梁梁宽20cm，其工程量=6.6×1.5×0.2m^3=1.98m^3（套定额7-79）。

2）该木步桥木构件制件铁件安装用螺栓加固，其工程量为2kg（套定额7-82）。

表　2-45

定额编号	7-79	7-80	7-81	7-82
项目	木步桥构件制作　木梁梁宽			木步桥构件制作、铁件安装、螺栓加固
	25cm以下	30cm以下	30cm以上	
	m^3			kg

表　2-46

定额编号	7-83	7-84	7-85	7-86
项　目	木步桥桥面板制安			木步桥寻仗栏杆
	板厚4cm	板厚每增1cm	安装后净面磨平	

该木步桥桥面板厚4cm，其体积为3.96m^3，面积为9.9m^2，计算方法同清单工程量计算（套定额7-83）。木步桥桥面板安装后要净面磨平（套定额7-85）。

表　2-47　　　　　　　　　　　（单位：m^2）

定额编号	7-87	7-88	7-89
项　目	木步桥花栏杆	木步桥直挡栏杆	木步桥木构件油漆

桥面栏杆总长度=（$\sqrt{1.5^2+3^2}×2+6.6$）m=（3.35×2+6.6）m=13.30m；根据图示尺寸及已知条件可推算出每侧桥台上有两根竖向栏杆和两根横向栏杆，桥面有6根竖向栏杆和2根横向栏杆，所以，园桥所需全部的栏杆总长=[13.3×2+0.8×（2+6+2）]m=26.6+8m=34.60m。工程量为[6.6×（0.3+0.3+0.2）+（0.3+0.3+0.2）×1.5×1.15×2]×2m^2=16.08m^2（套定额7-87）。

木步桥安装完成后要对表面进行涂抹油漆处理，以增加美观及防止老化（套定额7-89）。

说明：1.桥台横向栏杆长度计算采用三角形勾股定理来计算，即两直角边平方和的开方等于斜边的长度。

2.涂油漆时要先将基层处理干净整干，然后要先刷底子油，最后开始涂油漆。要在第一次涂的油漆干后再涂，共涂三遍，前两遍油漆干后都要用磨砂纸进行打磨。

【例 2-25】 某处有一座石桥,桥有 8 个桥墩,如图 2-23 所示,试求其工程量。

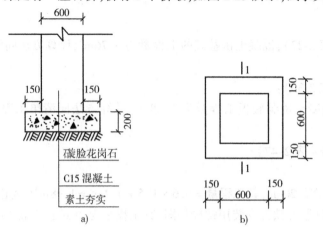

图 2-23　石桥基础示意图
a)1 – 1 剖面图　b)平面图

【解】　1.清单工程量

项目编码:050201006　　项目名称:桥基础

工程量计算规则:按设计图示尺寸以体积计算。

C15 混凝土基础(石桥基础):

V = 长 × 宽 × C15 混凝土基础的厚度 × 数量

$= (0.15 + 0.15 + 0.6) \times (0.15 + 0.15 + 0.6) \times 0.2 \times 8 m^3 = 1.30 m^3$

清单工程量计算见表 2-48。

表 2-48　清单工程量计算表

项目编码	项目名称	项目特征描述	计量单位	工程量
050201006001	桥基础	石桥基础	m³	1.30

2.定额工程量

(1)挖土方工程量(表 2-2)

V = 长 × 宽 × 厚度 × 数量 = $0.9 \times 0.9 \times 0.2 \times 8 m^3 = 1.30 m^3$(套定额 1 – 4)

说明:平整场地只限于自然地坪与设计地坪相差厚度在 ±30cm 以内的就地挖填土或找平,若厚度超过 ±30cm 者,按挖填土方相应定额子目执行。

(2)混凝土桥基础工程量(表 2-27)

$V = 1.30 m^3$(同清单工程量计算方法)(套定额 7 – 1)

【例 2-26】　有一木制步桥,桥宽 3m,长 15m,木梁宽 20cm,桥板面厚 4cm,桥边缘装有直接栏杆,每根长 0.3m,宽 0.2m,桥身构件喷有防护漆。木柱基础为圆形,半径为 20cm,坑底深 0.5m,桩孔半径为 15cm。木桩长 2m,共 8 根,各木制构件用铁螺旋安装连接,如图 2-24 所示,试求其工程量。

【解】　1.清单工程量

项目编码:050201014　　项目名称:木制步桥

工程量计算规则:按设计图示尺寸以桥面板长乘桥面宽以面积计算。

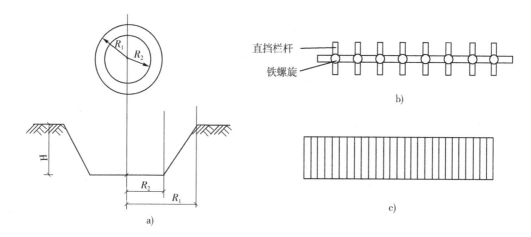

图 2-24 木桥各结构示意图

a) 木柱基础图 b) 木桥栏杆立面图 c) 木桥板平面图

注：V——地坑挖土体积（m^3）；R——坑、孔底半径（m）；H——坑、孔底中心线深度（m）；

木制步桥桥板面积：$S = 长 \times 宽 = 3 \times 15 m^2 = 45.00 m^2$

清单工程量计算见表 2-49。

表 2-49　清单工程量计算表

项目编码	项目名称	项目特征描述	计量单位	工程量
050201014001	木制步桥	桥宽 3m，长 15m，木梁宽 20cm，桥板面厚 4cm，直挡栏杆每根长 0.3m，宽 0.2m，桥身构件喷有防护漆	m^2	45.00

2. 定额工程量

（1）桥面（表 2-46）：

桥板面厚 4cm，桥板面积计算同清单工程量计算：$S = 45.00 m^2$（套定额 7 - 83）

（2）木制步桥直挡栏杆面积（表 2-47）

$S = 长 \times 宽 = 0.3 \times 0.2 m^2 = 0.06 m^2$（套定额 7 - 88）

【例 2-27】　有一座平桥，桥身长 100m，宽 25m，桥面为青白石石板铺装，石板厚 0.1m，石板下做防水层，采用 1mm 厚沥青和石棉沥青各一层作底，如图 2-25 所示，试求其工程量。

【解】　1. 清单工程量

项目编码：050201011　　项目名称：石桥面铺筑

工程量计算规则：按设计图示尺寸以面积计算。

石桥面铺筑面积：

$S = 长 \times 宽 = 100 \times 25 m^2 = 2500.00 m^2$

清单工程量计算见表 2-50。

表 2-50　清单工程量计算表

项目编码	项目名称	项目特征描述	计量单位	工程量
050201011001	石桥面铺筑	青白石石板铺装，石板厚 0.1m	m^2	2500.00

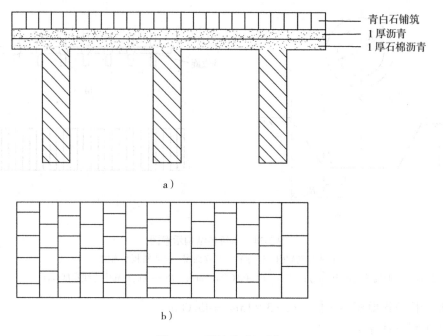

a）

b）

图 2-25 平桥平、断面图

a）平桥断面图　b）平桥平面图

2. 定额工程量（表 2-36）

青白石铺筑：厚 0.1m。

计算方法同清单工程量计算方法：$S = 250.00(10\text{m}^2)$　　（套定额 7 – 25）

【例 2-28】　某一座石拱桥，桥拱半径为 1m，拱圈层用料为花岗石，厚 0.125m，花岗石后为青白石金刚墙砌筑，每块厚 0.2m，桥高 6.5m，长 18m，宽 5.5m，桥底为 60mm 厚清水碎石垫层，拱桥两侧装有青白石旋脸（长 0.5m，宽 0.3m，厚 0.15m），共 22 个，图 2-26，试求其工程量。

说明：拱圈石层的厚度为桥拱半径的 $1/12 \sim 1/6$。

【解】　1. 清单工程量

（1）项目编码：050201008　　项目名称：拱旋石

工程量计算规则：按设计图示尺寸以体积计算。

花岗石拱圈层体积：$V_{总} = V_1 - V_2$

$$V_1 = \frac{1}{2} \times S \times 高 = \frac{1}{2}\pi r^2 \times 高$$

$$= \frac{1}{2} \times 3.14 \times (1 + 0.125)^2 \times 5.5\text{m}^3 = 10.93\text{m}^3$$

$$V_2 = \frac{1}{2} \times S \times 高 = \frac{1}{2}\pi r^2 \times 高$$

$$= \frac{1}{2} \times 3.14 \times 1^2 \times 5.5\text{m}^3 = 8.64\text{m}^3$$

$V_{总} = V_1 - V_2 = 10.93 - 8.64\text{m}^3 = 2.29\text{m}^3$

说明：计算拱旋石体积时，可把桥拱看成是一大一小两个半圆柱体，用大圆柱体减去小圆柱体再除以 2，即可得到所求拱旋石体积。

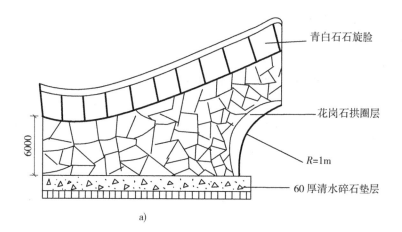

a)

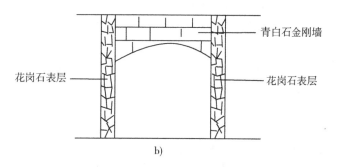

b)

图 2-26 石拱桥断、立面图

a)石拱桥立面图 b)石拱桥断面图

（2）项目编码:050201009 项目名称:石旋脸

工程量计算规则:按设计图示尺寸以面积计算。

1 个石旋脸面积:

$$S = 长 \times 宽 = 0.5 \times 0.3 m^2 = 0.15 m^2$$

石旋脸总面积:

$$S_{总} = 22S = 22 \times 0.15 m^2 = 3.30 m^2$$

（3）项目编码:050201010 项目名称:金刚墙砌筑

工程量计算规则:按设计图示尺寸以体积计算。

青白石金刚墙体积:

$$V_{总} = 2(V_1 + V_2) - V_3$$

$$V_1 = 长 \times 宽 \times 高 = 9 \times 6 \times 5.5 m^3 = 297.00 m^3$$

$$V_2 = \frac{1}{2}S \times 高 = \frac{1}{2} \times 0.5 \times 5.5 \times 9 m^3 = 12.38 m^3$$

$$V_3 = \frac{1}{2}\pi r^2 \times 高 = \frac{1}{2} \times 3.14 \times (1 + 0.125)^2 \times 5.5 m^3 = 10.93 m^3$$

$$V_{总} = 2(V_1 + V_2) - V_3 V[2 \times (132 + 12.38) - 10.93] m^3 = 277.83 m^3$$

说明:计算金刚墙砌筑体积时,可把圆形拱桥先分解为各个规则的图形,再分步计算,最后
把计算结果相加即可,但要减去半圆形拱洞的面积。

99

(4)60mm 厚清水碎石垫层体积：

$V = 18 \times 5.5 \times 0.06 = 5.94 \text{m}^3$

清单工程量计算见表 2-51。

表 2-51　清单工程量计算表

序号	项目编码	项目名称	项目特征描述	计量单位	工程量
1	050201008001	拱券石	花岗石拱券层，厚0.125m	m³	2.29
2	050201009001	石券脸	青白石石券脸长0.5m，宽0.3m，厚0.15m	m²	3.30
3	050201010001	金刚墙砌筑	青白石金刚墙，每块厚0.2m	m³	277.83

2.定额工程量

(1)花岗石表层 V_1 体积(表 2-27)

计算方法同清单工程量计算：$V = 2.29 \text{m}^3$(套定额 7 - 3)

(2)石券脸体积(表 2-29)

计算方法同清单工程量计算：$V = 3.30 \times 0.15 \text{m}^3 = 0.50 \text{m}^3$(套定额 7 - 8)

(3)青白石(表 2-28)

青白石金刚墙砌筑体积：

计算方法同清单工程量计算：$V = 277.83 \text{m}^3$(套定额 7 - 5)

(4)60mm 厚清水碎石垫层体积(表 2-5)

计算方法同清单工程量计算：$V = 5.94 \text{m}^3$(套定额 2 - 8)

【例 2-29】　如图 2-27 所示为某木桥桥面示意图，木栏杆高为 1.1m，每两个木柱之间的栏杆长为 1m，试求木桥桥面、栏杆的工程量。

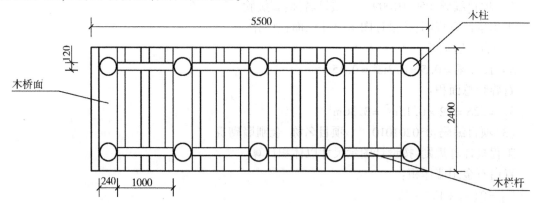

图 2-27　木桥桥面示意图

说明：桥面铺装为 2400mm × 240mm × 50mm 木板，螺栓固定。

【解】　1.清单工程量

项目编码：050201014　　　项目名称：木制步桥

工程量计算规则：按设计图示尺寸以桥面板长乘以桥面板宽以面积计算。

木桥面工程量：

$S = 长 \times 宽 = 5.5 \times 2.4 \text{m}^2 = 13.20 \text{m}^2$

清单工程量计算见表2-52。

表2-52　清单工程量计算表

项目编码	项目名称	项目特征描述	计量单位	工程量
050201014001	木制步桥	木制步桥	m²	13.20

说明:在进行木桥清单工程量计算时,需要了解一些与木桥有关的工程量清单计价的统一规定,其中:

(1)平整场地方面有关的工程量计算的统一规定;

(2)开挖土方方面有关的工程量清单计价的统一规定;

(3)基础垫层方面有关的工程量计算的统一规定;

(4)混凝土桥基、桥面工程方面有关的工程量计算的统一规定中①、②两点。

以上四方面参考上题中与拱形桥有关的工程量清单计价的统一规定。下面再补充几点(4)中与桥基、桥面工程相关的工程量计算的统一规定。

①木桥面项目包括:选材、锯料、刨光、制作及安装。

②木桥项目应注明桥长、桥宽、木材种类、各种部件截面长度、防护材料种类等。

③园桥中的木梁、木柱、木桥面板、木栏杆均以刨光为准,刨光损耗已包括在基价子目内。基价中的锯材是以自然干燥为准,如要求烘干时,其烘干费用另行计算。

④木制步桥按设计图示尺寸以桥面板长乘以桥面宽以面积计算。

⑤木柱按设计图示尺寸以立方米计算。木栏杆以地面上皮至扶手上皮间高度乘以长度(不扣望柱)以平方米计算。

⑥混凝土板项目应注明混凝土拌合要求、板底标高、板的厚度、混凝土强度等级。

⑦混凝土有梁板、拱形板、平板、栏板按设计图示尺寸以体积计算,不扣除构件内钢筋、预埋件及单个面积在 $0.3m^2$ 以内的孔洞所占的体积。有梁板(包括主、次梁与板)按梁、板体积之和计算。

⑧现浇钢筋混凝土带形基础、杯形基础、独立基础、满堂基础按设计图示尺寸以体积计算,不扣除构件内钢筋、预埋件所占体积。

下面介绍打桩、送桩有关知识:

预制钢筋混凝土桩的类型常见的有方桩、管桩和板桩等,现将管桩的工程量计算方法分别叙述如下:

管桩。打(压)管桩工程量应按扣除空心体的实体积以立方米计算(如果管桩的空心部分设计要求灌注混凝土或其他材料时,应另行计算桩体积)。

$$V = \pi(R^2 - r^2)LN$$

式中　V——打(压)桩体积(m^3);

　　　R——管桩外半径(m);

　　　r——管桩内半径(m);

　　　L——打(压)桩的桩体长度(从桩顶到桩尖的全长)(m);

　　　N——打(压)桩数量(根)。

2.定额工程量

(1)木桥面定额工程量同清单工程量

即木桥面的定额工程量为 $13.20m^2$，由表 2-46 知，（套定额 7-83、7-84、7-85）

（2）扶手工程量

在定额工程量计算中，扶手的工程量是以体积来计算的。则扶手定额工程量：

$$V = \pi R^2 \times 长度 \times 个数 = 3.14 \times \left(\frac{0.12}{2}\right)^2 \times 1 \times 8m^3 = 0.09m^3$$

由表 2-53 所示数据可知，在扶手制作时套定额 7-61，在进行扶手安装时套定额 7-63。

表 2-53 （单位：m^3）

定额编号	7-61	7-62	7-63	7-64
项目	扶手制作		扶手安装	
	直径 15cm 以内	直径 15cm 以外	直径 15cm 以内	直径 15cm 以外

【例 2-30】 某桥梁桥墩为条石桥墩，共有 7 个，桥台为毛石桥台，桥墩高 2.5m，宽 0.35m，长 0.7m，桥台高 2m，长 1m，宽 1.2m，桥长 300m，宽 20m，在地基上先用 C15 混凝土做 140mm 厚的垫层，再用 C20 钢筋混凝土做 800mm 厚杯形基础层，如图 2-28，试求其工程量。

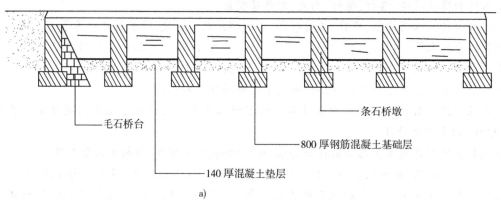

a)

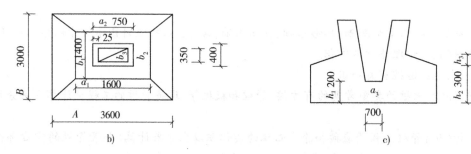

b) c)

图 2-28 某桥梁平、立、剖面图

a) 桥立面图 b) 桥平面图 c) 桥剖面图

说明：

杯形基础层体积公式为：

$$V = ABh_2 + \frac{h_3}{3}\left[AB + a_1b_1 + \sqrt{ABa_1b_1}\right] + a_1b_1(h - h_2 - h_3) - \frac{(h - h_1)}{3}\left[a_2b_2 + a_3b_3 + \sqrt{a_2a_3b_2b_3}\right]$$

$$V_总 = V \times 7 \tag{2-2}$$

$A = 3600mm$，$B = 3000mm$，$a_1 = 1600mm$，$b_1 = 1400mm$，$a_2 = 750mm$，$b_2 = 400mm$，$h = 800mm$，

102

$h_1 = 200\text{mm}, h_2 = 300\text{mm}, h_3 = 80\text{mm}$

【解】 1.清单工程量

(1)项目编码:050201006 项目名称:桥基础

工程量计算规则:按设计图示尺寸以体积计算。

基础层体积:$V = ABh_2 + \dfrac{h_3}{3}(AB + a_1b_1 + \sqrt{ABa_1b_1}) + a_1b_1(h - h_2 - h_3) - \dfrac{(h - h_1)}{3}(a_2b_2 + a_3b_3 + \sqrt{a_2a_3b_2b_3}) \times 7$

$= 3.6 \times 3 \times 0.3 + \dfrac{0.08}{3} \times (3.6 \times 3 + 1.6 \times 1.4 + \sqrt{3.6 \times 3 \times 1.6 \times 1.4}) +$

$1.6 \times 1.4 \times (0.8 - 0.3 - 0.08) - \dfrac{(0.8 - 0.2)}{3} \times (0.75 \times 0.4 + 0.70 \times$

$0.35 + \sqrt{0.75 \times 0.4 \times 0.70 \times 0.35})$

$= 3.24 + 0.48 + 0.94 - 0.16\text{m}^3 = 4.50\text{m}^3$

$V_{\text{总}} = V \times 7 = 4.50 \times 7\text{m}^3 = 31.50\text{m}^3$

(2)项目编码:050201007 项目名称:石桥墩、石桥台

工程量计算规则:按设计图示尺寸以体积计算。

条石桥墩体积:$V = 长 \times 宽 \times 高 = 0.35 \times 0.7 \times 2.5\text{m}^3 = 0.61\text{m}^3$

共有7个桥墩,所以石桥墩总体积为:

$V_{\text{总}} = V \times 7 = 0.61 \times 7\text{m}^3 = 4.27\text{m}^3$

毛石桥台体积:$V = 长 \times 宽 \times 高 = 1 \times 1.2 \times 2\text{m}^3 = 2.40\text{m}^3$

清单工程量计算见表2-54。

表2-54 清单工程量计算表

序号	项目编码	项目名称	项目特征描述	计量单位	工程量
1	050201006001	桥基础	C20钢筋混凝土做800mm厚杯形基础层	m³	31.50
2	050201007001	石桥墩、石桥台	条石桥墩,高2.5m,宽0.35m	m³	4.27
3	050201007002	石桥墩、石桥台	毛石桥台,高2m,长1m,宽1.2m	m³	2.40

2.定额工程量

(1)基础层体积(表2-27)

计算方法同清单工程量计算:$V = 31.50\text{m}^3$(套定额7 - 1)

(2)垫层体积(表2-5)

$V = 长 \times 宽 \times 高 = 300 \times 20 \times 0.14\text{m}^3 = 840.00\text{m}^3$(套定额2 - 5)

(3)条石桥墩体积

计算方法同清单工程量计算:$V = 4.27\text{m}^3$

(4)毛石桥台体积

计算方法同清单工程量计算:$V = 2.40\text{m}^3$

【例2-31】 某桥在檐口处钉制花岗石檐板,采用银锭扣安装,共用50个银锭扣,起到封闭作用。檐板每块宽0.3m,厚5.5cm,桥宽20m,桥长80m,如图2-29所示,试求其工程量。

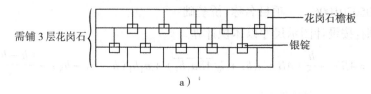

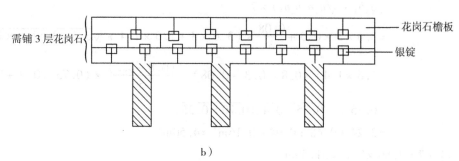

图2-29 桥正、侧立面图

a)桥侧立面图 b)桥正立面图

【解】 1.清单工程量

项目编码:050201012 项目名称:石桥面檐板

工程量计算规则:按设计图示尺寸以面积计算。

花岗石檐板表面积:

$S_1 = 长 \times 宽 = 20 \times 0.3 \times 3m^2 = 18.00m^2$

$S_2 = 长 \times 宽 = 80 \times 0.3 \times 3m^2 = 72.00m^2$

$S = 2S_1 + 2S_2 = (2 \times 18 + 2 \times 72)m^2 = 180.00m^2$

清单工程量计算见表2-55。

表2-55 清单工程量计算表

项目编码	项目名称	项目特征描述	计量单位	工程量
050201012001	石桥面檐板	花岗石檐板,每块宽0.3m,厚5.5cm,桥宽20m,桥长80m	m²	180.00

说明:计算檐板面积时,要4个面全计算。

2.定额工程量(表2-56)

表 2-56 (单位:m²)

定额编号	7 – 12	7 – 13
项目	桥裰檐板	
	青白石厚6cm以内	花岗石厚6cm以内

花岗石檐板表面积:

计算方法同清单工程量计算:$S = 180.00m^2$ 每块花岗石厚5.5cm (套定额7 – 13)

【例2-32】 某平面桥桥面两边铺有青白石加工而成的仰天石,每块长1.6m,宽度为0.2m,栏杆下面装有青白石加工而成的地伏石,每块长0.5m,宽0.5m,桥身下有石望柱支撑。柱高1m,如图2-30所示,试求其工程量。

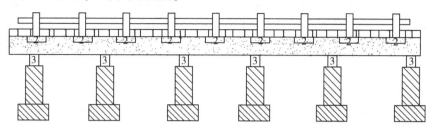

图2-30 某平面桥平面图
1—仰天石 2—地伏石 3—石望柱

【解】 1.清单工程量

(1)项目编码:020201006 项目名称:地伏石、仰天石

工程量计算规则:按设计图示水平投影尺寸以面积计算。

地伏石 9×2块

地伏石面积:$S = 0.5 \times 9 \times 2 \times 0.5 m^2 = 4.5 m^2$

【注释】 0.5为地伏石的长度和宽度,9为地伏石的数量,桥两侧都有,所以乘2。

(2)项目编码:020201006 项目名称:地伏石、仰天石

工程量计算规则:按设计图示水平投影尺寸以面积计算。

仰天石 19×2块

仰天石面积:$S = 1.6 \times 19 \times 2 \times 0.2 m^2 = 12.16 m^2$

【注释】 1.6为仰天石的长度,0.2为宽度,桥两侧都有,所以乘2,19为仰天石的数量。

(3)项目编码:020202002 项目名称:石望柱

工程量计算规则:按设计图示尺寸以数量计算。

石望柱 6根

清单工程量计算见下表2-57。

表2-57 清单工程量计算表

序号	项目编码	项目名称	项目特征描述	计量单位	工程量
1	020201006001	地伏石、仰天石	青白石地伏石,每块长0.5m	m²	4.5
2	020201006002	地伏石、仰天石	青白石仰天石,每块长1.6m	m²	12.16
3	020202002001	石望柱	青白石望柱,柱高1m	根	6

说明:计算仰天石和地伏石的长度时,先计算出桥一侧的长度,再乘以2,才是整座桥上仰天石和地伏石的长度。

2.定额工程量

(1)仰天石青白石(表2-37)

计算方法同清单工程量计算:$L = 6.08(10m)$(套定额 7-31)

(2)青白石地伏石(表2-38)

计算方法同清单工程量计算:$L = 9.00\text{m}(10\text{m})$(套定额 7−37)

(3)青白石望柱(表2-58)

表 2-58   (单位:10根)

定额编号	7−52	7−53	7−54
项目	青白石望柱 柱高(m以内)		
	1.3	1.2	1.1

青白石望柱:柱高1.1m以内:0.6(10根)(套定额 7−54)

【例2-33】 某桥边缘设有栏杆,扶手和青白石罗汉栏板桥尽头两边还设有4个撑鼓石。扶手长70m,宽20cm,栏杆每根高1.2m,长15cm,宽15cm,共51根,栏板每段长1.2m,扶手高0.4m,撑鼓石每个高75cm,长80cm,宽50cm,如图2-31所示,试求其工程量。

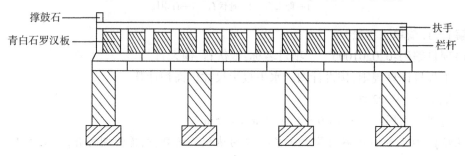

图2-31 某桥栏杆部分立面图

【解】 1.清单工程量

(1)项目编码:020202003 项目名称:栏杆

工程量计算规则:按设计图示尺寸以长度计算。

1)栏杆的长度:

L = 每根栏杆的长度×根数 = $0.15 \times 51\text{m} = 7.65\text{m}$

2)扶手长度:70m

(2)项目编码:020202004 项目名称:栏板

工程量计算规则:按设计图示数量或面积计算。

1)栏板的块数 = (桥长−栏杆总长度)/每块栏板长度 = [(70−7.65)/1.2]块 = 52块

2)撑鼓石:4块

清单工程量计算见表2-59。

表2-59 清单工程量计算表

序号	项目编码	项目名称	项目特征描述	计量单位	工程量
1	020202003001	栏杆	扶手长70m,宽20cm	m	70.00
2	020202003002	栏杆	栏杆每根高1.2m,长15cm,宽15cm,共51根	m	7.65
3	020202004001	栏板	青白石罗汉栏板每段长1.2m	块	52
4	020202004002	栏板	撑鼓石每个高75cm,长80cm,宽50cm	块	4

2. 定额工程量

（1）栏杆（表2-43）

栏杆面积：$S = 长 \times 宽 \times 根数 = 0.15 \times 0.15 \times 51 \mathrm{m}^2 = 1.150 \mathrm{m}^2$

榄宽：15cm　　　（套定额7-69）

（2）扶手（表2-60）

表　2-60　　　　　　　　　　　　　　　　　（单位：m³）

定额编号	7-63	7-64
项目	扶手安装	
	直径15cm以内	直径15cm以外

扶手：直径20cm

扶手体积：$V = 长 \times 宽 \times 高 = 70 \times 0.2 \times 0.4 \mathrm{m}^3 = 5.60 \mathrm{m}^3$（套定额7-64）

（3）青白石罗汉栏板有扶手（表2-42）

板长1.20m，栏板5.2(10块)（套定额7-46）

撑鼓石（表2-61）：长80cm以内　　　4块（套定额7-74）

表　2-61　　　　　　　　　　　　　　　　　（单位：块）

定额编号	7-74	7-75
项目	撑鼓石安装	
	长80cm以内	长80cm以外

【例2-34】　某校园一角有一块黄石景石，如图2-32所示，经测量可知，长度方向的平均值为2m，宽度方向的平均值为1.5m，试求其工程量。

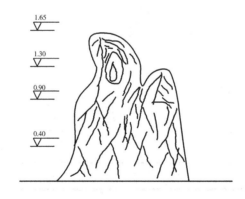

图2-32　景石示意图

注：黄石石料密度为2.6t/m³。

1. 清单工程量

项目编码：050301005　　　项目名称：点风景石

工程量计算规则：按设计图示数量计算。

由已知题意可知：该景石的数量为1块，即该景石清单工程量为1块。

清单工程量计算见表2-62。

表2-62　清单工程量计算表

项目编码	项目名称	项目特征描述	计量单位	工程量
050301005001	点风景石	石料密度2.6t/m³	块	1

2. 定额工程量

布置景石定额工程量计算规则:按不同单个景石重量,以布置景石的重量计算,计量单位:t。

由题意,图2-32所示以及前面已提到过的峰石、景石、散点、踏步等工程量的计算公式可得:

$W_单 = LBHR$

= 长度方向的平均值 × 宽度方向的平均值 × 高度方向的平均值 × 石料密度

长度方向的平均值 = 2m(已知),宽度方向的平均值 = 1.50m(已知)

高度方向的平均值 = (0.4 + 0.9 + 1.3 + 1.65)/4m = 1.06m

石料密度 = 2.6t/m³(已知)

则 $W_单 = 2 × 1.5 × 1.06 × 2.6 = 8.268t = 0.827(10t)$

说明:1. 遇到带有座、盘的石笋、景石或盆景山等项目,其砌筑座、盘应按其使用的材质和形式,执行有关章的相应定额,如采用石材的座、盘时,应另行计算。

2. 在进行景石重量的定额工程量计算时,一般都按设计图示重量计算。但如果设计未予明确,可根据设计要求规则、石料密度予以换算。

【例2-35】　有一座人工塑假山,采用钢骨架,山高9m占地23m²,假山地基为混凝土基础,35mm厚砂石垫层,C10混凝土厚100mm,素土夯实。假山上有人工安置白果笋1支,高2m,景石2块,平均长2m,宽1m,高1.5m,零星点布石5块,平均长1m,宽0.6m,高0.7m,风景石和零星点布石均为黄石。假山山皮料为小块英德石,每块高2m,宽1.5m共60块,需要人工运送60m远,如图2-33所示,试求其工程量。

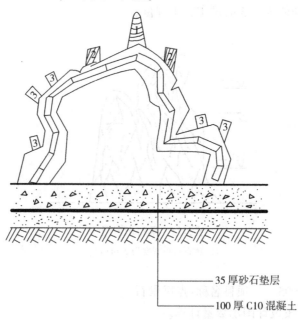

图2-33　人工塑假山剖面图

1—白果笋　2—景石　3—零星点布石

说明:景石、零星点布石工程量计算公式

$$W_单 = L_均 B_均 H_均 R$$

式中 $W_单$——山石单体重量(t);

$L_均$——长度方向的平均值(m);

$B_均$——宽度方向的平均值(m);

$H_均$——高度方向的平均值(m);

R——石料密度:黄(杂)石 $2.6t/m^3$,湖石 $2.2t/m^3$。

【解】 1.清单工程量

(1)项目编码:050301003   项目名称:塑假山

工程量计算规则:按设计图示尺寸以展开面积计算。

假山面积 $23.00m^2$

(2)项目编码:050301004   项目名称:石笋

工程量计算规则:按设计图示数量计算。

白果笋   1 支

(3)项目编码:050301005   项目名称:点风景石

工程量计算规则:按设计图示数量计算。

景石   2 块

零星点布石   5 块

清单工程量计算见表2-63。

表2-63 清单工程量计算表

序号	项目编码	项目名称	项目特征描述	计量单位	工程量
1	050301003001	塑假山	人工塑假山,钢骨架,山高9m,假山地基为混凝土基础,山皮料为小块英德石	m^2	23.00
2	050301004001	石笋	高2m	支	1
3	050301005001	点风景石	景石平均长2m,宽1m,高1.5m	块	2
4	050301005002	点风景石	零星点布石,平均长2m,宽0.6m,高0.7m	块	5

2.定额工程量

(1)钢骨架:高9.00m   钢网2.30(10m²)(套定额6-22)

(2)山皮料:每块高2.00m

面积 S = 长×宽×块数 = $1.5 \times 2 \times 60m^2 = 180.00m^2$(套定额6-25)

(3)白果笋(表2-64):

表 2-64   （单位:10支）

定额编号	6-12	6-13	6-14
项目	石笋安装 高度(m以内)		
	2	3	4

白果笋:高2.00m以内   0.10(10支)(套定额6-12)

(4)景石(表2-65)

定额编号	6-10	6-11
项目	安布景石　重量(t以内)	
	5	10

表 2-65 (单位:10t)

景石重量 $W = 2W_{单} = 2L_{均} B_{均} H_{均} R = 2 \times 2 \times 1 \times 1.5 \times 2.6t$
$\qquad = 15.600t = 1.560(10t)$(套定额 6-10)

(5)零星点布石重量(表2-92)

$W = 5W_{单} = 5L_{均} B_{均} H_{均} R = 5 \times 1 \times 0.6 \times 0.7 \times 2.6t = 5.460t = 0.546(10t)$(套定额 6-15)

(6)人工运送石料重量(表2-92)

$W = AHRK_{n} = 180 \times 2 \times 2.6 \times 0.65t = 60.840(10t)$(套定额 6-19)

(7)35mm 厚砂石垫层体积(表2-4)

$V = 底面积 \times 高 = 23 \times 0.035m^3 = 0.81m^3$(套定额 2-4)

(8)100mm 厚 C10 混凝土体积(表2-5)

$V = 底面积 \times 高 = 23 \times 0.1m^3 = 2.30m^3$(套定额 2-5)

【例2-36】 有一座带土假山,为了保护山体而在假山的拐角处设置山石护角,每块石长1m,宽0.5m,高0.6m。假山中修有山石台阶,每个台阶长0.5m,宽0.3m,高0.15m,共10级,台阶为 C10 混凝土结构,表面是水泥抹面,C10 混凝土厚130mm,1:3:6 三合土垫层厚80mm,素土夯实,所有山石材料均为黄石。试求其工程量(图2-34)。

【解】 1.清单工程量

(1)项目编码:050301007　　项目名称:山(卵)石护角

工程量计算规则:按设计图示尺寸以体积计算。

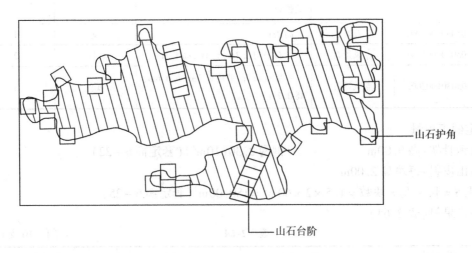

a)

图2-34　假山示意图

a)假山平面图

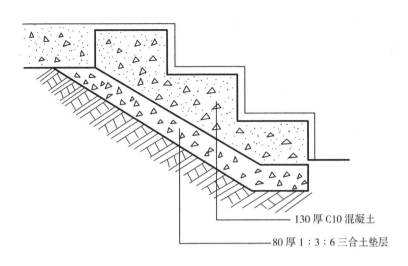

b)

图 2-34 假山示意图(续)

b) 台阶剖面图

1 块山石护角的体积:$V = 长 \times 宽 \times 高 = 1 \times 0.5 \times 0.6 \text{m}^3 = 0.30 \text{m}^3$

总体积 $= 0.30 \times 24 \text{m}^3 = 7.20 \text{m}^3$

(2)项目编码:050301008　　项目名称:山坡(卵)石台阶

工程量计算规则:按设计图示尺寸以水平投影面积计算。

石台阶的工程量:

$S = 长 \times 宽 \times 台阶数 = 0.5 \times 0.3 \times 10 \text{m}^2 = 1.50 \text{m}^2$

清单工程量计算见表 2-66。

表 2-66　清单工程量计算表

序号	项目编码	项目名称	项目特征描述	计量单位	工程量
1	050301007001	山(卵)石护角	每块石长 1m,宽 0.5m,高 0.6m	m³	7.20
2	050301008001	山坡(卵)石台阶	C10 混凝土结构,表面是水泥抹面,C10 混凝土厚 130mm	m²	1.50

2. 定额工程量

(1)山石护角的重量(表 2-92)

$W = L_{均} B_{均} H_{均} R \times 24 = 1 \times 0.5 \times 0.6 \times 2.6 \times 24 \text{t} = 1.872(10\text{t})$(套定额 6 - 16)

(2)山石台阶重量(表 2-92)

$W = AHRK_n \times 10 = 0.3 \times 0.5 \times 0.15 \times 2.6 \times 0.65 \times 10 \text{t} = 0.038(10\text{t})$(套定额 6 - 18)

(3)130mm 厚 C10 混凝土体积

$V = 长 \times 宽 \times 高 = 5 \times 0.3 \times 0.13 \text{m}^3 = 0.20 \text{m}^3$(套定额 2 - 42)

(4)台阶水泥抹面面积

$S = 长 \times 宽 \times 台阶数 = 0.5 \times 0.3 \times 10 \text{m}^2 + 0.3 \times 0.15 \times 10 \text{m}^2 = 1.95 \text{m}^2$(套定额 2 - 45)

【例 2-37】　公园内有一座堆砌石假山,山石材料为黄石,山高 3.5m,假山平面轮廓的水平投影外接矩形长 8m,宽 4.5m,投影面积为 28m²。假山下为混凝土基础,40mm 厚砂石垫层,110mm 厚 C10

混凝土,1:3 水泥砂浆砌山石。石间空隙处填土配有小灌木,如图 2-35 所示,试求其工程量。

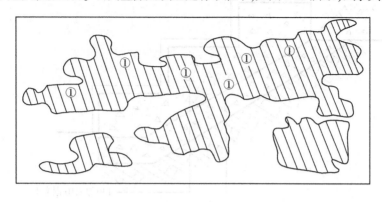

a)

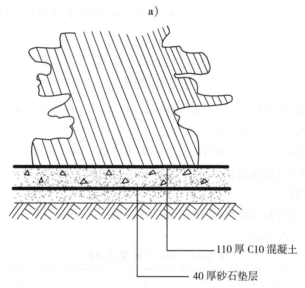

110 厚 C10 混凝土

40 厚砂石垫层

b)

图 2-35　假山水平投影图、剖面图

a)假山水平投影图　b)假立剖面图

1—贴梗海棠

$$W = AHRK_n$$

式中　W——石料重量(t);

　　　A——假山平面轮廓的水平投影面积(m^2);

　　　H——假山着地点至最高顶点的垂直距离(m);

　　　R——石料密度:黄(杂)石 2.6t/m^3、湖石 2.2t/m^3;

　　　K_n——折算系数,高度在2m以内 $K_n = 0.65$,高度在4m以内 $K_n = 0.56$。

【解】　1.清单工程量

(1)项目编码:050301002　　项目名称:堆砌石假山

　　　工程量计算规则:按设计图示尺寸以质量计算。

　　　石料重量:

112

$$W = AHRK_n = 28 \times 3.5 \times 2.6 \times 0.56t = 142.688t$$

（2）项目编码:050102002　　项目名称:栽植灌木

　工程量计算规则:按设计图示数量计算。

　贴梗海棠——6 株

清单工程量计算见表 2-67。

表 2-67　清单工程量计算表

序号	项目编码	项目名称	项目特征描述	计量单位	工程量
1	050301002001	堆砌石假山	山石材料为黄石,山高3.5m	t	142.688
2	050102002001	栽植灌木	贴梗海棠	株	6

　说明:堆砌石假山时,石山造价较高,堆山规模若是比较大,则工程费用十分可观。因此,石假山一般规模都比较小,主要用在庭院、水池等空间比较闭合的环境中,或者在公园一角作为瀑布、滴泉的山体应用。一般较大型开放的供人们休息娱乐的大型广场中不设置石假山。

　2.定额工程量

　（1）石料(表 2-68)

表　2-68　　　　　　　　　　　　（单位:10t）

定额编号	6 – 3	6 – 4
项目	叠山黄(杂)石　石重	
	50t 以内	50t 以外

石料重:$W = 14.269(10t)$(套定额 6 – 3)

（2）40mm 厚砂石垫层体积(表 2-4)

$V = 8 \times 4.5 \times 0.04 m^3 = 1.44 m^3$(套定额 2 – 4)

【注释】　假山投影外接矩形长 8m,宽 4.5m,砂石垫层厚 40mm。

（3）110mm 厚 C10 混凝土体积(表 2-4)

$V = 8 \times 4.5 \times 0.11 m^3 = 3.96 m^3$(套定额 2 – 5)

【注释】　同垫层计算方式相同,只是混凝土厚 110mm。

（4）栽植灌木(表 2-69)

表　2-69　　　　　　　　　　　　（单位:株）

定额编号	2 – 51	2 – 52	2 – 53	2 – 54
项目	裸根灌木高度(m 以内)			
	1.5	1.8	2	2.5

贴梗海棠:高度 1.50m 以内——6 株(套定额 2 – 51)

【例 2-38】　小游园内有一座土堆筑假山,山丘水平投影外接矩形长 8m,宽 5m,假山高6m,在陡坡外用块石作护坡,每块块石重 0.3t,如图 2-36 所示,试求其工程量。

【解】　1.清单工程量

项目编码:050301001　　项目名称:堆筑土山丘

工程量计算规则:按设计图示山丘水平投影外接矩形面积乘以高度的 1/3 以体积计算。

堆筑土方体积:

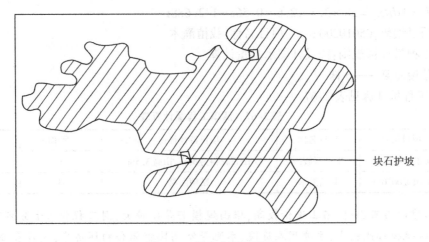

图 2-36　假山水平投影图

$$V_{堆} = 长 \times 宽 \times 高 \times \frac{1}{3} = 8 \times 5 \times 6 \times \frac{1}{3} \mathrm{m}^3 = 80.00\mathrm{m}^3$$

清单工程量计算见表 2-70。

表 2-70　清单工程量计算表

项目编码	项目名称	项目特征描述	计量单位	工程量
050301001001	堆筑土山丘	土丘外接矩形面积为 40m², 假山高 6m, 块石护坡	m³	80.00

堆筑的人工土山一般不需要基础, 山体直接在地面上堆砌即可。在陡坎、陡坡处, 可用块石作为护坡挡土墙, 但不用自然山石在山上造景。

2. 定额工程量

块石护坡重 (表 2-92) : 2 × 0.3t = 0.600t = 0.060(10t) (套定额 6 - 17)

【例 2-39】　某私家园林中有一座太湖石堆砌的假山, 山高 2.5m, 假山平面轮廓的水平投影外接矩形长 7m, 宽 3m, 投影面积为 22m²。假山顶有一小块景石, 此景石平均长 2m, 宽 1m, 高 1.5m。山上还设有山石台阶, 台阶平面投影长 1.8m, 宽 0.6m, 每个台阶高 0.2m, 台阶两旁种有小灌木。山石用水泥砂浆砌筑, 假山下为灰土基础, 3 : 7 灰土厚 45mm, 素土夯实, 试求其工程量 (如图 2-37 所示)。

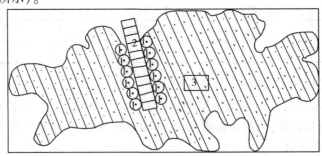

图 2-37　假山水平投影图、剖面图

a) 假山水平投影图

1—金钟花　2—山石踏步　3—风景石

114

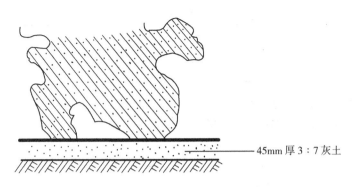

图 2-37 假山水平投影图、剖面图(续)

b)假山剖面图

【解】 1.清单工程量

(1)项目编码:050301002   项目名称:堆砌石假山

工程量计算规则:按设计图示尺寸以质量计算。

石料重量:

$$W = AHRK_n = 22 \times 2.5 \times 2.2 \times 0.56t = 67.760t$$

(2)项目编码:050301005   项目名称:点风景石

工程量计算规则:按设计图示数量计算。

风景石:1 块

(3)项目编码:050301008   项目名称:山坡(卵)石台阶

工程量计算规则:按设计图示尺寸以水平投影面积计算。

石台阶水平投影面积:

$$S = 长 \times 宽 = 1.8 \times 0.6m^2 = 1.08m^2$$

(4)项目编码:050102002   项目名称:栽植灌木

工程量计算规则:按设计图示数量计算。

金钟花——12 株

清单工程量计算见表 2-71。

表 2-71   清单工程量计算表

序号	项目编码	项目名称	项目特征描述	计量单位	工程量
1	050301002001	堆砌石假山	太湖石堆砌,山高 2.5m	t	67.760
2	050301005001	点风景石	平均长 2m,宽 1m,高 1.5m	块	1
3	050301008001	山坡(卵)石台阶	水泥砂浆砌筑,台阶平面投影长 1.8m,宽 0.6m,每个台阶高 0.2m	m²	1.08
4	050102002001	栽植灌木	金钟花	株	12

2.定额工程量

(1)假山石料重量(表 2-72)

计算方法同清单工程量计算:$W = 6.776(10t)$(套定额 6 – 2)

定额编号	6 – 1	6 – 2
项目	叠山湖石　高(m 以内)	
	2	4

表 2-72 　　　　　　　　　　　　　　　　　(单位:10t)

(2)45mm 厚3:7 灰土垫层(表2-4)

$V =$ 底面积×高$= 22 \times 0.045\text{m}^3 = 0.99\text{m}^3$(套定额 2 – 1)

(3)景石(表2-65)

景石重量:$W_{单} = L_{均} B_{均} H_{均} R = 2 \times 1 \times 1.5 \times 2.2\text{t} = 6.600\text{t} = 0.660(10\text{t})$(套定额 6 – 11)

(4)山坡石台阶重量(表2-92)

$W = AHRK_n = 1.8 \times 0.6 \times 0.2 \times 2.2 \times 0.56\text{t} = 0.266\text{t} = 0.027(10\text{t})$(套定额 6 – 18)

(5)栽植灌木(表1-3)

金钟花:高度 1.50m 以内——12 株(套定额 2 – 8)

【例2-40】　某公园人工湖中有一处单峰石石景,此石为黄石结构,高 4m,水平投影面积 15m²,底盘为正方形混凝土底盘,如图 2-38 所示,试求其工程量。

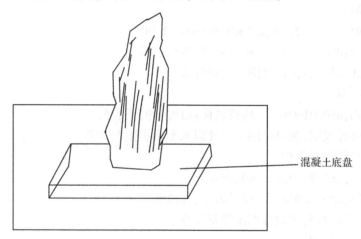

混凝土底盘

图 2-38　池石立面图

【解】　1.清单工程量

项目编码:050301006　　项目名称:池、盆景 置石

工程量计算规则:按设计图示数量计算。

池石——1 座

清单工程量计算见表 2-73。

表 2-73　清单工程量计算表

项目编码	项目名称	项目特征描述	计量单位	工程量
050301006001	池、盆景 置石	混凝土底盘,山高 4m,黄石结构,单峰石石景	座	1

2.定额工程量(表2-74)

表 2-74 　　　　　　　　　　　　　　　　　(单位:10t)

定额编号	6 – 5	6 – 6
项目	人造独立峰	
	湖石高 4m 以内	黄(杂)石高 4m 以内

山石重量：$W = AHRK_n = 15 \times 4 \times 2.6 \times 0.56t = 87.360t = 8.736(10t)$（套定额 6 - 6）

【例 2-41】 某人工湖驳岸为石砌垂直型驳岸，高 1.6m，长 400m，厚 0.32m。驳岸底层深入湖底 60cm，驳岸结构为 10mm 厚覆土层，30mm 厚块石层，10mm 厚碎石垫层，素土夯实。驳岸顶有条石压顶，条石厚 20cm，长 50cm，宽 30cm，如图 2-39 所示，试求其工程量。

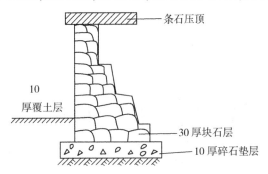

图 2-39 驳岸结构示意图

说明：基础宽度要求在驳岸高度的 0.6～0.8 倍范围内，本例中基础层宽度为 0.96m。

【解】 1.清单工程量

项目编码：050202001　　　项目名称：石（卵石）砌驳岸

工程量计算规则：按设计图示尺寸以体积计算。

驳岸工程量：

$V = 长 \times 宽 \times 高 = 400 \times 0.32 \times 1.6 m^3 = 204.80 m^3$

清单工程量计算见表 2-75。

表 2-75 清单工程量计算表

项目编码	项目名称	项目特征描述	计量单位	工程量
050202001001	石（卵石）砌驳岸	高 1.6m，长 400m，厚 0.32m	m^3	204.80

2.定额工程量

10mm 厚碎石垫层工程量（表 2-5）

$V = 长 \times 宽 \times 高 = 400 \times 0.96 \times 0.01 m^3 = 3.84 m^3$　　　（套定额 2 - 8）

【例 2-42】 某园林内人工湖为原木桩驳岸，假山占地面积为 150m²，木桩为柏木桩，桩高 1.5m，直径为 13cm，共 5 排，两桩之间距离为 20cm，打木桩时挖圆形地坑，地坑深 1m，半径为 8cm，试求其工程量（如图 2-40 所示）。

说明：圆形地坑挖土方体积

$$V = \pi R^2 H$$

式中　π——圆周率（3.14）；

　　　R——坑底半径（m）；

　　　H——坑底中心线深度（m）。

打圆桩工程量计算公式

$$V = \pi r^2 LN$$

式中　π——圆周率（3.14）；

　　　r——圆桩半径（m）；

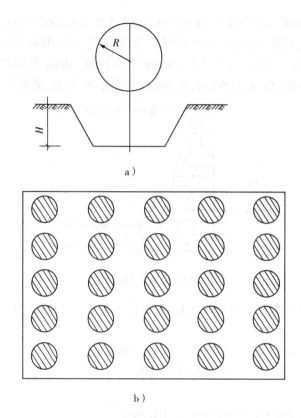

a)

b)

图 2-40　原木桩驳岸示意图

a)圆形地坑示意图　b)木桩平面示意图

L——桩体长度(从桩顶到桩底的全长,m);

N——打桩数量(根)。

【解】　1.清单工程量

项目编码:050202002　　项目名称:原木桩驳岸

工程量计算规则:按设计图示以桩长(包括桩尖)计算。

原木桩驳岸长度:

$L = 1$ 根木桩的长度 × 根数 $= 1.5 \times 25 \text{m} = 37.50 \text{m}$

清单工程量计算见表 2-76。

表 2-76　清单工程量计算表

项目编码	项目名称	项目特征描述	计量单位	工程量
050202002001	原木桩驳岸	柏木桩,桩高 1.5m,直径 13cm,共 5 排	m	37.50

2.定额工程量

(1)挖土方体积(表 2-2)

1 个圆形地坑体积:　$V = \pi R^2 H = 3.14 \times 0.08^2 \times 1 \text{m}^3 = 0.02 \text{m}^3$

圆形地坑挖土方总工程量:　$V = V_1 \times 25 = 0.02 \times 25 \text{m}^3 = 0.50 \text{m}^3$(套定额 1 − 4)

(2)回填土(表 2-77)

表 2-77 （单位：m³）

定额编号	1－20	1－21
项目	回填土	
	夯填	松填
	m³	

1）打圆柱工程量：

$V = \pi r^2 LN = 3.14 \times 0.065^2 \times 1.5 \times 25 m^3 = 0.497 m^3$

2）回填土体积：

$V = $ 挖土方体积 $-$ 圆桩体积 $= 0.5 - 0.497 m^3 = 0.003 m^3$（套定额 $1-20$）

（3）打圆木桩（表2-78）

表 2-78 （单位：m³）

定额编号	1－28	1－29
项目	人工打圆木桩　桩长	
	3m 以内	8m 以内

圆木桩：桩长3m以内

打圆木桩体积计算方法同定额工程量（2）计算：$V = 0.497 m^3$（套定额 $1-28$）

【例2-43】 某河流堤岸为散铺卵石护岸，护岸长100m，平均宽12m，护岸表面铺卵石，70mm厚混凝土栽卵石，卵石层下为45mm厚M2.5混合砂浆，200mm厚碎砖三合土，80mm厚粗砂垫层，素土夯实，如图2-41所示，试求其工程量。

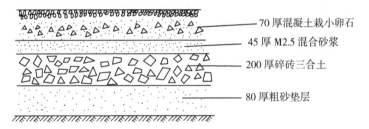

- 70厚混凝土栽小卵石
- 45厚 M2.5 混合砂浆
- 200厚碎砖三合土
- 80厚粗砂垫层

图 2-41 护岸剖面图

【解】 1.清单工程量

项目编码：050202003　项目名称：满（散）铺砂卵石护岸（自然护岸）

工程量计算规则：按设计图示平均护岸宽度乘以护岸长度以面积计算。

护岸工程量：

$S = $ 长 $\times$ 护岸平均宽 $= 100 \times 12 m^2 = 1200.00 m^2$

清单工程量计算见表2-79。

表 2-79 清单工程量计算表

项目编码	项目名称	项目特征描述	计量单位	工程量
050202003001	满（散）铺砂卵石护岸（自然护岸）	平均宽度12m	m²	1200.00

2.定额工程量

(1)70mm 厚混凝土栽小卵石面积(表2-3)

$S = 长 \times 宽 = 100 \times 12 m^2 = 1200.00 m^2$(套定额 2 - 16)

(2)混合砂浆垫层(表2-1)

45mm 厚 M2.5 混合砂浆面积:

$S = 长 \times 宽 = 100 \times 12 m^2 = 1200.00 m^2$(套定额 2 - 15)

(3)200mm 厚碎砖三合土体积(表2-5)

$V = 长 \times 宽 \times 高 = 100 \times 12 \times 0.2 m^3 = 240.00 m^3$(套定额 2 - 8)

(4)80mm 厚粗砂垫层体积(表2-4)

$V = 长 \times 宽 \times 高 = 100 \times 12 \times 0.08 m^3 = 96.00 m^3$(套定额 2 - 3)

【例2-44】 某人工湖为石砌驳岸,驳岸长 150m,平均宽 10m。驳岸表面为花岗石铺面,厚 30cm,花岗石表层下为 C20 混凝土砌块,厚 100mm,40mm 厚粗砂间层,大块石垫层厚 150mm,素土夯实,如图 2-42 所示,试求其工程量。

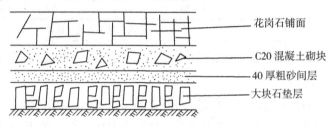

图 2-42　驳岸部面图

【解】 1.清单工程量

项目编码:050202001　　　项目名称:石(卵石)砌驳岸

工程量计算规则:按设计图示尺寸以体积计算。

驳岸工程量:

$V = 长 \times 宽 \times 高 = 150 \times 10 \times (0.3 + 0.1 + 0.04 + 0.15) m^3 = 885.00 m^3$

清单工程量计算见表2-80。

表 2-80　清单工程量计算表

项目编码	项目名称	项目特征描述	计量单位	工程量
050202001001	石(卵石)砌驳岸	驳岸长 150m,平均宽 10m,花岗石铺面	m³	885.00

2.定额工程量

(1)花岗石铺面(表2-81)

表　2-81　　　　　　　　　　　　　　　　　　　　(单位:m²)

定额编号	2 - 26	2 - 27
项目	花岗石铺面	
	厚30cm	厚50cm

花岗石铺面:厚 30cm(套定额 2 - 26)

铺面面积:$S = 长 \times 宽 = 150 \times 10 m^2 = 1500.00 m^2$

(2)混凝土砌块(表2-3)

100mm 厚 C20 混凝土砌块面积:$S = 长 \times 宽 = 150 \times 10 \, \text{m}^2 = 1500.00 \, \text{m}^2$(套定额 2 - 15)

(3)40mm 厚粗砂垫层体积(表2-4)

$V = 长 \times 宽 \times 高 = 150 \times 10 \times 0.04 \, \text{m}^3 = 60.00 \, \text{m}^3$(套定额 2 - 3)

(4)150mm 厚大块石垫层体积(表2-5)

$V = 长 \times 宽 \times 高 = 150 \times 10 \times 0.15 \, \text{m}^3 = 225.00 \, \text{m}^3$(套定额 2 - 8)

【例 2-45】 如图 2-43 所示为太湖石假山示意图,根据图示尺寸,试求其工程量。

【解】 1. 清单工程量

项目编码:050301002　　项目名称:堆砌石假山

工程量计算规则:按设计图示尺寸以估算质量计算。

(1)假山堆砌工程量

1)5.6m 处假山堆砌工程量:

依据图 2-43 所示:

$W_{重} = 长 \times 宽 \times 高 \times 高度系数 \times 太湖石密度$

长:如图 2-43b 所示为 7.20m;

宽:如图 2-43b 所示为 6.60m;

高:如图 2-43a 所示为 5.60m;

高度系数:在上述假山计算公式中已给出为 0.56;

太湖石密度 $= 2.2 \, \text{t/m}^3$

则 $W_{重} = 7.2 \times 6.6 \times 5.6 \times 0.56 \times 2.2 \, \text{t} = 327.850 \, \text{t}$

2)5.00m 处假山堆砌工程量:

依据条件同上述 1)中计算式一致。

长:经比例尺寸测量,最大矩形边长为 6.50m;

宽:依据图 2-43b 所示,可知为 6.40m;

高:依据图 2-43a 所示,可知为 5.00m;

高度系数 $= 0.56$;

太湖石密度 $= 2.2 \, \text{t/m}^3$。

则 $W_{重} = 6.5 \times 6.4 \times 5.00 \times 0.56 \times 2.2 \, \text{t} = 256.256 \, \text{t}$

3)3.6m 处假山堆砌工程量:

依据条件,同上述 1)中计算式一致。

长:经比例尺测定,最大矩形边长为 2.40m;

宽:$(14.2 - 6.6 - 6.4) \, \text{m} = 1.20 \, \text{m}$;

高:3.60m;

高度系数 $= 0.56$;

太湖石密度系数 $= 2.2 \, \text{t/m}^3$。

则 $W_{重} = 2.4 \times 1.2 \times 3.6 \times 0.56 \times 2.2 \, \text{t} = 12.773 \, \text{t}$

(2)散驳石堆砌工程量(1.0m 以下)

依据图 2-43 所示,在 1.0m 以下的散驳太湖石堆砌中随机测量三块不同宽度、高度、长度(如 A_1、A_2、A_3)散驳太湖石,然后分别记录其测量值。

下面根据以下两个计算公式进行计算,比较一下哪个计算结果更精确。

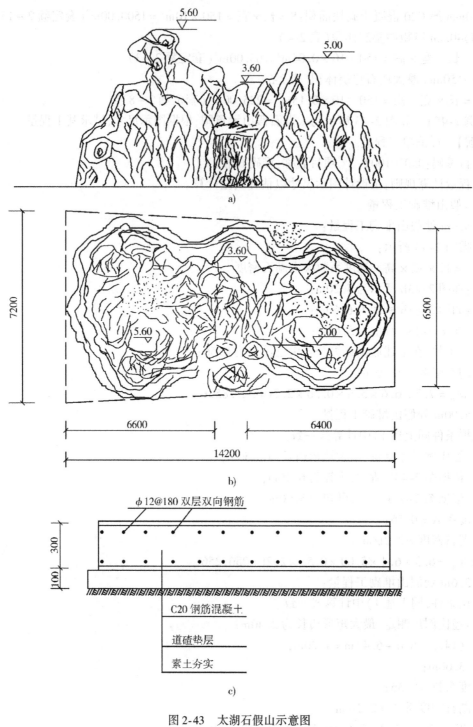

图 2-43　太湖石假山示意图

a)立面图　b)平面图　c)基础图

说明：1.模板系数为0.26。

2.钢筋系数为0.079。

3.太湖石密度2.2t/m³。

$W_{重1} = $ 累计长度 × 平均宽度 × 平均高度 × 太湖石密度

$W_{重2} = $ 累计长度 × 最大宽度 × 最大高度 × 高度系数 × 太湖石密度

现根据以上两个计算公式分别计算如下：

累计长度：分别测得 A_1 块长度为 1.00m；

A_2 块长度为 0.8m；A_3 块长度为 0.50m

累计长度为：(1.0 + 0.8 + 0.5)m = 2.30m

宽度：分别测得 A_1 块宽度为 0.8m；A_2 块宽度为 0.5m；A_3 块宽度为 0.25m。

1）最大宽度为：0.80m

2）平均宽度为：(0.8 + 0.5 + 0.25)m/3m = 0.52m

高度：分别测得 A_1 块高度为 0.60m；

$\qquad$ A_2 块高度为 0.35m；A_3 块高度为 0.20m。

1）最大高度为：0.60m

2）平均高度为：(0.6 + 0.35 + 0.2)m/3 = 0.38m

$\qquad$ 高度系数：按规定为 0.65

$\qquad$ 太湖石密度：2.2t/m³

$W_{重1} = 2.3 × 0.52 × 0.38 × 2.2t = 0.99986t(取 1.000t)$

$W_{重2} = 2.3 × 0.8 × 0.6 × 0.65 × 2.2t = 1.57872t(取 1.579t)$

根据以上两个计算数据，其计算有出入，故实际结算时，应以现场丈量的实际尺寸为准，采用 $W_{重1}$ 的计算结果（$W_{重2}$ 结算结果出现偏差，主要是高度系数上的偏差所致）。

太湖石总用量统计：

(327.850 + 256.256 + 12.773 + 1.000)t = 597.879t

清单工程量计算见表 2-82。

表 2-82　清单工程量计算表

项目编码	项目名称	项目特征描述	计量单位	工程量
050301002001	堆砌石假山	堆砌石假山	t	597.879t

说明：

1. 堆砌假山及塑假石山工程的工程量计算要求

（1）堆砌假山按砌石质量，以 t 计算；塑假石山按外围表面积，以 m² 计算。

（2）假山砌石的质量，按进料验收数量减去使用剩余数量计算。

2. 堆砌假山及塑假石山工程预算编制的注意事项

（1）堆砌假山及塑假石山定额中，均不包括假山基础，其基础按设计要求套用"通用项目"相应定额计算。

（2）钢骨架钢丝网塑假山定额中未包括基础、脚手架和主骨架的工料，使用时应按设计要求另行计算。

2. 定额工程量

（1）平整场地定额工程量（表 2-2）

工程量计算规则：池、假山、步桥按其底面积乘以系数 2，以 m² 为单位计算。

依据图 2-43 所示尺寸可得：$S = $ 平均宽度 × 长度

平均宽度 = (7.2 + 6.5)/2m = 6.85m

长度 = 14.20m

即：$S = 6.85 \times 14.2 \times 2(系数)m^2 = 194.54m^2(套定额 1 - 1)$

(2)道碴垫层定额工程量的计算(表2-5)

道碴垫层工程量：

依据图2-43c所示尺寸：

$S = 7.21 \times 14.56m^2 = 104.9776m^2(可取 104.98m^2)$ $\qquad h = 0.10m$

$V = SH = 104.98 \times 0.10m^3 = 10.50m^3(套定额 2 - 8)$

说明：此处的道碴垫层也就是碎石、碎砖干铺，所以此处套碎石的定额。

(3)人工挖土方定额工程量

定额工程量计算规则：人工挖土方、基坑、槽沟按图示垫层外皮的宽、长，乘以挖土深度以m³计算，并按图示量分别乘以下列系数(见表2-83)。

表2-83　挖深系数

项　　目	挖深在1.4m以内	挖深在1.4m以外
人工挖土方	1.09	1.23
人工挖槽沟	1.16	1.27
人工挖柱基	1.40	1.64

注：系数中包括工作面及放坡增量，但挖深在1.40m以内者，只包括工作面增量。

人工挖土定额工程量(表2-2)：

由 $V = SH$ 可得，$S = $ 挖土平均宽度 × 挖土平均长度

挖土平均宽度 = 平均宽度 + 0.1 × 2 = (6.85 + 0.10 × 2)m = 7.05m

挖土平均长度 = (14.2 + 0.10 × 2)m = 14.40m

$S = 7.05 \times 14.4m^2 = 101.52m^2$

H 为挖土深度：0.30 + 0.10m = 0.40m

$V = SH = 101.52 \times 0.40m^3 = 40.61m^3$

人工挖土定额工程量为：$V \times$ 系数 = 40.61 × 1.09m³ = 44.26m³(套定额 1 - 4)

(4)C20钢筋混凝土垫层

依据图2-43所示尺寸及第(2)计算中有关数据

$V = SH, S = $ 长 × 宽(平均)

长 = 14.2 + 0.10 × 2m = 14.40m

宽 = 6.85 + 0.10 × 2m = 7.05m

$S = 14.4 \times 7.05m^2 = 101.52m^2$

$H = 0.30m$

$V = SH = 101.52 \times 0.30m^3 = 30.46m^3$

(5)钢筋混凝土模板

依据图2-43所示及第(4)计算中有关数据可计算：

$S = V \times$ 模板系数

$V = 30.46 \text{m}^3$ 模板系数 $= 0.26$

$S = 30.46 \times 0.26 \text{m}^2 = 7.92 \text{m}^2$

（6）钢筋混凝土中钢筋（表2-84）

依据图2-43c所示及（4）项计算式有关数据可得：

$T = V \times$ 钢筋系数

$V = 30.46 \text{m}^3$ 钢筋系数 $= 0.079$

$T = 30.46 \times 0.079 \text{t} = 2.406 \text{t}$（套定额3-234）。

表 2-84

定额编号	3-233	3-234	3-235	3-236	3-237
项目	预制混凝土		现浇混凝土		钻孔桩钢筋笼
	φ10以内	φ10以外	φ10以内	φ10以外	
基价/元	3549.97	3084.15	3375.49	3099.90	3896.95

（7）假山堆砌定额工程量同清单工程量计算（表2-85）

1）5.6m处假山堆砌定额工程量为327.850t（套定额9-32）。

2）5m处假山堆砌定额工程量为256.256t（套定额9-32）。

3）3.6m处假山堆砌定额工程量为12.773t（套定额9-32）。

表 2-85 （单位：t）

定额编号	9-31	9-32	9-33	9-34
项 目	现浇钢筋		预制钢筋	
	φ10以内	φ10以外	φ10以内	φ10以外

【例2-46】 某公园为了美化景观，在一定位置堆塑一假山，具体造型尺寸如图2-44所示，石材选用砖骨架，砌筑胚形后用1:2的水泥砂浆，仿照自然山石石面进行抹面，最后用小块的英德石作山皮料进行贴面，试求其工程量。

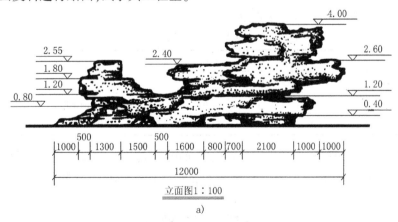

图2-44 假山示意图

a）立面图

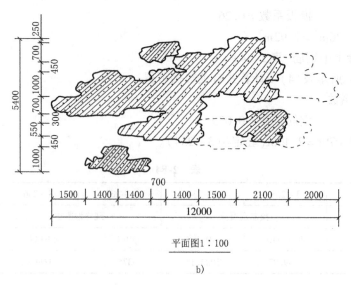

平面图1:100

b)

图2-44　假山示意图(续)

b)平面图

【解】　1.清单工程量

项目编码:050301003　　　项目名称:塑假山

工程量计算规则:按设计图示尺寸以估算面积计算。

(1)假山底座面积≈$(12 \times 3.95 + 2.8 \times 1)m^2 = (47.4 + 2.8)m^2 = 50.20m^2$

(2)假山立面的面积≈$(4.8 \times 4 + 7.2 \times 2.55)m^2 = (19.2 + 18.36)m^2 = 37.56m^2$

清单工程量计算见表2-86。

表2-86　清单工程量计算表

项目编码	项目名称	项目特征描述	计量单位	工程量
050301003001	塑假山	砖骨架,山坡料为小块的英德石,1:2 水泥砂浆	m^2	87.76

2.定额工程量(表2-87、表2-88)

假山的体积≈$(50.2 \times 4)m^3 = 200.80m^3$

表2-87　塑假山

定额编号	6 – 20	6 – 21	6 – 22	6 – 23
项　目	砖骨架高度(m 以内)		钢骨架	
	3	6	高10m 以内钢网	制作安装
	$10m^2$		($10m^2$)	t

该堆塑假山采用砖骨架,高度为4m,其底座面积约为50.2/10 =5.02($10m^2$),其立面的面积约为37.56/10 =3.76($10m^2$),假山的体积约200.80m^3,计算方法同清单工程量计算(套定额6 –21)。

表2-88　山皮料塑假山　　　　　　　　　　　　　(单位:m^2)

定额编号	6 – 24	6 – 25
项　目	山皮料(高2～4m)制作	山皮料(高2～4m)安装

该假山采用英德石作为山皮料进行贴面,高4m,其工程量为37.56m²,计算方法同清单工程量计算(套定额6－24、6－25)。

　　说明:1.采用水泥砂浆抹面时,要用彩色水泥,因为色调对于山石颜色而言较为自然逼真。

　　　　2.在计算假山的面积时,因假山的高低大小差异有点大,所以采用了分部进行外接矩形面积来估算。

　　　　3.山丘、假山的高度,如山丘、假山设计有多个山头时,以最高的山头进行描述。

【例2-47】　现有一座人造假山,置于一定的位置来点缀风景,具体造型尺寸如图2-45所示,石材主要为太湖石,石块间用水泥砂浆勾缝堆砌,试求其工程量。

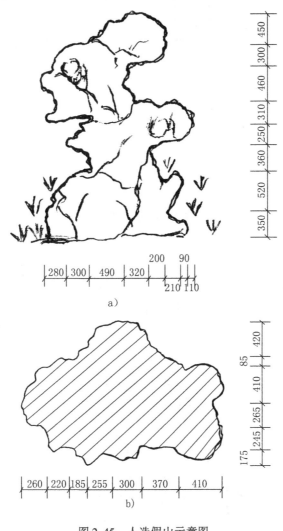

图 2-45　人造假山示意图

a)立面图　b)平面图

【解】　该假山从堆砌材料、外形和用途而言,既是堆砌石假山,又是一景石作为点景之用。

1. 清单工程量

(1)项目编码:050301002　　项目名称:堆砌石假山

工程量计算规则:按设计图示尺寸以估算质量计算。

127

该假山高 3m,所以 $K_n = 0.56$,湖石的密度为 $2.2t/m^3$,所以该假山工程量 $= 2 \times 1.6 \times 3 \times 2.2 \times 0.56t = 11.827t$。

(2)项目编码:050301005　　项目名称:点风景石

工程量计算规则:按设计图示数量计算。

该风景石只有一块,所以其工程量为 1 块。

清单工程量计算见表 2-89。

表 2-89　清单工程量计算表

序号	项目编码	项目名称	项目特征描述	计量单位	工程量
1	050301002001	堆砌石假山	假山高 3m,石材为太湖石	t	11.827
2	050301005001	点风景石	太湖石	块	1

2.定额工程量(表 2-74、表 2-90)

该假山高 3m,石材为湖石,布置形式为孤置,其体积约 $V = 长 \times 宽 \times 高 = 2 \times 1.6 \times 3m^3 = 9.60m^3$,所占地面积约 $2 \times 1.6m^2 = 3.20m^2$,其石材的质量约为 $11.827/10t = 1.183(10t)$,计算方法同清单工程量计算(套定额 6 − 5)。

该景石高 3m,石材为湖石(套定额 6 − 8)。

该景石布置形式为孤置,其石材总质量约为 $1.183(10t)$(套定额 6 − 11),其占地面积约 $3.20m^2$,所有体积约 $9.60m^3$,计算方法同清单工程量计算。

表 2-90　安布景石　　　　　　　　　　　　　　　(单位:10t)

定额编号	6 − 8	6 − 9
项　　目	安布峰石　高度(m 以内)	
	3	4

【例 2-48】　现有一座带土石山,为使假山呈现出设计预定的轮廓,在转角处用山石护角来处理,堆筑假山所用石材为黄石,山石护角石材为青石。山石护角所用工程量约有 $22m^3$,具体造型尺寸如图 2-46 所示,试求其工程量。

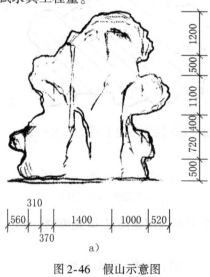

图 2-46　假山示意图

a)立面图

128

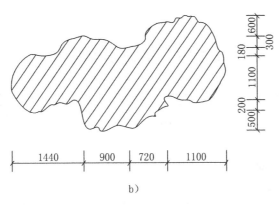

图 2-46　假山示意图(续)

b)平面图

【解】　1.清单工程量

(1)项目编码:050301002　　项目名称:堆砌石假山

工程量计算规则:按设计图示尺寸以估算质量计算。

该假山高 4.42m,则 K_n 取 0.56,该假山石料为黄石,则密度取 2.60t/m³。

该假山所占地面积≈4.16×2.88m² = 11.98m²

该假山石材工程量≈4.16×2.88×4.42m³ = 52.96m³

该假山的质量:

$W = 4.16 \times 2.88 \times 4.42 \times 2.6 \times 0.56$t = 77.103t

(2)项目编码:050301007　　项目名称:山(卵)石护角

工程量计算规则:按设计图示尺寸以体积计算。

该景观的假山用青石作山石护角来保护山体,其工程量为 22.00m³。

清单工程量计算见表 2-91。

表 2-91　清单工程量计算表

序　　号	项目编码	项目名称	项目特征描述	计量单位	工程量
1	050301002001	堆砌石假山	假山高 4.48m,假山石料为黄石	t	77.103
2	050301007001	山(卵)石护角	青石	m³	22.00

2.定额工程量(表 2-68、表 2-92)

该堆砌假山石材选用黄石,所占地面积约 11.98m²,所用石材的工程量约为 7.710(10t),计算方法同清单工程量计算(套定额 6 -4)。

表 2-92　其他山石　　　　　　　　　　　　　(单位:10t)

定额编号	6 -15	6 -16	6 -17	6 -18	6 -19
项　　目	零星点布(含汀石)	山石护角	山石驳岸、护坡(拦土)	山石台阶、踏步	人工运送石料

该题给出假山所用青石作山石护角材料来保护山体,其工程量为 22.00m³(套定额 6 -16)。

第二节 综合实例详解

【例2-49】 某小游园如图2-47～图2-76所示,其中图2-76为小游园平面构造示意图,游园的长度和宽度分别为38.2m和32.2m,图2-48～图2-78为游园细部结构示意图。根据以上图示计算工程量。

【解】 一、定额工程量

1. 人工整理绿化用地

工程量=小游园的长度×宽度=38.2×32.2m²=1230.04m²(如图2-47所示)(套定额1-1)

2. 小游园中栽植乔木工程量(如图2-47所示)

香樟:胸径4.5～5cm,6株(套定额2-1)

紫薇:胸径4～5cm,11株(套定额2-1)

广玉兰:胸径5.5～7cm,6株(套定额2-2)

合欢:胸径6cm,2株(套定额2-1)

紫叶李:胸径2.5～3cm,18株(套定额2-1)

深山含笑:胸径3～4cm,11株(套定额2-1)

龙爪槐:胸径3.5～4cm,9株(套定额2-1)

红枫:胸径1.5～2cm,8株(套定额2-1)

柳树:胸径5～6cm,11株(套定额2-2)

桂花:胸径3～4cm,15株(套定额2-1)

水杉:胸径3～3.5cm,11株(套定额2-1)

樱花:胸径2.5～3cm,10株(套定额2-1)

3. 小游园中栽植竹子工程量(如图2-47所示)

竹子:胸径2～2.4cm,86株(套定额2-40)

4. 小游园中栽植棕榈类植物的工程量(如图2-47所示)

棕榈:株高1.5～1.8m,9株(套定额2-9)

凤尾兰:株高0.6～1.3m,16株(套定额2-8)

鱼尾葵:株高2.0～2.2m,8株(套定额2-11)

5. 小游园中栽植灌木工程量(如图2-47所示)

杜鹃:株高0.5～0.6m,6×12株=72株,行植(套定额2-8)

迎春:株高0.4～0.6m,2大株丛(套定额2-8)

贴梗海棠:株高0.6～1.1m,22株(套定额2-8)

6. 小游园中栽植攀缘类植物工程量(如图2-47所示)

凌霄:胸径1.4～1.8cm,26株(每根花架檩条左右各栽植一株,如图2-54所示,有13根檩条)(套定额2-88)

7. 小游园中栽植色带工程量(如图2-47所示)

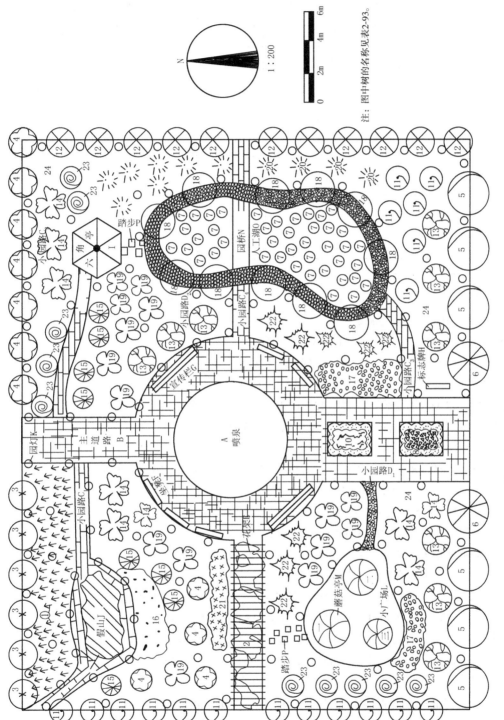

注：图中树的名称见表2-93。

N 1∶200

0 2m 4m 6m

图2-47 某小游园平面构造示意图

角亭 I
小园路C₄
踏步P
园桥N
人工湖O
小园路D₂
小园路C₅
小园路C₃
标志牌H
小园路D₁
宣传栏G
园灯K
主道路B
A 喷泉
花架
假山J
小园路C₁
磨菇亭M
小广场L
踏步P

131

表 2-93

编　号	名　称	编　号	名　称
1	竹子	2	凌霄(生长年限4年)
3	香樟	4	紫薇
5	广玉兰	6	合欢
7	睡莲	8	兰
9	微型月季	10	杜鹃
11	紫叶李	12	深山含笑
13	龙爪槐	14	棕榈
15	红枫	16	凤尾兰
17	迎春	18	柳树
19	桂花	20	水杉
21	贴梗海棠	22	鱼尾葵
23	樱花	24	细叶结缕草

注:所有地面上栽植的植物均为普坚土种植。

兰:高度为 $0.02 \sim 0.025 \mathrm{m}$,工程量 $= (2 \times 3 - 1.2 \times 2.4) \mathrm{m}^2 = (6 - 2.88) \mathrm{m}^2 = 3.12 \mathrm{m}^2 = 0.31(10\mathrm{m}^2)$(套定额 2 – 96)

8. 小游园中栽植花卉工程量(如图 2-47 所示)

微型月季:株高 $0.5 \sim 0.6\mathrm{m}$,27 株(套定额 2 – 96)

9. 小游园中栽植水生植物工程量(如图 2-47 所示)

睡莲:42 株,其定额工程量 $= 42/10(10 \text{ 株}) = 4.2(10 \text{ 株})$(套定额 2 – 102)

10. 小游园中草坪(播草籽)工程量(如图 2-47 所示)

细叶结缕草的栽植工程量可分块进行估算:

$(11.4 \times 9 + 8 \times 4.4 + 4 \times 7.8 + 15 \times 7.2 + 11.2 \times 9.4 + 16.4 \times 3.8 + 18.5 \times 7.2 + 9 \times 6.2 + 10.2 \times 3.2 + 3.6 \times 9.8 + 17 \times 4.6) \mathrm{m}^2$

$= 102.6 + 35.2 + 31.2 + 108 + 105.28 + 62.32 + 133.2 + 55.8 + 32.64 + 35.28 + 78.2 \mathrm{m}^2$

$= 779.72 \mathrm{m}^2 = 77.97(10\mathrm{m}^2)$(套定额 2 – 93)

11. A 喷泉相关工程量计算(如图 2-47 ~ 图 2-49 所示)

(1)喷泉管道(均为螺纹连接的焊接钢管)

主输水管($DN60$)的长度为 $9.40\mathrm{m}$(套定额 8 – 15)(如图 2-48 所示)

分水管($DN40$)长度为 $47.68\mathrm{m}$(套定额 8 – 13)(如图 2-48 所示)

泄水管($DN50$)的长度为 $7.60\mathrm{m}$(套定额 8 – 14)(如图 2-48 所示)

溢水管($DN50$)的长度为 $7.70\mathrm{m}$(套定额 8 – 14)(如图 2-48 所示)

(2)管道外涂沥青漆工程量 = 各型号管道的外表面积之和

$DN60$ 的管道外涂沥青漆工程量 $= 3.14 \times 0.06 \times 9.4 \mathrm{m}^2 = 1.77 \mathrm{m}^2 = 0.17(10\mathrm{m}^2)$(如图 2-48 所示)

$DN50$ 的管道外涂沥青漆工程量 $= 3.14 \times 0.05 \times (7.6 + 7.7) \mathrm{m}^2 = 3.14 \times 0.05 \times 15.3 \mathrm{m}^3 = 2.40 \mathrm{m}^2 = 0.24(10\mathrm{m}^2)$(如图 2-48 所示)

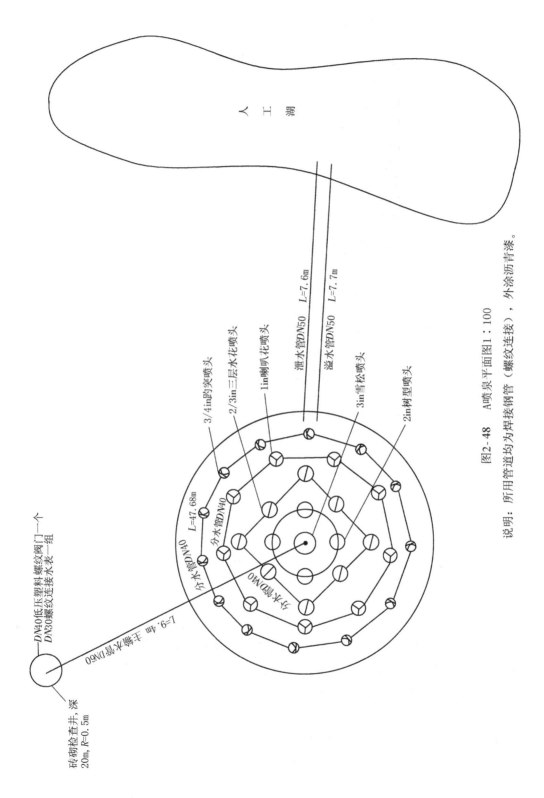

图2-48 A喷泉平面图1:100

人 工 湖

泄水管DN50 L=7.6m

溢水管DN50 L=7.7m

3/4in的突喷头

2/3in三层水花喷头

1in喇叭花喷头

3in雪松喷头

2in树型喷头

分水管DN40 L=47.68m

分水管DN40

分水管DN40

L=9.4m 主供水管DN60

DN40低压塑料螺纹阀门一个
DN30螺纹连接水表一组

砖砌检查井,深
20m,R=0.5m

说明: 所用管道均为焊接钢管(螺纹连接),外涂沥青漆。

133

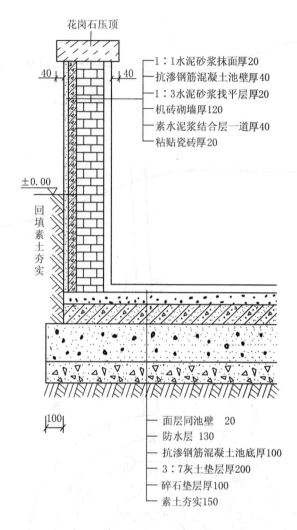

图 2-49 A喷泉水池构造图

说明:1. 尺寸单位:标高为 m,其他均为 mm。

2. ±0.00 以路面高程为准。

3. 喷泉直径 $R = 8m$,$H = 1.2m$。

$DN40$ 的管道外涂沥青漆工程量 $= 3.14 \times 0.04 \times 47.68 m^2 = 5.99 m^2$

$= 0.599(10 m^2)$(如图 2-48 所示)

则总的涂沥青漆工程量 $= 1.77 + 2.40 + 5.99 m^2 = 10.16 m^2$(套定额 14 - 66)

(3)喷泉内安装各种类型喷头的工程量

3/4in 钭突喷头——13 套(套定额 5 - 16)

1in 喇叭花喷头——9 套(套定额 5 - 12)

2/3in 三层水花喷头——8 套(套定额 5 - 18)

2in 树型喷头——4 套(套定额 5 - 24)

3in 雪松喷头——1 套(套定额 5 - 10)

134

图中标注:

花岗石压顶

40   40

1:1水泥砂浆抹面厚20

抗渗钢筋混凝土池壁厚40

1:3水泥砂浆找平层厚20

机砖砌墙厚120

素水泥浆结合层一道厚40

粘贴瓷砖厚20

±0.00

回填素土夯实

100

面层同池壁 20

防水层 130

抗渗钢筋混凝土池底厚100

3:7灰土垫层厚200

碎石垫层厚100

素土夯实150

如图 2-48 所示,有 $DN40$ 低压塑料螺纹阀门一个(套定额 8 – 415)。

有 $DN30$ 螺纹连接水表一组(套定额 8 – 507)

(4)喷泉喷头的流水量按下式

$$q = \mu f \sqrt{2gH} \times 10^{-3}$$

式中,g 取 $9.8m/s^2$,μ 为流量系数,一般取 $0.6 \sim 0.94$ 之间,本题取 0.7;f 为喷嘴断面积,本题按圆面积 $\dfrac{\pi D^2}{4}$ 计算。已知 $1in = 25.4mm$。

$3/4in$ 趵突喷头的 H 取 $1m$,则

$$q_1 = 0.7 \times 3.14 \times \frac{(3/4 \times 25.4)^2}{4} \times \sqrt{2 \times 9.8 \times 1} \times 10^{-3} L/s$$

$$= 0.7 \times 284.88 \times 4.43 \times 10^{-3} L/s = 0.88 L/s$$

$q_{1总} = 0.88 \times 13 L/s = 11.44 L/s$

$1in$ 喇叭花喷头的 H 取 $2m$,则

$$q_2 = 0.7 \times 3.14 \times \frac{(1 \times 25.4)^2}{4} \times \sqrt{2 \times 9.8 \times 2} \times 10^{-3} L/s$$

$$= 0.7 \times 506.45 \times 6.26 \times 10^{-3} L/s = 2.22 L/s$$

$q_{2总} = 2.22 \times 9 L/s = 19.98 L/s$

$2/3in$ 三层水花喷头的 H 取 $5m$,则

$$q_3 = 0.7 \times 3.14 \times \frac{(2/3 \times 25.4)^2}{4} \times \sqrt{2 \times 9.8 \times 5} \times 10^{-3} L/s$$

$$= 0.7 \times 225.09 \times 9.90 \times 10^{-3} L/s = 1.56 L/s$$

$q_{3总} = 1.56 \times 8 L/S = 12.48 L/s$

$2in$ 树型喷头的 H 取 $6m$,则

$$q_4 = 0.7 \times 3.14 \times \frac{(2 \times 25.4)^2}{4} \times \sqrt{2 \times 9.8 \times 6} \times 10^{-3} L/s$$

$$= 0.7 \times 2025.80 \times 10.84 \times 10^{-3} L/s = 15.37 L/s$$

$q_{4总} = 15.37 \times 4 L/s = 61.48 L/s$

$3in$ 雪松喷头的 H 取 $8m$,则

$$q_5 = 0.7 \times 3.14 \times \frac{(3 \times 25.4)^2}{4} \times \sqrt{2 \times 9.8 \times 8} \times 10^{-3} L/s$$

$$= 0.7 \times 4558.06 \times 12.52 \times 10^{-3} L/s = 39.95 L/s$$

$q_{5总} = 39.95 \times 1 L/s = 39.95 L/s$

则喷泉总的流水量为

$$q_{总} = q_{1总} + q_{2总} + q_{3总} + q_{4总} + q_{5总} = 11.44 + 19.98 + 12.48 + 61.48 + 39.95 L/s = 145.33 L/s$$

(5)圆形砖砌检查井的工程量

$3.14 \times 1 \times 20 m^2 = 62.80 m^2 = 6.28(10 m^2)$(套定额5 – 109)(如图 2-48 所示)

【注释】 圆形砖砌检查井半径为 $0.5m$,深 $20m$。

(6)喷泉水池各结构层工程量

粘贴瓷砖的工程量 $= [(3.14 \times 8 \times 1.2 + 3.14 \times (8/2)^2] m^2$

$$= 30.144 + 50.24 m^2 = 80.38 m^2 (如图 2-48、图 2-49 所示)$$

【注释】 8m 为圆形喷泉水池直径,1.2m 为喷泉水池深度,则喷泉水池的底面积和侧面积皆可求出。

素水泥浆结合层一道,其工程量 $= 3.14 \times (8 + 0.02 \times 2) \times 1.2 m^2$

$$= 30.29 m^2 (如图 2-48、图 2-49 所示)$$

【注释】 公式为 πdh, h 为喷泉水池高度,0.02m 是水泥砂浆找平层的厚度。

120mm 厚砖砌墙的工程量 $= 3.14 \times (8 + 0.04 \times 2 + 0.02 \times 2) \times 1.2 \times 0.12 m^3$

$$= 3.14 \times 8.12 \times 1.2 \times 0.12 m^3$$

$$= 3.67 m^3 (套定额 3 - 11)(如图 2-48、图 2-49 所示)$$

【注释】 砖砌墙的内侧有 0.04m 厚的素水泥浆结合层,0.02m 厚的粘贴瓷砖。则底面直径为 $(8 + 0.04 \times 2 + 0.02 \times 2) m$,喷水池的高度为 1.2m,机砖厚度为 0.12m。则砖砌墙的工程量 = 底面周长 × 喷水池高度 × 机砖砌墙的厚度。

1:3 水泥砂浆找平层的面积 $= 3.14 \times (8 + 0.04 \times 2 + 0.12 \times 2 + 0.02 \times 2) \times 1.2 m^2$

$$= 3.14 \times 8.36 \times 1.2 m^2$$

$$= 31.50 m^2 (套定额 8 - 38)(如图 2-48、图 2-49 所示)$$

【注释】 水泥砂浆找平层的内侧有 0.12m 厚的砖砌墙,0.04m 厚的素水泥浆结合层,0.02m 厚的粘贴瓷砖。则底面直径为 $(8 + 0.12 \times 2 + 0.04 \times 2 + 0.02 \times 2) m$,喷水池的高度为 1.2m。则水泥砂浆找平层的工程量 = 底面周长 × 喷水池高度。

1:1 水泥砂浆抹面工程量 $= 3.14 \times (8 + 0.04 \times 2 + 0.12 \times 2 + 0.02 \times 2 + 0.02 \times 2 + 0.04 \times 2) \times 1.2 m^2 = 3.14 \times 8.48 \times 1.2 m^2$

$$= 31.95 m^2 (套定额 8 - 1)(如图 2-48、图 2-49 所示)$$

【注释】 1:1 水泥砂浆找平层的内侧有 0.04m 的抗渗钢筋混凝土池壁,0.12m 厚的砖砌墙,0.04m 厚的素水泥浆结合层,0.02m 厚的粘贴瓷砖。则底面直径为 $(8 + 0.04 \times 2 + 0.12 \times 2 + 0.04 \times 2 + 0.02 \times 2) m$,喷水池的高度为 1.2m。则 1:1 水泥砂浆找平层的工程量 = 底面周长 × 喷水池高度。

池底防水层工程量 $= 3.14 \times [(8 + 0.26 \times 2)/2]^2 m^2$

$$= 3.14 \times (8.52/2)^2 m^2 = 3.14 \times 4.26^2 m^2 = 3.14 \times 18.1476 m^2$$

$$= 56.98 m^2 (如图 2-48、图 2-49 所示)$$

【注释】 防水层工程量 = 底面面积。$(8 + 0.26 \times 2) m$ 为水池直径加上池壁两侧各结合层厚度之和。

池壁抗渗钢筋混凝土的面积 $= 3.14 \times (8 + 0.04 \times 2 + 0.02 \times 2 + 0.02 \times 2 + 0.12 \times 2) \times 1.2 m^2$

$$= 3.14 \times 8.4 \times 1.2 m^2$$

$$= 31.65 m^2 (如图 2-48、图 2-49 所示)$$

【注释】 底面圆周 × 水池高度。

体积$_1$ = 所用面积 × 厚度

$$= 31.65 \times 0.04 m^3 = 1.27 m^3 (套定额 4 - 3)(如图 2-48、图 2-49 所示)$$

$$池底抗渗钢筋混凝土占地面积 = 3.14 \times [(8 + 0.26 \times 2)/2]^2 \text{m}^2$$
$$= 3.14 \times 4.26^2 \text{m}^2 = 3.14 \times 18.1476 \text{m}^2$$
$$= 56.98 \text{m}^2 (如图 2\text{-}48、图 2\text{-}49 所示)$$

【注释】 池底净直径为 8m,池壁所有结合层厚度之和为 0.26m。则池底直径为 $(8 + 0.26 \times 2)$ m。抗渗钢筋混凝土的占地面积为池底面积。

$$体积 = 所占面积 \times 厚度$$
$$= 56.98 \times 0.1 \text{m}^3 = 5.70 \text{m}^3 (套定额 4\text{-}1)(如图 2\text{-}48、图 2\text{-}49 所示)$$

【注释】 抗渗混凝土所占面积为 56.98 m^2,厚度为 0.1m。

$$喷泉水池 3:7 灰土垫层工程量 = 3.14 \times [(8 + 0.26 \times 2 + 0.1 \times 2)/2]^2 \times 0.2 \text{m}^3$$
$$= 3.14 \times (8.72/2)^2 \times 0.2 \text{m}^3 = 3.14 \times 4.36^2 \times 0.2 \text{m}^3$$
$$= 59.69 \times 0.2 \text{m}^3$$
$$= 11.94 \text{m}^3 (套定额 2\text{-}1)(如图 2\text{-}48、图 2\text{-}49 所示)$$

【注释】 灰土垫层工程量的计算方法为 $V = SH$,即底面积乘以高。底面直径为喷泉直径加上池壁厚度和挑出池壁的 100mm。则底面积为 $3.14 \times [(8 + 0.26 \times 2 + 0.1 \times 2)/2]^2 \text{m}^2$。

$$喷泉水池碎石垫层工程量 = 3.14 \times [(8 + 0.26 \times 2 + 0.1 \times 2)/2]^2 \times 0.1 \text{m}^3$$
$$= 3.14 \times 4.36^2 \times 0.1 \text{m}^3 = 59.69 \times 0.1 \text{m}^3$$
$$= 5.97 \text{m}^3 (套定额 2\text{-}8)(如图 2\text{-}48、图 2\text{-}49 所示)$$

【注释】 池底净直径为 8m,池壁所有结合层厚度之和为 0.26m,碎石垫层又向外挑出 0.1m 的长度。则池底直径为 $(8 + 0.26 \times 2 + 0.1 \times 2)$ m。碎石垫层的占地面积为半径为 $(8 + 0.26 \times 2 + 0.1 \times 2)/2$ 时的池底面积。碎石垫层的厚度为 0.1m。

$$喷泉水池花岗石压顶工程量 = \{3.14 \times [(8 + 0.04)/2]^2 - 3.14 \times [(8 - 0.04)/2]^2\} \times$$
$$0.1 \text{m}^3 = (3.14 \times 4.02^2 - 3.14 \times 3.98^2) \times 0.1 \text{m}^3$$
$$= (3.14 \times 16.1604 - 3.14 \times 15.8404) \times 0.1 \text{m}^3$$
$$= (50.744 - 49.739) \times 0.1 \text{m}^3 = 1.005 \times 0.1 \text{m}^3$$
$$= 0.1 \text{m}^3 (套定额 3\text{-}12)(如图 2\text{-}48、图 2\text{-}49 所示)$$

【注释】 花岗石压顶表面为环形,厚度为 0.1m。大圆的直径为 $(8 + 0.04)$ m,小圆的直径为 $(8 - 0.04)$ m。则大圆面积 – 小圆面积得出值即为环形面积。厚度为 0.1m。

根据图示计算喷泉水池需人工挖沟槽:

$$工程量 = 基础垫层面积 \times 喷水池需埋设深度$$
$$= 3.14 \times [(8 + 0.26 \times 2 + 0.1 \times 2)/2]^2 \times 1.02 \text{m}^3 = 3.14 \times 4.36^2 \times 1.02 \text{m}^3$$
$$= 59.69 \times 1.02 \text{m}^3 = 60.88 \text{m}^3 (套定额 1\text{-}2)(如图 2\text{-}48、图 2\text{-}49 所示)$$

【注释】 基础垫层的占地面积就是直径为 $(8 + 0.26 \times 2 + 0.1 \times 2)$ m 的圆的面积。喷水池的埋设深度为 1.02m。

需人工回填土(夯填):

$$工程量 = \{3.14 \times [(8 + 0.26 \times 2 + 0.1 \times 2)/2]^2 - 3.14 \times [(8 + 0.26 \times 2)/2]^2\} \times 0.7 \text{m}^3$$
$$= (3.14 \times 4.36^2 - 3.14 \times 4.26^2) \times 0.7 \text{m}^3$$
$$= (59.690 - 56.983) \times 0.7 \text{m}^3 = 2.707 \times 0.7 \text{m}^3$$
$$= 1.89 \text{m}^3 (套定额 1\text{-}2)$$

【注释】 底部垫层挖土面积等于$(8+0.26\times2+0.1\times2)$m 为直径的圆的面积,上部挖土面积等于$(8+0.26\times2)$m 为直径的圆的面积。则超挖部分需填土。填土深度为0.7m。

12. B 主道路相关工程量计算(如图 2-47、图 2-50、图 2-51 所示)

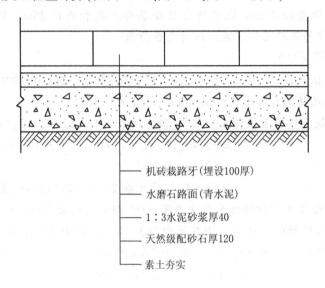

机砖裁路牙(埋设100厚)
水磨石路面(青水泥)
1:3水泥砂浆厚40
天然级配砂石厚120
素土夯实

图 2-50 B 主道路剖面图

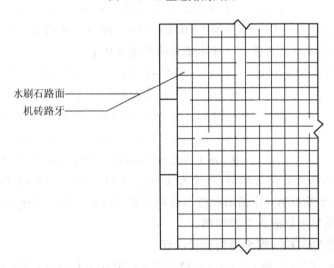

水刷石路面
机砖路牙

图 2-51 B 主道路平面图

(1)水磨石路面

$$工程量 = \{3\times8.2+[3.14\times\left(\frac{14}{2}\right)^2-3.14\times\left(\frac{8}{2}\right)^2]+(6\times10.8-2\times3\times2)\}m^2$$

$$= 24.6+103.62+52.8 m^2$$

$$= 181.02 m^2(套定额 2-29)$$

【注释】 B 主道路分三部分计算,第一部分为 2-47 图中最上部分的一个矩形,第二部分为相接的环形,第三部分为下部有两个小花坛的矩形。第一部分长 8.2m,宽 3m;第二部分大

138

环形直径为 14m,小环形也就是喷泉直径为 8m;第三部分长 10.8m,宽 6m,两个小花坛长 3m,宽 2m。

(2)1:3 水泥砂浆

$$工程量 = \left\{(3+0.2)\times 8.2 + \left[3.14\times\left(\frac{14+0.2}{2}\right)^2 - 3.14\times\left(\frac{8}{2}\right)^2\right] + \left[(6+0.2)\times 10.8 - \right.\right.$$
$$\left.\left. 2\times 3\times 2\right]\right\}\times 0.04m^3$$
$$= \left[26.24 + (158.287 - 50.24) + (66.96 - 12)\right]\times 0.04m^3$$
$$= (26.24 + 108.047 + 54.96)\times 0.04m^3$$
$$= 189.247\times 0.04m^3 = 7.57m^3$$

【注释】 带路牙,路宽加 20cm。

(3)天然级配砂石

$$工程量 = \left\{(3+0.2)\times 8.2 + \left[3.14\times\left(\frac{14+0.2}{2}\right)^2 - 3.14\times\left(\frac{8}{2}\right)^2\right] + \left[(6+0.2)\times 10.8 - \right.\right.$$
$$\left.\left. 2\times 3\times 2\right]\right\}\times 0.12m^3$$
$$= (26.24 + 108.047 + 54.96)\times 0.12m^3$$
$$= 189.247\times 0.12m^3 = 22.71m^3(套定额 2-4)$$

【注释】 B 主干道路面面积×砂石厚度。主干道两边各拓宽 100mm。

(4)B 主道路两侧布置机砖路牙

$$长度 = \left[(8.2\times 2) + (3.14\times 8 - 3 - 6) + (10.8\times 2)\right]m$$
$$= 16.4 + 16.12 + 21.6m$$
$$= 54.12m(套定额 2-39)$$

则共需机砖块数 = 54.12/0.2 块 = 271 块

说明:1.路面(不含蹬道)和地面,按图示尺寸以 m^2 计算。

2.垫层按图示尺寸以 m^3 计算。园路垫层宽度:带路牙者,按路面宽加 20cm 计算;无路牙者,按路面宽加 10cm 计算。

13.C 小园路相关工程量计算(如图 2-47、图 2-52 所示)

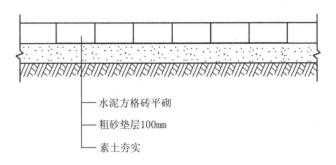

水泥方格砖平砌
粗砂垫层100mm
素土夯实

图 2-52 C 小园路剖面图

(1)小园路 C_1 铺设水泥方格砖

$$工程量 = (0.8\times 4 + 0.8\times 3.8 + 0.8\times 6 + 0.8\times 5.6 + 0.8\times 6.4)m^2 = (3.2 + 3.04 + 4.8 + 4.48 + 5.12)m^2$$

$$= 20.64\text{m}^2(\text{套定额 } 2-11)$$

小园路 C_1 铺垫粗砂工程量 $= [(0.8+0.1)\times4+(0.8\times0.1)\times3.8+(0.8\times0.1)\times6+$

$$(0.8+0.1)\times5.6+(0.8+0.1)\times6.4]\times0.1\text{m}^3$$

$$= (3.6+3.42+5.4+5.04+5.76)\times0.1\text{m}^3$$

$$= 23.22\times0.1\text{m}^3 = 2.32\text{m}^3(\text{套定额 } 2-3)$$

【注释】 小园路 C_1 铺设宽为 0.8m,长按实际长度计。C_2、C_3、C_4 算法相同。

(2)小园路 C_2 铺设水泥方格砖

工程量 $= 0.8\times8.9\text{m}^2 = 7.12\text{m}^2(\text{套定额 } 2-11)$

小园路 C_2 铺垫粗砂垫层工程量 $= (0.8+0.1)\times8.9\times0.1\text{m}^3$

$$= 0.9\times8.9\times0.1\text{m}^3 = 0.80\text{m}^3(\text{套定额 } 2-3)$$

(3)小园路 C_3 铺设水泥方格砖

工程量 $= 1\times7.6\text{m}^2 = 7.60\text{m}^2(\text{套定额 } 2-11)$

小园路 C_3 铺垫粗砂垫层工程量 $= (1+0.1)\times7.6\times0.1\text{m}^3 = 1.1\times7.6\times0.1\text{m}^3 = 0.84\text{m}^3$

$$(\text{套定额 } 2-3)$$

(4)小园路 C_4 铺设水泥方格砖工程量 $= (1\times3.6+1.2\times3)\text{m}^2$

$$= (3.6+3.6)\text{m}^2 = 7.20\text{m}^2(\text{套定额 } 2-11)$$

铺垫粗砂垫层工程量 $= [(1+0.1)\times3.6+(1.2+0.1)\times3]\times0.1\text{m}^3$

$$= (1.1\times3.6+1.3\times3)\times0.1\text{m}^3$$

$$= (3.96+3.9)\times0.1\text{m}^3 = 7.86\times0.1\text{m}^3$$

$$= 0.79\text{m}^3(\text{套定额 } 2-3)$$

(5)则 C 小园路类型,园路所需水泥方格砖总工程量:

$(20.64+7.12+7.6+7.2)\text{m}^2 = 42.56\text{m}^2(\text{套定额 } 2-11)$

粗砂垫层总工程量 $= (2.32+0.80+0.84+0.79)\text{m}^3 = 4.75\text{m}^3(\text{套定额 } 2-3)$

说明:对于计算中所需的尺寸均按图示尺寸比例进行相应的测量计算得出。

14. D 小园路相关工程量计算(如图 2-47、图 2-53 所示)

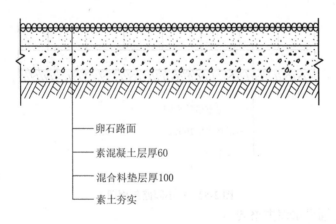

卵石路面

素混凝土层厚60

混合料垫层厚100

素土夯实

图 2-53 D 小园路剖面图

（1）小园路 D_1 卵石路面

工程量 $= 0.6 \times 4.4 m^2 = 2.64 m^2$

铺垫素混凝土垫层工程量 $= (0.6 + 0.1) \times 4.4 \times 0.06 m^3 = 0.7 \times 4.4 \times 0.06 m^3$
$$= 0.18 m^3$$

铺垫混合料垫层工程量 $= (0.6 + 0.1) \times 4.4 \times 0.1 m^3 = 0.7 \times 4.4 \times 0.1 m^3$
$$= 0.31 m^3$$

（2）小园路 D_2 卵石路面

工程量 $= (8.8 \times 17.2 - 7.4 \times 15.4) m^2 = 151.36 - 113.96 m^2$
$$= 37.40 m^2$$

说明：对于较大面积的不规则图形尺寸计算，可以用其外接矩形（圆形）来估算。

铺垫素混凝土工程量 $= [(8.8 + 0.1) \times (17.2 + 0.1) - 7.4 \times 15.4] \times 0.06 m^3$
$$= (153.97 - 113.96) \times 0.06 m^3$$
$$= 2.40 m^3$$

铺垫混合料垫层工程量 $= [(8.8 + 0.1) \times (17.2 + 0.1) - 7.4 \times 15.4] \times 0.1 m^3$
$$= (153.97 - 113.96) \times 0.1 m^3$$
$$= 4.00 m^3$$

（3）则 D 小园路类型园路路面所需卵石总工程量

总工程量 $= 2.64 + 37.40 m^2 = 40.04 m^2$（套定额 2 - 9）

铺垫的素混凝土垫层总工程量 $= (0.18 + 2.4) m^3 = 2.58 m^3$（套定额 2 - 5）

铺垫混合料垫层总工程量 $= (0.31 + 4.00) m^3 = 4.31 m^3$（套定额 2 - 6）

15. E 花架相关工程量计算（如图 2-47，图 2-54 ～ 图 2-56 所示）

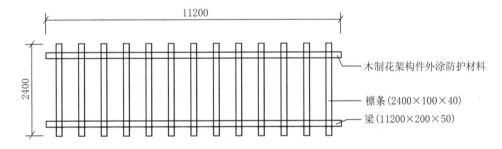

图 2-54　E 花架平面图

（1）木制花架柱一侧的根数设为 x，则有如下关系式：

$$\underbrace{0.15 \times 2}_{a} + \underbrace{0.15 x}_{b} + 1.65(x - 1) = 11.2$$

$$x \approx 7$$

则一侧有 7 根柱子，整个花架共有 $7 \times 2 = 14$ 根柱子。

说明：式中，a（0.15m）为梁外挑长度；b（0.15m）为柱子宽度；1.65m 为两柱子之间的间隔距离；11.2 为整个梁长（或花架长度）。

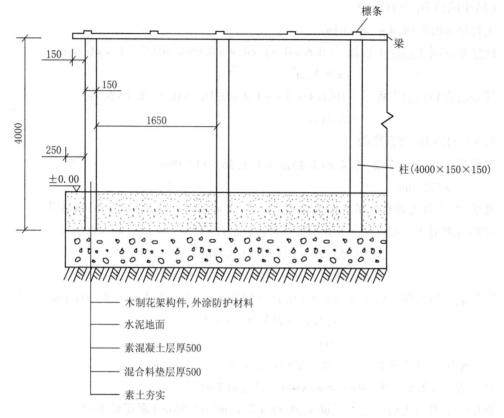

檁条

梁

柱（4000×150×150）

木制花架构件，外涂防护材料

水泥地面

素混凝土层厚500

混合料垫层厚500

素土夯实

图 2-55　E 花架立面图

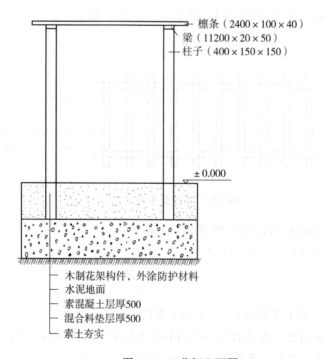

檁条（2400×100×40）

梁（11200×20×50）

柱子（400×150×150）

木制花架构件，外涂防护材料
水泥地面
素混凝土层厚500
混合料垫层厚500
素土夯实

图 2-56　E 花架立面图

木制花架柱工程量 = 柱子的长×宽×高×14 根 = 0.15×0.15×4×14m³

$$= 0.09×14m³$$

$$= 1.26m³(套定额 4-25)$$

木制花架柱外涂防护材料工程量 = 柱子的外表面积×14 根 = (0.15×0.15×2 + 0.15×

$$4×4)×14m²$$

$$= (0.0225×2 + 2.4)×14m²$$

$$= (0.045 + 2.4)×14m² = 2.445×14m² = 34.23m²$$

(2)木制花架梁

工程量 = 梁的体积×2 根 = 0.2×0.05×11.2×2m³ = 0.112×2m³

$$= 0.22m³(套定额 4-26)$$

梁木外涂防护材料工程量 = 梁的外露表面积×2 根

$$= [0.2×0.05×2 + (0.2×2 + 0.05×2)×11.2 - 0.15×$$

$$0.15×7]×2m² = (0.01×2 + 0.5×11.2 - 0.1575)×2m²$$

$$= (0.02 + 5.6 - 0.1575)×2m² = 5.4625×2m² = 10.93m²$$

【注释】 梁的截面面积为 0.2×0.05m²，长度为 11.2m，则梁的两个底面面积为 0.2×0.05×2m²，四个侧面面积为 11.2×0.05×2m² 和 11.2×0.2×2m²。共 2 条梁，则总的面积可求得。梁与柱子相接的部分不用再涂防护材料，则需减去与柱子相接部分的面积，共 14 根柱子，柱子截面面积为 0.15×0.15m²，需减去的面积可知。涂防护材料的工程量 = 一根梁的表面积×2 - 14×柱子的截面积。

(3)木制花架檩条

工程量 = 檩条的体积×13 根 = 0.1×0.04×2.4×13m³ = 0.0096×13m³

$$= 0.12m³(套定额 4-27)$$

【注释】 木制花架檩条的截面面积为 0.1×0.04m²，一根 2.4m，共 13 根，则花架檩条的工程量 = 檩条截面积×檩条长度×檩条根数。

檩条外涂防护材料工程量 = 每根檩条的外表面积×13(根)

$$= [(0.1×2 + 0.04×2)×2.4 + (0.1×0.04×2)]×13m²$$

$$= (0.28×2.4 + 0.004×2)×13m² = (0.672 + 0.008)×13m²$$

$$= 0.68×13m² = 8.84m²$$

【注释】 檩条共 6 个面，两个底面的面积为 0.1×0.04×2m²，两个侧面的面积为 2.4×0.1×2m²，另两个侧面的面积为 2.4×0.04×2m²，则檩条的表面积可知。共 13 根檩条，则总的表面积可知。

(4)花架水泥地面

工程量 = 花架的宽度×长度 = 2.4×11.2m²

$$= 26.88m²(套定额 2-18)$$

(5)花架的素混凝土垫层

工程量 = 垫层的铺设面积×厚度 - 埋设柱子的体积

$$= [(2.4 + 0.25×2)×(11.2 + 0.25×2)×0.5 - 0.15×0.15×0.5×14]m³$$

$$= (2.9×11.7×0.5 - 0.01125×14)m³$$

$$= (16.965 - 0.1575)m³ = 16.81m³(套定额 2-5)$$

【注释】 垫层的铺设长度为$(11.2+0.25\times2)$m,宽度为$(2.4+0.25\times2)$m。则铺设面积可知。垫层厚度为0.5m,垫层体积可求。柱子埋入垫层之中,所占体积为$(0.15\times0.15\times0.5\times14)$m³,则垫层工程量可知。

(6)花架铺设混合料垫层

工程量 = 铺设的面积 × 厚度

$= (2.4+0.25\times2)\times(11.2+0.25\times2)\times0.5$m³

$= 2.9\times11.7\times0.5$m³ $= 16.97$m³(套定额 2 – 6)

(7)花架埋设基础需人工挖土方

工程量 = 基础所占地面积 × 埋设厚度

$= (2.4+0.25\times2)\times(11.2+0.25\times2)\times1$m³

$= 2.9\times11.7\times1$m³ $= 33.93$m³(套定额 1 – 4)

【注释】 人工挖方的长度为$(11.2+0.25\times2)$m,宽度为$(2.4+0.25\times2)$m,埋设厚度为1m。则人工挖土方的工程量可知。

16. F座凳相关工程量计算(如图2-47、图2-57、图2-58所示)

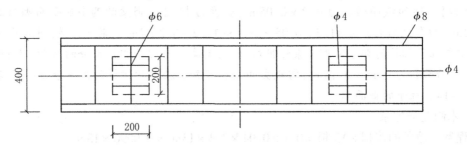

图 2-57 F座凳平面图

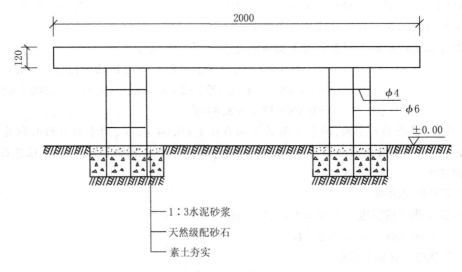

图 2-58 F座凳立面图

说明:1. 所有座凳构件均由现浇钢筋混凝土浇筑而成。

2. 所用的钢筋为预制钢筋。

3. 座凳外表面抹水泥砂浆。

144

如图 2-47 所示共有 5 个座凳。

（1）现浇钢筋混凝土座凳凳面

钢筋混凝土座凳凳面体积 = 凳面面积×凳面浇筑厚度×5 个

$$= 2 \times 0.4 \times 0.12 \times 5 m^3 = 0.48 m^3$$

浇筑时座凳的总占地面积 $= 2 \times 0.4 \times 5 m^2 = 0.8 \times 5 m^2 = 4.00 m^2$

【注释】 座凳的长为 2m，宽为 0.4m，共 5 个座凳。则占地面积为长×宽×个数。

凳面外抹水泥砂浆的工程量 = 凳面的外表面积×5 个

$$= (2 \times 0.4 \times 2 + 2 \times 0.12 \times 2 + 0.4 \times 0.12 \times 2) \times 5 m^2$$

$$= (1.6 + 0.48 + 0.096) \times 5 m^2 = 2.176 \times 5 m^2$$

$$= 10.88 m^2 (套定额 8 - 6)$$

【注释】 除去座凳的底面，其他 5 个面均抹水泥砂浆，上表面的长为 2m，宽为 0.4m，左右两个侧面长 0.4m，宽 0.12m，前后两个侧面长 2m，宽 0.12m。则五个面的面积之和可求得。共 5 个座凳，抹水泥砂浆的工程量可知。

（2）凳腿浇筑时所占地

总面积 $= 0.2 \times 0.2 \times 2 \times 5 m^2 = 0.04 \times 2 \times 5 m^2 = 0.08 \times 5 m^2$

$$= 0.40 m^2$$

【注释】 凳腿长 0.2m，宽 0.2m，共 2 个凳腿，5 个座凳。

式中，2 为每个座凳有 2 个凳腿，5 为共有 5 个座凳，则所有钢筋混凝土的体积 $= 0.2 \times 0.2 \times 0.56 \times 2 \times 5 m^3 = 0.0224 \times 2 \times 5 m^3 = 0.22 m^3$。

其外抹水泥砂浆的工程量 = 凳腿的外表面积×5 个

$$= (0.2 \times 0.2 \times 2 + 0.2 \times 4 \times 0.56) \times 2 \times 5 m^2$$

$$= (0.08 + 0.448) \times 2 \times 5 m^2 = 0.528 \times 2 \times 5 m^2$$

$$= 5.28 m^2 (套定额 8 - 6)$$

（3）因为座凳垫层同 B 主道路，而在前面计算 B 主道路垫层时，已经全部包括在内计算出来，所以这里不再计算垫层工程量。

（4）所有不同规格的预制钢筋工程量计算有如下公式：

$$G = Lr$$

$r_{\phi4} = 0.099 kg/m, r_{\phi6} = 0.222 kg/m, r_{\phi8} = 0.395 kg/m$

则 $G_{\phi4} = [(0.3 \times 9 + 0.2 \times 8) \times 0.099/1000] \times 5 t = (4.3 \times 0.099/1000) \times 5 t$

$$= 0.0004257 \times 5 t = 0.0021 t = 2.1 \times 10^{-3} t (套定额 9 - 33)$$

$G_{\phi6} = [(0.4 \times 4) \times 0.222/1000] \times 5 t = (1.6 \times 0.222/1000) \times 5 t$

$$= 0.0003552 \times 5 t = 0.0018 t = 1.8 \times 10^{-3} t (套定额 9 - 33)$$

$G_{\phi8} = [(2 \times 2) \times 0.395/1000] \times 5 t = (4 \times 0.395/1000) \times 5 t$

$$= 0.00158 \times 5 t = 0.0079 t = 7.9 \times 10^{-3} t (套定额 9 - 33)$$

17. G 宣传栏相关工程量计算（如图 2-47、图 2-59、图 2-60 所示）

如图 2-47 所示，共有 2 个宣传栏。

（1）木顶板

工程量 = 木顶板长×宽×厚度×2 $= 4.2 \times 1 \times 0.02 \times 2 m^3$

$$= 0.084 \times 2 m^3 = 0.17 m^3$$

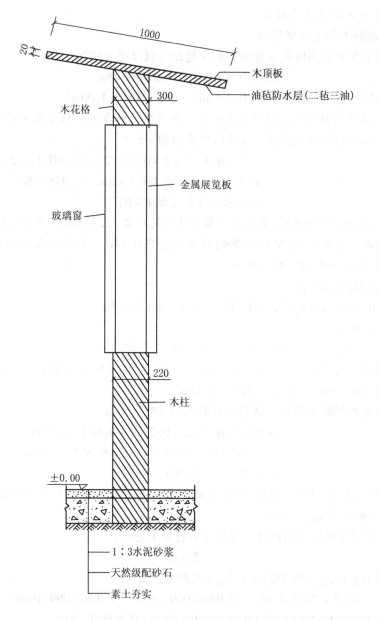

图 2-59　G 宣传栏剖面图

【注释】　木顶板的长为 4.2m,宽为 1m,厚度为 0.02m,共 2 个。

(2)木顶板下设置的油毡防水层

工程量 = 木顶板下表面面积 ×2 个 = 4.2 ×1 ×2m^2

$\qquad$ = 8.40m^2 = 0.84(10m^2)(套定额 8 – 34)

【注释】　木顶板长 4.2m,宽 1m。则下表面面积可知。油毡防水层 2 层。

(3)木顶板外涂防护油漆

工程量 = 木顶板外表面面积 ×2 个

$\qquad$ = (4.2 ×1 ×2 +1 ×0.02 ×2 +4.2 ×0.02 ×2) ×2m^2

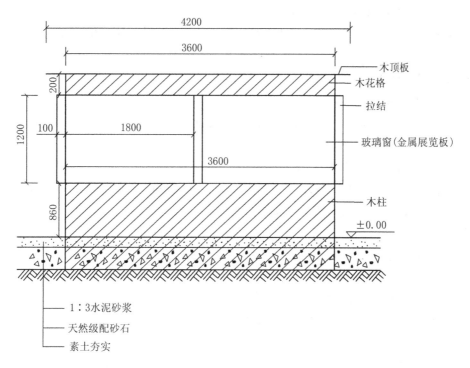

图 2-60　G 宣传栏立面图

说明:1. G 宣传栏的基础垫层同 B 主道路。

2. 所有木制构件的外表面涂防护油漆。

3. 金属展览板 0.65kg/m²

$$= (8.4 + 0.04 + 0.168) \times 2 \text{m}^2 = 8.61 \times 2 \text{m}^2 = 17.22 \text{m}^2$$

【注释】　木顶板 6 个面,上下两个面的长为 4.2m,宽为 1m,左右两个面的长为 1m,宽为 0.02m,前后两个面的长为 4.2m,宽为 0.02m。则 6 个面的面积可求得。共 2 个宣传栏。

(4)木花格

工程量 = 木花格长 × 宽 × 厚 × 2 个 = $3.6 \times 0.3 \times 0.2 \times 2 \text{m}^3 = 0.216 \times 2 \text{m}^3$

$$= 0.43 \text{m}^3$$

【注释】　木花格的长为 3.6m,宽为 0.3m,厚度为 0.2m。则体积可知。共 2 个。

木花格外涂防护油漆工程量 = 木花格外表面积 × 2 个

$$= (3.6 \times 0.2 \times 2 + 0.3 \times 0.2 \times 2) \times 2 \text{m}^2$$

$$= (0.72 \times 2 + 0.06 \times 2) \times 2 \text{m}^2$$

$$= (1.44 + 0.12) \times 2 \text{m}^2$$

$$= 1.56 \times 2 \text{m}^2 = 3.12 \text{m}^2$$

【注释】　木花格外表面 4 个面,左右两个面的长为 0.3m,宽为 0.2m,前后两个面的长为 3.6m,宽为 0.2m。则 4 个面的面积可知。共 2 个宣传栏。

(5)木柱

工程量 = 木柱长 × 宽 × 厚 × 2 个 = $3.6 \times 0.22 \times 0.86 \times 2 \text{m}^3$

147

$$= 0.68112 \times 2m^3 = 1.36m^3$$

【注释】　木柱的长为3.6m,宽为0.22m,高为0.86m。则木柱的体积可得。共两个宣传栏,故有2个木柱。

(6)木柱外涂防护油漆:

工程量 = 木柱外表面积 ×2 个
$$= (3.6 \times 0.86 \times 2 + 0.86 \times 0.22 \times 2) \times 2m^2$$
$$= (3.096 \times 2 + 0.1892 \times 2) \times 2m^2$$
$$= (6.192 + 0.3784) \times 2m^2 = 6.570 \times 2m^2 = 13.14m^2$$

【注释】　木柱外表面共4个面,左右两个面的长为0.86m,宽为0.22m,前后两个面的长为3.6m,宽为0.22m。则4个面的面积可求得。共2个木柱。

(7)金属展览板

面积 = 展览板的长 × 宽 ×2 个 = 3.6 × 1.2 × 2m² = 8.64m²

【注释】　金属展览板的长为3.6m,宽为1.2m。共2个。则其面积可知。

已知金属展览板质量0.65kg/m²。

则该板质量 = 8.64 × 0.65/1000t = 0.00562t = 5.62 × 10⁻³t。

(8)玻璃窗

玻璃面积 = 玻璃长 × 宽 ×2(每个宣传栏2块)×2 个(共2个宣传栏)
$$= 1.8 \times 1.2 \times 2 \times 2m^2 = 2.16 \times 2 \times 2m^2 = 8.64m^2$$

【注释】　玻璃窗的长为1.8m,宽为1.2m,一个宣传栏共2个玻璃窗,共2个宣传栏。

(9)宣传栏拉结

所占面板 = 拉结长 × 宽 ×3(每个宣传栏3个)×2 个(共2个宣传栏)
$$= 1.2 \times 0.1 \times 3 \times 2m^2 = 0.12 \times 3 \times 2m^2 = 0.72m^2$$

【注释】　拉结长为1.2m,面板宽为0.1m,一个宣传栏上共3条。有两个宣传栏。

(10)因为G宣传栏的基础垫层同B主道路的,其垫层工程量在B主道路中已包含计算出来,故这里不再计算。

18.H标志牌相关工程量计算(如图2-47、图2-61、图2-62所示)

已知该小游园设置有1个标志牌,上刻有5个石镌字(阴文)。

(1)石镌字

所占面积 = 每个石镌字长 × 宽 ×5 个
$$= 0.2 \times 0.2 \times 5m^2 = 0.04 \times 5m^2 = 0.20m^2$$

(2)大理石石板

工程量 = 石板长 × 宽 × 高度(石镌字为刻上去的,计算时不用减去其所占体积)
$$= 0.52 \times 0.29 \times 2m^3 = 0.30m^3$$

【注释】　石板的长度为0.52m,厚度为0.29m,高度为2m。

(3)3:7灰土垫层

工程量 = 铺设垫层长 × 宽 × 铺设厚度
$$= 0.72 \times 0.48 \times 0.2m^3 = 0.07m^3(套定额2-1)$$

148

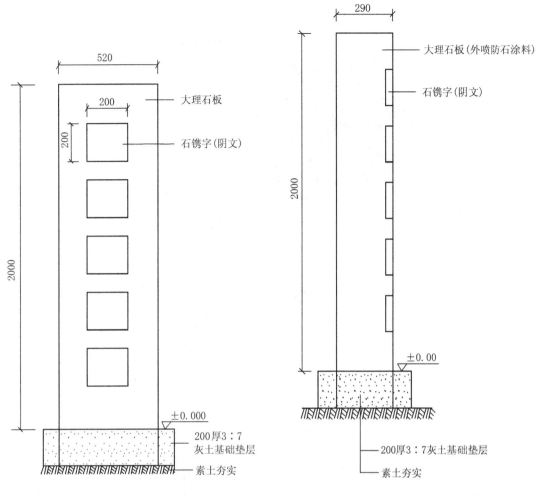

图 2-61　H 标志牌立面图　　　　图 2-62　H 标志牌侧立面图

【注释】　石板底部有 0.2m 厚的灰土垫层。垫层长度为 0.72m,宽度为 0.48m。则垫层工程量可求。

(4)标志牌埋设基础需人工挖土方的工程量等于3:7灰土垫层的工程量,为0.07m³(套定额1-4)。

19.I六角亭相关工程量计算(如图2-47、图2-63、图2-64所示)

(1)亭子梁

工程量 = 木横梁的体积 + 木斜梁的体积

$$= \left[3.14 \times \left(\frac{0.15}{2}\right)^2 \times 2 \times \underset{(a)}{6} + 3.14 \times \left(\frac{0.15}{2}\right)^2 \times 1.52 \times \underset{(b)}{6}\right] m^3$$

$$= (0.0353 \times 6 + 0.0268 \times 6) m^3 = (0.2118 + 0.1608) m^3$$

$$= 0.37 m^3 (套定额 10-2)$$

【注释】　木横梁直径为 0.15m,长度为 2m,木斜梁直径为 0.15m,长度为 1.52m,木横梁有 6 根,木斜梁有 6 根。则木横梁的体积为梁面积×长度×6 根,长度为 2m。木斜梁的体积为梁面积×长度×6 根,长度为 1.52m。式中 6(a)表示木横梁共有 6 根,6(b)表示木斜梁也

149

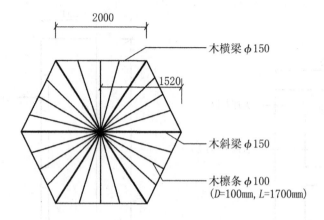

图 2-63　Ⅰ六角亭平面图

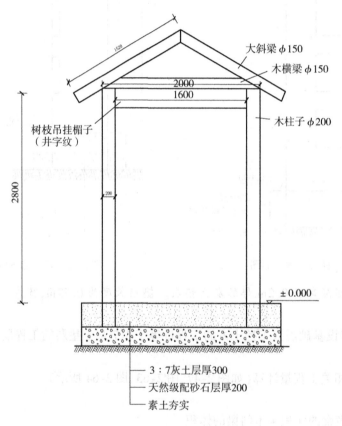

图 2-64　Ⅰ六角亭立面图

共有 6 根,2 表示木横梁长度,1.52 表示木斜梁长度。

（2）亭子柱工

程量 = 一根柱子的体积 ×6 根

$$= 3.14 \times \left(\frac{0.2}{2}\right)^2 \times 2.8 \times 6 \mathrm{m}^3 = 0.08792 \times 6 \mathrm{m}^3$$

$$= 0.53 \mathrm{m}^3 (套定额 10 - 1)$$

【注释】 亭中柱子的高度为2.8m,柱子为圆柱,直径为0.2m。则柱子的体积为圆面积×高度2.8m×6根。

（3）井字纹树枝吊挂楣子

工程量 = 吊挂楣子图示长度×宽度×6 面

$$= 1.6 \times 0.2 \times 6 \text{m}^2 = 0.32 \times 6 \text{m}^2 = 1.92 \text{m}^2$$

【注释】 吊挂楣子的长为1.6m,楣子的宽度为0.2m,共6个面。

（4）亭子木檩条

工程量 = 檩条的断面面积×长度×18 根

$$= 3.14 \times \left(\frac{0.1}{2}\right)^2 \times 1.7 \times 18 \text{m}^3$$

$$= 0.013345 \times 18 \text{m}^3 = 0.24 \text{m}^3 (套定额 10 - 3)$$

【注释】 亭子木檩条的直径为0.1m,长度为1.7m。则一根木檩条的体积可知为圆面积×长度,长度为1.7m。共18 根。

（5）亭子 3:7 灰土垫层

工程量 = 垫层铺设面积×厚度

$$= \frac{\sqrt{3}}{2} \times 2.4^2 \times 3 \times 0.3 \text{m}^3 = 14.96 \times 0.3 \text{m}^3$$

$$= 4.49 \text{m}^3 (套定额 2 - 1)$$

【注释】 式中, $\frac{\sqrt{3}}{2} \times 2.4^2 \times 3$ 为所铺设正六边形 3:7 灰土垫层的面积,0.3m 为厚度。

（6）天然级配砂石

工程量 = 垫层铺设面积×厚度 $= \frac{\sqrt{3}}{2} \times 2.4^2 \times 3 \times 0.2 \text{m}^3$

$$= 14.96 \times 0.2 \text{m}^3 = 2.99 \text{m}^3 (套定额 2 - 4)$$

（7）亭子埋设基础需人工挖土方

工程量 = 基础铺设底面积×埋设深度

$$= \frac{\sqrt{3}}{2} \times 2.4^2 \times 3 \times (0.3 + 0.2) \text{m}^3$$

$$= 14.96 \times 0.5 \text{m}^3 = 7.48 \text{m}^3 (套定额 1 - 4)$$

说明:正六边形面积计算公式:

$$S = \frac{3\sqrt{3}}{2}l^2$$

式中 S——为正六边形面积(m^2);

l——为正六边形边长(m)。

20. J假山相关工程量计算（如图 2-47、图 2-65、图 2-66 所示）

如图 2-65、图 2-66 所示,可知假山采用湖石堆砌而成。

（1）则堆砌假山所用湖石的体积:

湖石体积 = 图示假山水平投影外接矩形面积×假山垂直高度的1/3

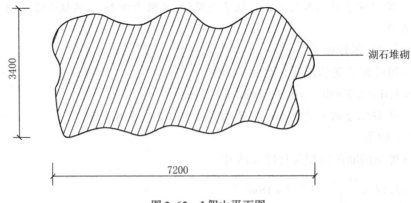

图 2-65　J假山平面图

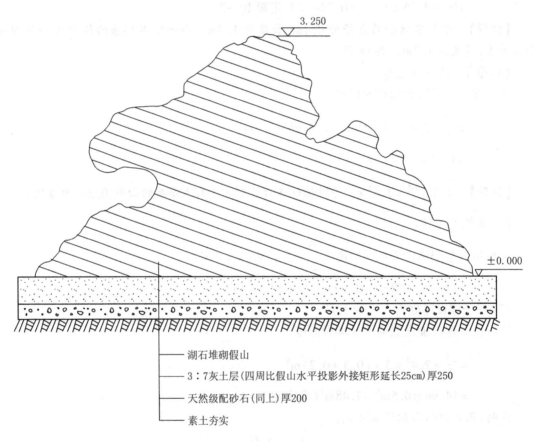

图 2-66　J假山立面图

$$= 7.2 \times 3.4 \times 3.25 \times 1/3 \mathrm{m}^3$$
$$= 24.48 \times 1.083 \mathrm{m}^3 = 26.52 \mathrm{m}^3$$

（2）所用湖石的工程量：

高度在4m以内 $K_n = 0.56$，高度在4m以外 $K_n = 0.55$。因为假山堆塑高度为3.25m，则 K_n 取 0.56。

$$W = 7.2 \times 3.4 \times 3.25 \times 2.2 \times 0.56 \mathrm{t} = 98.018 \mathrm{t} = 9.802(10\mathrm{t})（套定额6-2）$$

152

（3）假山铺垫 3:7 灰土垫层

工程量 = 垫层铺设长×宽×厚度

$$= (7.2 + 0.25 \times 2) \times (3.4 + 0.25 \times 2) \times 0.25 m^3$$

$$= 7.7 \times 3.9 \times 0.25 m^3 = 7.51 m^3 （套定额 2 - 1）$$

【注释】 图 2-66 中给出灰土层四周比假山水平投影外接矩形延长 25cm。所以，垫层铺设长两端各加 0.25m。

（4）假山铺垫的天然级配砂石

工程量 = 垫层所铺设底面积（长×宽）×铺垫厚度

$$= (7.2 + 0.25 \times 2) \times (3.4 + 0.25 \times 2) \times 0.2 m^3$$

$$= 7.7 \times 3.9 \times 0.2 m^3 = 6.00 m^3 （套定额 2 - 4）$$

（5）埋设基础需人工挖土方

工程量 = 基础铺设底面积（长×宽）×埋设深度

$$= (7.2 + 0.25 \times 2) \times (3.4 + 0.25 \times 2) \times (0.25 + 0.2) m^3$$

$$= 7.7 \times 3.9 \times 0.45 m^3 = 13.51 m^3 （套定额 1 - 4）$$

【注释】 基础埋设的底面长为（7.2 + 0.25 × 2）m，宽度为（3.4 + 0.25 × 2）m。其中 0.25m 为四周比假山外接矩形延长的 25cm。埋设深度为（0.25 + 0.2）m，0.25m 为灰土层厚度，0.2m 为天然级配砂石厚度。

21. K 园灯相关工程量计算（如图 2-47、图 2-67、图 2-68 所示）

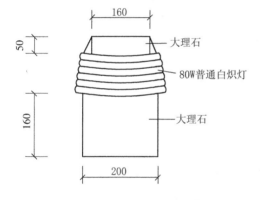

图 2-67　K 园灯立面图

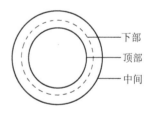

图 2-68　K 园灯平面图

根据图 2-47 可知，小游园内中设置有 124 个园灯。

（1）园灯下部所用大理石

工程量 = 底面积×高度×124 个

$$= 3.14 \times \left(\frac{0.2}{2}\right)^2 \times 0.16 \times 124 m^3 = 0.005024 \times 124 m^3$$

$$= 0.62 m^3 （套定额 4 - 20）$$

（2）园灯上部所用大理石

工程量 = 底面面积×高度×124 个

$$= 3.14 \times \left(\frac{0.16}{2}\right)^2 \times 0.05 \times 124 m^3 = 0.0010048 \times 124 m^3$$

$= 0.12 \mathrm{m}^3 (套定额 4-36)$

（3）园灯用大理石

总工程量 $= (0.62 + 0.12) \mathrm{m}^3 = 0.74 \mathrm{m}^3$。

（4）估算园灯用电总量有如下公式：

$$S = K_c \sum P / (\eta \times \cos\phi)$$

式中 S——用电容量（kVA）；

$\sum P$——各灯具上的额定功率的总和（kW）；

η——灯具的平均效率，一般可取 0.86；

$\cos\phi$——灯具的功率因素，可查表 3-46；

K_c——各类灯具的需要系数，估算时一般可取 0.70。

已知所用灯具为 80W 的普通白炽灯，共有 124 个这类灯泡，可知为白炽灯 $\cos\phi = 1$。

则 $S = 0.7 \times (80 \times 124 / 1000) / (0.86 \times 1) \mathrm{kVA}$

$= 0.7 \times 9.92 / 0.86 \mathrm{kVA} = 8.07 \mathrm{kVA}$

然后根据估算出来的总用电量，选择一个相应容量的配电变压器，因为仅用于园子的照明，配电变压器选择型号为 SJ-10/6 的就可以。

22. L 小广场相关工程量计算（如图 2-47、图 2-69 所示）

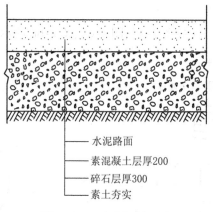

水泥路面
素混凝土层厚200
碎石层厚300
素土夯实

图 2-69 L 小广场剖面图

（1）根据图 2-47 计算小广场的占地面积，以其外接圆的面积进行估算，外接圆的直径为 8m，则其面积 $= 3.14 \times \left(\dfrac{8}{2} \right)^2 \mathrm{m}^2 = 50.24 \mathrm{m}^2 (套定额 2-8)$

（2）小广场水泥路面的工程量即为小广场的面积，为 $50.24 \mathrm{m}^2$。

（3）小广场铺垫的素混凝土垫层

工程量 $= 小广场面积 \times 铺垫厚度 = 50.24 \times 0.2 \mathrm{m}^3 = 10.05 \mathrm{m}^3 (套定额 2-5)$

（4）小广场铺垫的碎石层

工程量 $= 小广场面积 \times 铺垫厚度 = 50.24 \times 0.3 \mathrm{m}^3 = 15.07 \mathrm{m}^3 (套定额 2-8)$

23. M 蘑菇亭的相关工程量计算（如图 2-47、图 2-70、图 2-71 所示）

（1）一号蘑菇亭亭顶所用混凝土

工程量 $= \dfrac{4 \times 3.14}{3} \times \left(\dfrac{5.6}{2} \right)^3 \times \dfrac{1}{2} \mathrm{m}^3 = 45.95 \mathrm{m}^3 (套定额 9-23)$

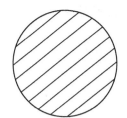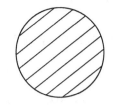

图 2-70　M 蘑菇亭平面图

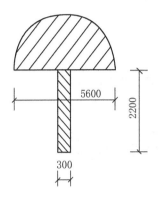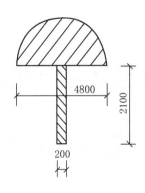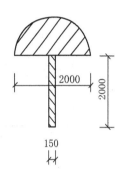

图 2-71　M 蘑菇亭立面图

【注释】　球的体积为 $4/3\pi R^3$，1 号蘑菇亭的直径为 5.6m。则蘑菇亭亭顶为球体积的 1/2，工程量可求得。

一号蘑菇亭柱子工程量 = 柱子的底面面积 × 高度

$$= 3.14 \times \left(\frac{0.3}{2}\right)^2 \times 2.2\text{m}^3$$

$$= 0.16\text{m}^3（套定额 9-25）$$

【注释】　柱子高度为 2.2m，柱子直径为 0.3m。则柱子的体积为圆面积 × 高度。

(2) 二号蘑菇亭亭顶所用混凝土

工程量 $= \dfrac{4\pi R^3}{3} \times \dfrac{1}{2} = \dfrac{4 \times 3.14 \times \left(\frac{4.8}{2}\right)^3}{3} \times \dfrac{1}{2}\text{m}^3 = 28.94\text{m}^3（套定额 9-23）$

【注释】　2 号蘑菇亭的直径为 4.8m，求其球体积的一半可得。

二号蘑菇亭柱子所用混凝土工程量 = 柱子底面面积 × 柱子高度

$$= 3.14 \times \left(\frac{0.2}{2}\right)^2 \times 2.1\text{m}^3$$

$$= 0.07\text{m}^3（套定额 9-25）$$

【注释】　柱子高度为 2.1m，柱子底面直径为 0.2m。

(3) 三号蘑菇亭亭顶所用混凝土

工程量 $= \dfrac{4\pi R^3}{3} \times \dfrac{1}{2} = \dfrac{4 \times 3.14 \times \left(\frac{2}{2}\right)^3}{3} \times \dfrac{1}{2}\text{m}^3 = 2.09\text{m}^3（套定额 9-23）$

【注释】 3号蘑菇亭的直径为2m。则求其球体积的一半,可得蘑菇亭亭顶的混凝土工程量。

三号蘑菇亭柱子所用混凝土工程量 = 柱子底面面积 × 柱子高度

$$= 3.14 \times \left(\frac{0.15}{2}\right)^2 \times 2\text{m}^3$$

$$= 0.04\text{m}^3(套定额9-25)$$

【注释】 柱子高度为2m,底面直径为0.15m。

24. N园桥相关工程量计算(如图2-47、图2-72、图2-73所示)

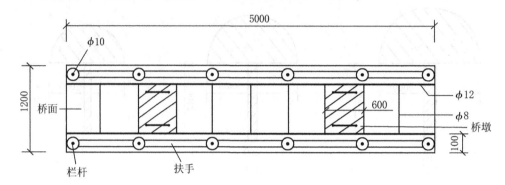

图 2-72　N园桥平面图

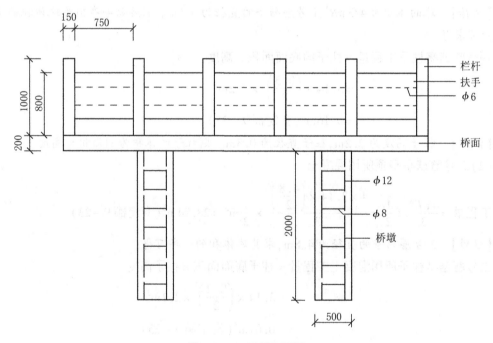

图 2-73　N园桥立面图

说明:1.N园桥构件由现浇钢筋混凝土浇筑。

2.钢筋均为预制钢筋。

3.N园桥基础同O人工湖。

已知园桥构件为现浇钢筋混凝土,所用钢筋均为预制好的不同规格钢筋。

(1)园桥栏杆所用钢筋混凝土

体积 = 栏杆断面面积 × 高度 × 12 根(如图 2-72 所示,共有 12 根栏杆)

$$= 3.14 \times \left(\frac{0.15}{2}\right)^2 \times 1 \times 12\text{m}^3 = 0.0177 \times 12\text{m}^3$$

$$= 0.21\text{m}^3(\text{制作套定额 } 7-66,\text{安装套定额 } 7-69)$$

式中,1m 为 1 根栏杆的长度,则栏杆总长度 = 1 × 12m = 12m。

(2)园桥扶手每块长度均相等,为 0.75m,则

总长度 = 一块长度 × 10 块 = 0.75 × 10m = 7.50m。

制作扶手所用钢筋混凝土体积 = 扶手长 × 宽 × 厚度 × 10 块

$$= 0.75 \times 0.8 \times 0.1 \times 10\text{m}^3 = 0.06 \times 10\text{m}^3$$

$$= 0.60\text{m}^3(\text{制作套定额 } 7-61,\text{安装套定额 } 7-63)$$

(3)桥面

面积 = 桥面图示长 × 宽 = 5 × 1.2m² = 6.00m²

桥面所用混凝土体积 = 桥面面积 × 桥面厚度 = 6 × 0.2m³ = 1.20m³(套定额 7-16)

(4)桥墩

工程量 = 桥墩底面面积 × 高度 × 2 个

$$= 0.6 \times 0.5 \times 2 \times 2\text{m}^3 = 0.6 \times 2\text{m}^3 = 1.20\text{m}^3(\text{套定额 } 7-16)$$

(5)计算园桥所用不同规格预制钢筋的工程量有如下公式:

$$G = Lr$$

式中　G——某种规格钢筋总质量(t);

　　　L——某种规格钢筋总长度(m);

　　　r——某种规格钢筋单位质量(kg/m)。

$r_{\phi 6} = 0.222\text{kg/m}; r_{\phi 8} = 0.395\text{kg/m}, r_{\phi 10} = 0.617\text{kg/m}; r_{\phi 12} = 0.888\text{kg/m}$

则　$G_{\phi 6} = (0.75 \times 20) \times 0.222/1000\text{t} = 15 \times 0.222/1000\text{t}$

$$= 3.330 \times 10^{-3}\text{t}(\text{套定额 } 9-33)$$

$G_{\phi 8} = (0.6 \times 9 + 0.3 \times 14 \times 2) \times 0.395/1000\text{t} = (5.4 + 8.4) \times 0.395/1000\text{t}$

$$= 13.8 \times 0.395/1000\text{t} = 5.451 \times 10^{-3}\text{t}(\text{套定额 } 9-33)$$

式中,0.6 为桥面 $\phi 8$ 钢筋一根长度,共有 9 根;0.3 为桥墩所用 $\phi 8$ 的钢筋一根长度,一个桥墩用 14 根,共有 2 个桥墩。

$G_{\phi 10} = 1 \times 12 \times 0.617/1000\text{t} = 12 \times 0.617/1000\text{t} = 7.404 \times 10^{-3}\text{t}(\text{套定额 } 9-33)$

$G_{\phi 12} = 6 \times 2 \times 0.888/1000\text{t} = 12 \times 0.888/1000\text{t} = 10.656 \times 10^{-3}\text{t}(\text{套定额 } 9-34)$

(6)因为园桥铺垫基础同人工湖,故这里不再计算,而在人工湖计算中一起计算。

25.0 人工湖相关工程量计算(如图 2-47、图 2-74 所示)

(1)如图 2-47 所示,以人工湖外接矩形面积估算人工湖面积 = 15.4 × 7.4m² = 113.96m²。

(2)人工湖水池各结构层工程量计算:

1:1 水泥抹面工程量 = $[\underset{(a)}{(15.4 \times 2)} \times 2 + \underset{(b)}{(7.4 \times 2)} \times 2 + 15.4 \times 7.4]\text{m}^2$

$$= (30.8 \times 2 + 14.8 \times 2 + 113.96)\text{m}^2$$

$$= (61.6 + 29.6 + 113.96)\text{m}^2 = 205.16\text{m}^2(\text{套定额 } 8-6)$$

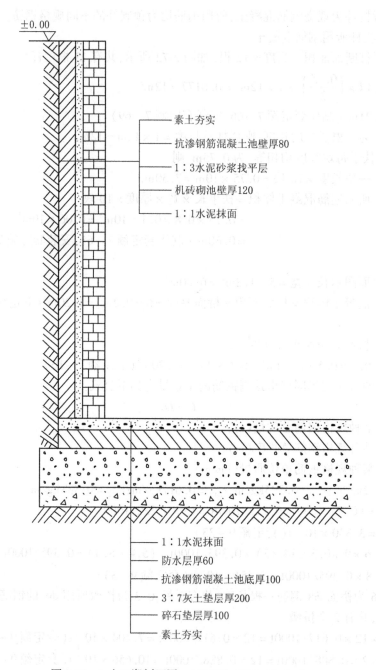

素土夯实

抗渗钢筋混凝土池壁厚80

1：3水泥砂浆找平层

机砖砌池壁厚120

1：1水泥抹面

1：1水泥抹面

防水层厚60

抗渗钢筋混凝土池底厚100

3：7灰土垫层厚200

碎石垫层厚100

素土夯实

图2-74 O人工湖剖面图 $(15400 \times 7400, H=2\mathrm{m})$

式中2(a)为水池深度,2(b)为两相同的对面。

【注释】 水泥抹面分五个面,湖四周四个面和一个底面,长15.4m,宽7.4m,水池深度为2m。则两个侧面面积为长×深=$15.4 \times 2\mathrm{m}^2$,两个面。两个侧面为长7.4m,深2m,两个面。底面长17.4m,宽7.4m,面积可求。则5个面的面积之和即为水泥抹面的工程量。

机砖砌筑池壁工程量=砌筑面积×砌筑厚度

$$=\left[(15.4 \times 2 \times 0.12) \times 2+(7.4 \times 2 \times 0.12) \times 2\right]\mathrm{m}^3$$

158

$$= (3.696 \times 2 + 1.776 \times 2)m^3 = 7.392 + 3.552m^3$$
$$= 10.94m^3(套定额4-11)$$

【注释】 砌筑长度为15.4m,高度为2m,厚度为0.12m,共2道。砌筑长度为7.4m,高度为2m,厚度为0.12m,共2道。则砌筑体积可知。

1:3水泥砂浆找平层的工程量=1:3水泥砂浆抹面的各面面积之和,与前面1:1水泥抹面的工程量相同为205.16m²(套定额8-38)。

抗渗钢筋混凝土池壁工程量=其各面所用的体积之和
$$= \left[(15.4 \times 2 \times 0.08) \times 2 + (7.4 \times 2 \times 0.08) \times 2\right]m^3$$
$$= (2.464 \times 2 + 1.184 \times 2)m^3 = 4.928 + 2.368m^3$$
$$= 7.30m^3(套定额4-3)$$

【注释】 抗渗混凝土池壁厚0.08m,长15.4m,高2m,厚0.08m,共2道。长7.4m,高2m,厚0.08m,共2道,则体积可知。抗渗混凝土的工程量为两者的体积之和。

池底防水层工程量=防水层面积×厚度=15.4×7.4×0.06m³=6.84m³

池底抗渗钢筋混凝土层工程量=池底抗渗钢筋混凝土层面积×厚度
$$= 15.4 \times 7.4 \times 0.1m^3 = 11.40m^3(套定额4-1)$$

水池铺垫3:7灰土垫层工程量=垫层铺垫面积×铺垫的厚度
$$= (15.4 + 0.1 \times 2) \times (7.4 + 0.1 \times 2) \times 0.2m^3$$
$$= 15.6 \times 7.6 \times 0.2m^3 = 23.71m^3(套定额2-11)$$

水池铺垫碎石垫层工程量=铺设面积×厚度
$$= (15.4 + 0.1 \times 2) \times (7.4 + 0.1 \times 2) \times 0.1m^3$$
$$= 15.6 \times 7.6 \times 0.1m^3 = 11.86m^3(套定额2-8)$$

(3)该人工湖需人工挖土方工程量=水池基础占地面积×深度
$$= (15.4 + 0.1 \times 2) \times (7.4 + 0.1 \times 2) \times 2.46m^3$$
$$= 15.6 \times 7.6 \times 2.46m^3 = 291.66m^3(套定额1-4)$$

【注释】 水池基础垫层为水池长度延长0.1m,宽度延长0.1m。则垫层的长为(15.4+0.1×2)m,宽度为(7.4+0.1×2)m,则垫层面积可知。水池深度为2m,底部所有结构层的厚度之和为0.46m,则挖土深度为2.46m。

26.P踏步相关工程量计算(如图2-47、图2-75、图2-76所示)

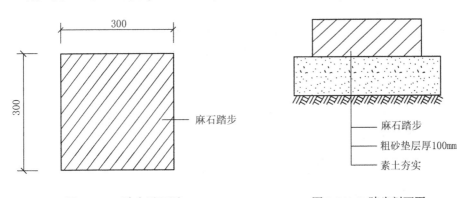

图2-75 P踏步平面图   图2-76 P踏步剖面图

根据图 2-47 所示麻石踏步共有 12 块。

(1)麻石踏步

占地面积 = 踏面长 × 宽 × 12 块

$= 0.3 \times 0.3 \times 12 m^2 = 0.09 \times 12 m^2 = 1.08 m^2$

(2)所用麻石

工程量 = 踏面长 × 宽 × 踏步石厚度 × 12 块

$= 0.3 \times 0.3 \times 0.1 \times 12 m^3 = 0.009 \times 12 m^3 = 0.11 m^3$

(3)踏步所铺设粗砂垫层

工程量 = 垫层铺设面积 × 铺设厚度 × 12 块

$= 0.4 \times 0.4 \times 0.1 \times 12 m^3 = 0.016 \times 12 m^3$

$= 0.19 m^3$(套定额 2 – 3)

二、清单工程量

(1)项目编码:050101010　　　项目名称:整理绿化用地

工程量计算规则:按设计图示尺寸以面积计算。

该小游园人工整理绿化用地工程量为 $1230.04 m^2$,计算方法同定额工程量计算。

(2)项目编码:050102001　　　项目名称:栽植乔木

工程量计算规则:按设计图示数量计算。

香樟——6 株	紫薇——11 株	广玉兰——6 株
合欢——2 株	紫叶李——18 株	深山含笑——11 株
龙爪槐——9 株	红枫——8 株	柳树——11 株
桂花——15 株	水杉——11 株	樱花——10 株

(3)项目编码:050102003　　　项目名称:栽植竹类

工程量计算规则:按设计图示数量计算。

竹子——86 株丛

(4)项目编码:050102004　　　项目名称:栽植棕榈类

工程量计算规则:按设计图示数量计算。

| 棕榈——9 株 | 凤尾兰——16 株 | 鱼尾葵——8 株 |

(5)项目编码:050102002　　　项目名称:栽植灌木

工程量计算规则:按设计图示数量计算。

| 杜鹃——72 株 | 迎春——2 大株丛 | 贴梗海棠——22 株 |

(6)项目编码:050102006　　　项目名称:栽植攀缘植物

工程量计算规则:按设计图示数量计算。

凌霄——26 株

(7)项目编码:050102007　　　项目名称:栽植色带

工程量计算规则:按设计图示尺寸以面积计算。

兰——$3.12 m^2$,清单工程量同定额工程量计算。

(8)项目编码:050102008　　　项目名称:栽植花卉

工程量计算规则:按设计图示数量计算。

微型月季——27 株

160

(9)项目编码:050102009　　　项目名称:栽植水生植物

工程量计算规则:按设计图示数量计算。

睡莲——42 株

(10)项目编码:050102013　　　项目名称:喷播植草

工程量计算规则:按设计图示尺寸以面积计算。

细叶结缕草——779.72m²,清单工程量同定额工程量计算。

(11)A 喷泉相关清单工程量计算:

项目编码:050306001　　　项目名称:喷泉管道

工程量计算规则:按设计图示尺寸以长度计算。

喷泉管道均为螺纹连接的焊接钢管,其清单工程量同定额工程量,DN60 的主输水管长 9.40m;DN40 的分水管长 47.68m;DN50 的泄水管长 7.60m;DN50 的溢水管长 7.70m。

(12)B 主道路相关清单工程量计算:

1)项目编码:050201001　　　项目名称:园路

工程量计算规则:按设计图示尺寸以面积计算,不包括路牙。

B 主道路路面用水磨石铺设,其清单工程量同定额工程量计算为 181.02m²。

2)项目编码:050201003　　　项目名称:路牙铺设

工程量计算规则:按设计图示尺寸以长度计算。

B 主道路采用机砖铺设路牙,如图 2-50、图 2-51 所示,其清单工程量同定额工程量计算为 54.12m。

(13)C 小园路相关清单工程量计算:

项目编码:050201001　　　项目名称:园路

工程量计算规则:按设计图示尺寸以面积计算,不包括路牙。

C 小园路采用水泥方格砖铺设路面,其总面积为 42.56m²,其中 C_1 小园路为 20.64m²,C_2 小园路为 7.12m²,C_3 小园路为 7.60m²,C_4 小园路为 7.20m²,计算方法同定额工程量计算。

(14)D 小园路相关清单工程量计算:

项目编码:050201001　　　项目名称:园路

工程量计算规则:按设计图示尺寸以面积计算,不包括路牙。

D 小园路路面用卵石铺设,其总面积为 40.04m²,其中 D_1 小园路为 2.64m²,D_2 小园路为 37.40m²,计算方法同定额工程量计算。

(15)E 花架相关清单工程量计算:

项目编码:050304004　　　项目名称:木花架柱、梁

工程量计算规则:按设计图示截面乘长度(包括榫长)以体积计算。

已知 E 花架为木制花架,其木制花架柱的总体积为 1.26m³,木制花架梁的总体积为 0.22m³,计算方法同定额工程量计算。

(16)F 座凳相关工程量计算:

项目编码:050305004　　　项目名称:现浇混凝土桌凳

工程量计算规则:按设计图示数量计算。

根据图 2-57 所示,可知其清单工程量为 5 个。

(17)G 宣传栏相关清单工程量计算:

项目编码:050307009   项目名称:标志牌

工程量计算规则:按设计图示数量计算。

根据图 2-47 所示,可知小游园中共设置了 2 个相同类型的宣传栏。

(18)H 标志牌相关清单工程量计算:

1)项目编码:050307009   项目名称:标志牌

工程量计算规则:按设计图示数量计算。

根据图 2-47 所示,小游园中共有 1 个标志牌。

2)项目编码:020207002   项目名称:石板镌字

工程量计算规则:按设计图示数量计算。

根据图 2-61、图 2-62 所示,标志牌上有 5 个石镌字(阴文)。

(19)I 六角亭相关清单工程量计算:

1)项目编码:050302001   项目名称:原木(带树皮)柱、梁、檩、椽

工程量计算规则:按设计图示尺寸以长度计算(包括榫长)。

亭子梁分为横梁和斜梁,则横梁长度 = 一根长 2m × 6 根 = 12.00m,斜梁长度 = 一根长 1.52m × 6 根 = 9.12m,如图 2-63、图 2-64 所示。

亭子柱的长度 = 2.8(一根的长度) × 6(共有 6 根)m = 16.80m,如图 2-63、图 2-64 所示。

亭子檩长总长度 = 1.7(一根的长度) × 18(共有 18 根)m = 30.60m,根据图 2-63、图 2-64 所示。

2)项目编码:050302003   项目名称:树枝吊挂楣子

工程量计算规则:按设计图示尺寸以框外围面积计算。

亭子的井字纹树枝吊挂楣子清单工程量同定额工程量,为 1.92m²。

(20)J 假山相关清单工程量计算:

项目编码:050301002   项目名称:堆砌石假山

工程量计算规则:按设计图示尺寸以质量计算。

已知假山由湖石堆砌而成,其质量为 98.018t,计算方法同定额工程量计算。

(21)K 园灯相关清单工程量计算:

项目编码:050307001   项目名称:石灯

工程量计算规则:按设计图示数量计算。

根据图 2-47 所示,可知小游园中共有 124 个园灯。

(22)L 小广场相关清单工程量计算:

项目编码:050101010   项目名称:整理绿化用地

工程量计算规则:按设计图示尺寸以面积计算。

该小广场面积为 50.24m²,计算方法同定额工程量计算。

(23)M 蘑菇亭相关清单工程量计算:

项目编码:050303005   项目名称:预制混凝土穹顶

工程量计算规则:按设计图示尺寸以体积计算。

一号蘑菇亭其清单工程量为 45.95m³,二号蘑菇亭清单工程量为 28.94m³,三号蘑菇亭清单工程量为 2.09m³,计算方法同定额工程量计算。

(24)N 园桥相关清单工程量计算:

项目编码:020405002   项目名称:古式栏杆

工程量计算规则:按设计图示尺寸以长度计算。

根据图 2-72、图 2-73 所示,栏杆的总长度 = 1(1 根的长度)×12(共 12 根)m = 12.00m。

扶手的总长度 = 0.75(每块长度)×10(共 10 块)m = 7.50m

(25)P 踏步相关清单工程量计算:

项目编码:050201001   项目名称:园路

工程量计算规则:按设计图示以面积计算(不包括路牙)。

该小游园铺设麻石踏步的面积为 1.08m²,计算方法同定额工程量计算。

清单工程量计算见表 2-94。

表 2-94   清单工程量计算表

序号	项目编码	项目名称	项目特征描述	计量单位	工程量
1	050101010001	整理绿化用地	普坚土	m²	1230.04
2	050102001001	栽植乔木	香樟,胸径 4.5~5cm	株	6
3	050102001002	栽植乔木	紫薇,胸径 4~5cm	株	11
4	050102001003	栽植乔木	广玉兰,胸径 5.5~7cm	株	6
5	050102001004	栽植乔木	合欢,胸径 6cm	株	2
6	050102001005	栽植乔木	紫叶李,胸径 2.5~3cm	株	18
7	050102001006	栽植乔木	深山含笑,胸径 3~4cm	株	11
8	050102001007	栽植乔木	龙爪槐,胸径 3.5~4cm	株	9
9	050102001008	栽植乔木	红枫,胸径 1.5~2cm	株	8
10	050102001009	栽植乔木	柳树,胸径 5~6cm	株	11
11	050102001010	栽植乔木	桂花,胸径 3~4cm	株	15
12	050102001011	栽植乔木	水杉,胸径 3~3.5cm	株	11
13	050102001012	栽植乔木	樱花,胸径 2.5~3cm	株	10
14	050102003001	栽植竹类	竹子,胸径 2~2.4cm	株丛	86
15	050102004001	栽植棕榈类	棕榈,株高 1.5~1.8m	株	9
16	050102004002	栽植棕榈类	凤尾竹,株高 0.6~1.3m	株	16
17	050102004003	栽植棕榈类	鱼尾葵,株高 2.0~2.2m	株	8
18	050102002001	栽植灌木	冠丛高 0.5~0.6m,杜鹃	株	72
19	050102002002	栽植灌木	冠丛高 0.4~0.6m,迎春	株	2
20	050102002003	栽植灌木	冠丛高 0.6~1.1m,贴梗海棠	株	22
21	050102006001	栽植攀缘植物	凌霄,胸径 1.4~1.8m,生长年限 4 年	株	26
22	050102007001	栽植色带	兰,高度为 0.02~0.025m	m²	3.12
23	050102008001	栽植花卉	微型月季,株高 0.5~0.6m	株	27
24	050102009001	栽植水生植物	睡莲	株	42
25	050102013001	喷播植草	细叶结缕草	m²	779.72

序号	项目编码	项目名称	项目特征描述	计量单位	工程量
26	050306001001	喷泉管道	焊接钢管,螺纹连接,*DN*60 输水管	m	9.40
27	050306001002	喷泉管道	焊接钢管,螺纹连接,*DN*40 分水管	m	47.68
28	050306001003	喷泉管道	焊接钢管,螺纹连接,*DN*50 泄水管	m	7.60
29	050306001004	喷泉管道	焊接钢管,螺纹连接,*DN*50 溢水管	m	7.70
30	050201001001	园路	水磨石路面(青水泥),1:3 水泥砂浆,天然砂石级配	m²	181.02
31	050201001002	园路	水泥方格砖平砌路面,100mm 厚粗砂垫层	m²	42.56
32	050201001003	园路	卵石路面,60mm 厚素混凝土,100mm 厚混合料垫层	m²	40.04
33	050201003001	路牙铺设	水磨石路面(青水泥),1:3 水泥砂浆,天然砂石,机砖铺设路牙	m	54.12
34	050304004001	木花架柱、梁	4000mm×150mm×150mm 的柱,涂防护材料	m³	1.26
35	050304004002	木花架柱、梁	11200mm×50mm×50mm 的梁,涂防护材料	m³	0.22
36	050305004001	现浇混凝土桌凳	座凳,凳面尺寸 200mm×200mm,基础尺寸 200mm×200mm,深 560mm	个	5
37	050307009001	标志牌	木宣传栏 2 个,顶板下设油毡防水层,外涂防护油漆	个	1
38	050307009002	标志牌	大理石石板,阴文石镌字 5 个	个	1
39	020207002001	石板镌字	大理石石镌字,200mm×200mm 石镌字,阴文	个	5
40	050302001001	原木(带树皮)柱、梁、檩、椽	梁,梢径 150mm	m	21.12
41	050302001002	原木(带树皮)柱、梁、檩、椽	柱,梢径 200mm	m	16.80
42	050302001003	原木(带树皮)柱、梁、檩、椽	檩,梢径 200mm,*L* = 1700mm	m	30.60
43	050302003001	树枝吊挂楣子	井字纹,1600mm×200mm	m²	1.92
44	050301002001	堆砌石假山	湖石堆砌,堆砌高度 3.25m	t	98.018
45	050307001001	石灯	大理石,灯帽直径 160mm,灯身直径 200mm	个	124
46	050101010002	整理绿化用地	水泥路面小广场,200mm 厚素混凝土,300mm 厚碎石层,素土夯实	m²	50.24

164

序号	项目编码	项目名称	项目特征描述	计量单位	工程量
47	050303005001	预制混凝土穹顶	蘑菇亭,亭顶 $R=2800mm$,柱直径 300mm,2200mm 柱高	m^3	45.95
48	050303005002	预制混凝土穹顶	蘑菇亭,亭顶 $R=2400mm$,柱高 2100mm	m^3	28.94
49	050303005003	预制混凝土穹顶	蘑菇亭,亭顶 $R=1000mm$,柱直径 150mm,柱高 200mm	m^3	2.09
50	020405002001	古式栏杆	钢筋混凝土,$\phi=150mm$	m	12.00
51	020405002002	古式栏杆	钢筋混凝土,$750mm \times 800mm \times 100mm$	m	7.50
52	050201001004	园路	麻石踏步路面	m^2	1.08

第三章　园林景观工程

第一节　分部分项工程量(清单与定额)计算实例

【例3-1】　如图3-1所示为某园林建筑立柱示意图,柱子的材料选用原木构造,该建筑有木柱子8根,试求其工程量。

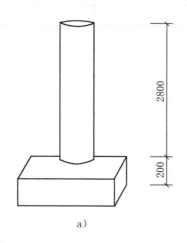

a)

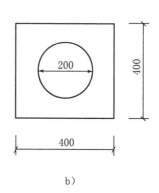

b)

图 3-1　立柱示意图
a)立体图　b)平面图

【解】　1.清单工程量

项目编码:050302001001　　　项目名称:原木(带树皮)柱、梁、檩、椽

工程量计算规则:按设计图示尺寸以长度计算(包括榫长)。

该题所给柱子长$(2.8 + 0.2)$m = 3.00m

【注释】　柱子的长为柱身的长2.8m加上底部伸入垫层的0.2m。

清单工程量 = 3×8m = 24.00m

清单工程量计算见表3-1。

表 3-1　清单工程量计算表

项目编码	项目名称	项目特征描述	计量单位	工程量
050302001001	原木(带树皮)柱	原木梢径为200mm	m	24.00

2.定额工程量(表3-2)

所用木材体积分为大放脚四周体积($V_{放}$)及柱身体积($V_{柱身}$)两部分。

首先以一根柱子来进行工程量计算:

$V_{放}$ = 长 × 宽 × 高 = $0.4 \times 0.4 \times 0.2$m^3 = 0.032m^3

$$V_{柱子} = 底面积 \times 高 = 3.14 \times \left(\frac{0.2}{2}\right)^2 \times 2.8 \text{m}^3 = 0.088 \text{m}^3$$

则一个柱子的体积 $= V_{放} + V_{柱子} = 0.032 + 0.088 \text{m}^3 = 0.12 \text{m}^3$

则所有柱子的体积 $= 0.12 \times 8 \text{m}^3 = 0.96 \text{m}^3$（套定额 $10-1$）

表 3-2 （单位：m³）

定额编号	10-1	10-2	10-3	10-4
项　目	原木柱	原木梁	原木檩	原木椽

【例3-2】 某花架采用原木为材料制作，如图 3-2 所示，已知花架长 6.6m，宽 2m，所有的木制构件(木柱、木梁、木檩条)均为正方形面的柱子，檩条长 2.2m，木柱高 2m，试求其工程量。

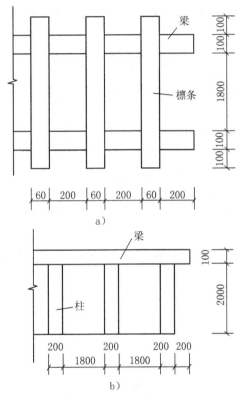

图 3-2 花架构造示意图
a)平面图 b)立面图

【解】 1.清单工程量

项目编码:050304004　　　项目名称:木花架柱、梁

工程量计算规则:按设计图示截面面积乘长度(包括榫长)以体积计算。

(1)木梁相关的工程量计算:

该题所给花架木梁长度为 6.60m，共 2 根。

木梁所用木材体积约 = 木梁底面积 × 长度 × 根数 = $0.1 \times 0.1 \times 6.6 \times 2 \text{m}^3 = 0.13 \text{m}^3$

(2)与柱子相关的工程量计算:

该亭子的木柱长 2m，根据已知条件及图示尺寸计算，设一侧共有 x 根木柱，则有:

$$1.8(x-1)+0.2(x+2)=6.6$$
$$x=4$$

所以亭子一侧共有4根木柱,则整个共有4×2根$=8$根。

木柱所用木材工程量$=$木柱底面积$\times$高$\times$根数$=0.2\times0.2\times2\times8m^3=0.64m^3$

(3)与木檩条相关的工程量计算:

已知檩条长度为2.2m。

首先根据已知条件计算出亭子共有檩条数,设共有x根,则有关系式:

$$0.06x+0.2(x+2)=6.6$$

得出$x=24$,则共有檩条24根。

檩条所用木材的工程量$=$檩条底面积$\times$檩条长度$\times$根数

$$=0.06\times0.06\times2.2\times24m^3=0.19m^3$$

清单工程量计算见表3-3。

表3-3　清单工程量计算表

序号	项目编码	项目名称	项目特征描述	计量单位	工程量
1	050304004001	木花架柱、梁	原木木梁截面尺寸为200mm×200mm	m³	0.13
2	050304004002	木花架柱、梁	原木木柱截面尺寸为200mm×200mm	m³	0.64
3	050304004003	木花架柱、梁	原木木檩条截面尺寸为60mm×60mm	m³	0.19

说明:1. 木制花架、廊架、桁架按设计图示尺寸以m^3计算。

2. 钢制花架、柱、梁,按设计质量以t计算。

3. 为了延长木制构件的使用寿命,常在木材表面涂刷防护材料。

2. 定额工程量(表3-4)

(1)花架木梁长度为6.6m,共有2根,所用木材的工程量为0.13m^3,计算方法同清单工程量计算(套定额4－26)。

(2)花架木柱子高2m,共有8根,其所用木材的工程量为0.64m^3,计算方法同清单工程量计算(套定额4－25)。

(3)花架木檩条长度为2.2m,共有24根,其所用木材的工程量为0.19m^3,计算方法同清单工程量计算(套定额4－27)。

表　3-4

定额编号	4－25	4－26	4－27
项　　　目	木制花架柱	木制花架梁	木制花架檩条

【例3-3】　某自然生态景区,采用原木墙来分隔空间,根据景区需要,原木墙做成高低参差不齐的形状,如图3-3所示,所用原木均为直径10cm的木材,试求其工程量(其中原木高为1.5m的有8根,1.6m的有7根,1.7m的有8根,1.8m的有5根,1.9m的有6根,2m的有6根)。

【解】　1. 清单工程量

项目编码:050302002　　项目名称:原木(带树皮)墙

工程量计算规则:按设计图示尺寸以面积计算(不包括柱、梁)。

该原木墙的面积$=$不同高度的原木面积之和

$$=(0.8\times1.7+0.6\times2+0.7\times1.6+0.5\times1.8+0.8\times1.5+0.6\times1.9)m^2$$

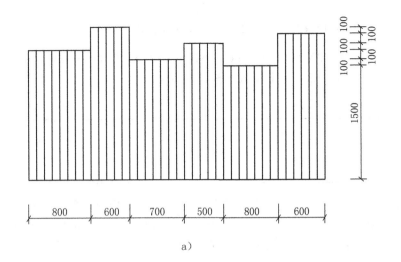

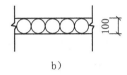

b)

a)

图 3-3 原木墙构造示意图

a)立面图 b)平面图

$$= (1.36 + 1.2 + 1.12 + 0.9 + 1.2 + 1.14)m^2 = 6.92m^2$$

【注释】 该原木墙的面积分六部分计算。第一部分长 1.7m,宽 0.8m。第二部分长 2m,宽 0.6m。第三部分长 1.6m,宽 0.7m。第四部分长 1.8m,宽 0.5m。第五部分长 1.5m,宽 0.8m。第六部分长 1.9m,宽 0.6m。六部分的面积之和即为原木墙的面积。

清单工程量计算见表 3-5。

表 3-5　清单工程量计算表

项目编码	项目名称	项目特征描述	计量单位	工程量
050302002001	原木(带树皮)墙	原木直径为 10cm	m²	6.92

2.定额工程量

原木高 1.5m 的所用木材工程量 = 一根 1.5m 原木的体积×8

$$= 3.14 \times \left(\frac{0.1}{2}\right)^2 \times 1.5 \times 8 m^3 = 0.0942 m^3$$

原木高 1.6m 的所用木材工程量 = 一根 1.6m 原木的体积×7

$$= 3.14 \times \left(\frac{0.1}{2}\right)^2 \times 1.6 \times 7 m^3 = 0.0879 m^3$$

原木高 1.7m 的所用木材工程量 = 一根 1.7m 原木的体积×8

$$= 3.14 \times \left(\frac{0.1}{2}\right)^2 \times 1.7 \times 8 m^3 = 0.1068 m^3$$

原木高 1.8m 的所用木材工程量 = 一根 1.8m 原木的体积×5

$$= 3.14 \times \left(\frac{0.1}{2}\right)^2 \times 1.8 \times 5 m^3 = 0.0707 m^3$$

原木高 1.9m 的所用木材工程量 = 一根 1.9m 原木的体积×6

$$= 3.14 \times \left(\frac{0.1}{2}\right)^2 \times 1.9 \times 6 m^3 = 0.0895 m^3$$

原木高 2m 的所用木材工程量 = 一根 2m 原木的体积×6

$$=3.14 \times \left(\frac{0.1}{2}\right)^2 \times 2 \times 6 \text{m}^3 = 0.0942 \text{m}^3$$

则整个原木墙所用木材工程量 $= (0.0942 + 0.0879 + 0.1068 + 0.0707 + 0.0895 + 0.0942) \text{m}^3$
$$= 0.54 \text{m}^3 (\text{套定额} 10-5, \text{见表} 3-6)。$$

表 3-6 （单位:m³）

定额编号	10-5	10-6	10-7
项 目	原木墙 梢径(cm 以内)		
	14	16	20

【例3-4】 某以竹子为原料制作的亭子,亭子为直径3m 的圆形,由6 根直径为10cm、长2m 的竹子作柱子,4 根直径为10cm、长1.8m 的竹子作梁,4 根直径为6cm、长1.6m 的竹子作檩条,64 根长1.2m、直径为4cm 的竹子作椽,并在檐枋下倒挂着竹子做的斜万字纹的竹吊挂楣子,宽12cm,结构布置如图3-4 所示,试求其工程量。

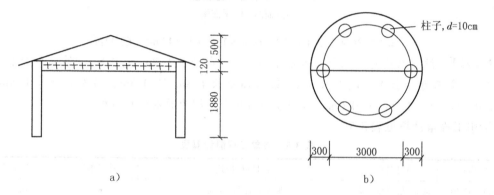

图3-4 亭子构造示意图

a)立面图 b)平面图

【解】 1.清单工程量

(1)项目编码:050302004 项目名称:竹柱、梁、檩、椽

工程量计算规则:按设计图示尺寸以长度计算。

该题亭子的竹柱子高2m,竹梁长1.8m,竹檩条长1.6m,竹椽长1.2m。

竹柱子工程量 $= 2 \times 6 \text{m} = 12.00 \text{m}$

【注释】 柱子的高度为2m,共6 根。

竹梁工程量 $= 1.8 \times 4 \text{m} = 7.20 \text{m}$

【注释】 梁的长度为1.8m,共4 根。

竹檩条工程量 $= 1.6 \times 4 \text{m} = 6.40 \text{m}$

【注释】 檩条的长度为1.6m,共4 根。

竹椽工程量 $= 1.2 \times 64 \text{m} = 76.80 \text{m}$

【注释】 竹椽的长度为1.2m,共64 根。

(2)项目编码:050302006 项目名称:竹吊挂楣子

工程量计算规则:按设计图示尺寸以框外围面积计算。

该亭子采用斜万字纹的竹吊挂楣子。

其工程量 = 亭子的周长×竹吊挂楣子宽度 = $3.14×3×0.12m^2 = 1.13m^2$

【注释】 亭子的直径为3m,则周长可知。吊挂楣子的宽度为0.12m,则竹吊挂楣子的工程量可求。

清单工程量计算见表3-7。

表3-7 清单工程量计算表

序 号	项目编码	项目名称	项目特征描述	计量单位	工程量
1	050302004001	竹柱、梁、檩、椽	竹柱直径为10cm	m	12.00
2	050302004002	竹柱、梁、檩、椽	竹梁直径为10cm	m	7.20
3	050302004003	竹柱、梁、檩、椽	竹檩条直径为6cm	m	6.40
4	050302004004	竹柱、梁、檩、椽	竹椽直径为4cm	m	76.80
5	050302006001	竹吊挂楣子	斜万字纹吊挂楣子,宽12cm	m²	1.13

2.定额工程量

(1)竹柱子相关的工程量:

该亭子有6根高2m的柱子。

竹柱子所用竹子工程量 = $3.14×\left(\dfrac{0.1}{2}\right)^2×2×6m^3 = 0.09m^3$

【注释】 竹柱子的直径为0.1m,则柱子的截面面积可知。柱高2m,共6根,则柱子的体积可求。

(2)竹梁相关的工程量计算:

该亭子有4根长1.8m的竹梁。

竹梁所用竹子的工程量 = $3.14×\left(\dfrac{0.1}{2}\right)^2×1.8×4m^3 = 0.06m^3$

【注释】 竹梁的直径为0.1m,长1.8m,共4根。则竹梁的工程量 = 竹梁的截面积×竹梁长度×根数。

(3)竹檩条的相关工程量计算:

该亭子有4根竹檩条,长1.6m。

竹檩条所用竹子的工程量 = $3.14×\left(\dfrac{0.06}{2}\right)^2×1.6×4m^3 = 0.02m^3$

【注释】 檩条的直径为0.06m,长1.6m,共4根。

(4)竹椽的相关工程量计算:

该亭子有64根长1.2m的竹椽。

竹椽所用竹子的工程量 = $3.14×\left(\dfrac{0.04}{2}\right)^2×1.2×64m^3 = 0.10m^3$

【注释】 竹椽的直径为0.04m,长1.2m,共64根。则竹椽的工程量 = 竹椽的截面积×竹椽长度×根数。

(5)竹吊挂楣子工程量计算:

计算方法同清单工程量计算:$V = 1.13m^3$

【例3-5】 现有一座竹制的小屋,结构造型如图3-5所示,小屋长×宽×高为5m×4m× 2.5m,已知竹梁所用竹子直径为12cm,竹檩条所用竹子直径为8cm,做竹椽所用竹子直径为

171

5cm,竹编墙所用竹子直径为1cm,采用竹框墙龙骨,竹屋面所用的竹子直径为1.5cm,试求其工程量(该屋子有一高1.8m,宽1.2m的门)。

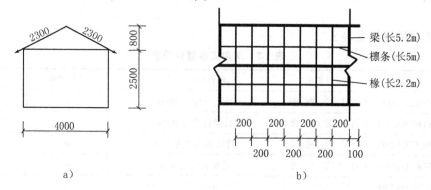

图3-5　屋子构造示意图

a)立面图　b)平面图

【解】　1.清单工程量

(1)项目编码:050302004　　　项目名称:竹柱、梁、檩、椽

工程量计算规则:按设计图示尺寸以长度计算。

该题所给小屋横梁长5.2m,斜梁长2.3m,竹椽长2.2m,檩条长5m。

横梁工程量 = 5.2 ×3m = 15.60m

【注释】　横梁长5.2m,共3根。

斜梁工程量 = 2.3 ×4m = 9.20m

【注释】　斜梁长2.3m,共4根。

竹椽工程量 = 2.2 ×40m = 88.00m

【注释】　竹椽长2.2m,共40根。

檩条工程量 = 5 ×2m = 10.00m

【注释】　檩条长5m,共2根。

(2)项目编码:050302005　　　项目名称:竹编墙

工程量计算规则:按设计图示尺寸以面积计算(不包括柱、梁)。

已知该竹编墙采用直径为1cm的竹子编制,采用竹框作为墙龙骨。

则该竹编墙工程量 = [(5×2.5 - 1.8 ×1.2) + 5×2.5 + 4×2.5 ×2]m²

　　　　　　　　 = 10.34 + 12.5 + 20m²

　　　　　　　　 = 42.84m²

【注释】　竹编墙共4面,两面长5m,高2.5m;两面长4m,高2.5m。则墙的面积可知。其中一道墙上开宽1.2m,高1.8m的门。则竹编墙的面积减去门的面积即为所求。

(3)项目编码:050303002　　　项目名称:竹屋面

工程量计算规则:按设计图示尺寸以斜面面积计算。

已知该屋子顶层用直径为15mm的竹子铺设而成,其斜面长×宽为5.2m×2.3m。

则竹屋面的工程量 = 一侧斜面面积×2 = 5.2 ×2.3 ×2m² = 23.92m²

【注释】　屋面两面放坡。长为5.2m,宽为2.3m,共2个面。

清单工程量计算见表3-8。

表 3-8　清单工程量计算表

序　号	项目编码	项目名称	项目特征描述	计量单位	工程量
1	050302004001	竹柱、梁、檩、椽	竹梁,竹子直径为 12cm	m	15.60
2	050302004002	竹柱、梁、檩、椽	竹梁,竹子直径为 12cm	m	9.20
3	050302004003	竹柱、梁、檩、椽	竹椽,竹子直径为 5cm	m	88.00
4	050302004004	竹柱、梁、檩、椽	竹檩,竹子直径为 8cm	m	10.00
5	050302005001	竹编墙	竹子直径为 1cm,采用竹框墙龙骨	m²	42.84
6	050303002001	竹屋面	直径为 15mm 的竹子铺设	m²	23.92

说明:1. 在计算竹编墙工程量时要减去前墙门的工程量。

2. 竹屋面的工程量要计算出整个屋面工程量,所以要乘以 2。

3. 同类构件选材尽可能直径大小一致,竹材要挺直。

4. 竹材需经防腐、防蛀处理。

5. 计算梁、椽、檩条工程量时都要注意计算出所有的工程量,不要漏。

6. 所有竹小品和竹建筑表面无需加任何底色,尽量保持竹材本身的色彩、质感,使其保持真正的质朴、自然。

2. 定额工程量

(1)梁的工程量计算:

梁分为横梁和斜梁,其中根据图 3-5 可知横梁长 5.2m,斜梁长 2.3m。

则竹梁所用竹子的工程量 = 横梁的体积 + 斜梁的体积

$$= \left[3.14 \times \left(\frac{0.12}{2} \right)^2 \times 5.2 \times 3 + 3.14 \times \left(\frac{0.12}{2} \right)^2 \times 2.3 \times 4 \right] m^3$$

$$= (0.1763 + 0.104) m^3 = 0.28 m^3$$

【注释】　横梁和斜梁所用的竹子直径均为 0.12m。横梁长 5.2m,共 3 根。斜梁长 2.3m,共 4 根。

(2)竹椽的相关工程量计算:

根据图 3-5 可知竹椽长度为 2.20m。

根据图 3-5 及已知条件计算出屋架一侧的竹椽数目,设有 x 根,则有如下的关系式:

$$0.05x + 0.2(x + 1) = 5.2$$

$$x = 20$$

则整个屋架有 20×2 根 $= 40$ 根竹椽

椽木的工程量 $= 3.14 \times \left(\frac{0.05}{2} \right)^2 \times 2.2 \times 40 m^3 = 0.17 m^3$

【注释】　椽木的直径为 0.05m,长 2.2m,共 40 根。则椽木的体积 = 截面面积 × 椽木长度 × 根数。

(3)竹檩条的相关工程量计算:

已知竹檩条的长度为 5m。

檩木的工程量 $= 3.14 \times \left(\frac{0.08}{2} \right)^2 \times 5 \times 2 m^3 = 0.05 m^3$

【注释】　檩条的直径为 0.08m,共 2 根,每根 5m。

（4）竹编墙的工程量计算：

计算方法同清单工程量计算：42.84m²。

（5）竹屋面的工程量计算：

计算方法同清单工程量计算：23.92m²。

【例3-6】 某景区有一座三角形屋面的廊，如图3-6所示，供游人休息观景之用。该廊屋面跨度为3m，屋面采用1:6水泥焦渣找坡，坡度角为35°，找坡层最薄处厚30mm，廊屋面板为现浇混凝土面板，板厚16mm，廊用梢径为15cm的原木柱子支撑骨架，试求廊屋面盖瓦装饰的工程量。

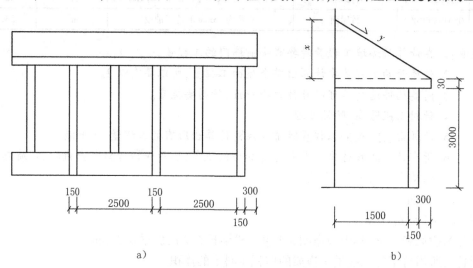

图3-6 某廊构造示意图
a)正立面图 b)侧立面图

【解】 1.清单工程量

（1）项目编码：050302001　　项目名称：原木（带树皮）柱、梁、檩、椽

工程量计算规则：按设计图示尺寸以长度计算（包括榫长）。

该题中廊有6根长度为3m的木柱子。

工程量 = 3 × 6m = 18.00m

（2）项目编码：010505010　　项目名称：现浇混凝土斜屋面板

工程量计算规则：按设计图示尺寸以体积计算，混凝土屋脊并入屋面体积内。

该廊面板为现浇混凝土斜屋面板，板厚16mm，共有前后两部分。

图中 $x = \dfrac{i \times 3/2}{100}$

式中，i 为段数，本题为2。

$x = \dfrac{2 \times 3/2}{100}$m

式中，3为跨度。

$x = 0.03$m

利用勾股定理，计算出图中 y 的值。

$y = \sqrt{0.03^2 + (1.5 + 0.15 + 0.3)^2}$m $= 1.9502$m

$$\bar{\delta} = \frac{1}{2}(找坡层最薄处厚度 + x)m$$

式中,$\bar{\delta}$ 为找坡层平均厚度。

则 $\bar{\delta} = \frac{1}{2} \times (0.03 + 0.03)m = 0.03m$

则现浇混凝土斜屋面板工程量 $= (2.5 \times 2 + 0.15 \times 3 + 0.3 \times 2) \times 1.9502 \times 0.016 \times 2m^3$
$= 0.38m^3$

【注释】 屋面板的长如图 3-6 所示为 $(2.5 \times 2 + 0.15 \times 3 + 0.3 \times 2)m$,斜宽为 1.9502m,板的厚度为 0.016m,前后两部分。

清单工程量计算见表 3-9。

表 3-9 清单工程量计算表

序号	项目编码	项目名称	项目特征描述	计量单位	工程量
1	050302001001	原木(带树皮)柱、梁、檩、椽	原木(带树皮)柱,梢径为 15cm	m	18.00
2	010505010001	现浇混凝土斜屋面板	屋面坡度角为 35°,屋面板板厚 16mm	m³	0.38

2. 定额工程量

(1)根据图 3-6 可知,本题所给廊有 6 根长 3m 的木柱子,梢径为 15cm。

则木柱所用木材工程量 $= 3.14 \times \left(\frac{0.15}{2}\right)^2 \times 3 \times 6m^3 = 0.32m^3$

【注释】 木柱子的直径为 0.15m,长度为 3m,共 6 根。则柱子的工程量 = 柱子截面积 × 柱子长度 × 根数。

(2)坡层平均厚度计算方法同清单工程量计算:0.03m。

(3)现浇混凝土斜屋面板工程量计算方法同清单工程量:0.38m³。

(4)屋面盖瓦工程量按屋面面积,以每 10m² 为单位进行计算,其公式如下:

屋面工程量 = 前后屋檐之宽 × 两端山檐之长 × 延长系数

本题延长系数为 1.2207。

则盖瓦工程量 $= 6.05 \times 3.9 \times 1.2207/10m^2 = 2.88(10m^2)$

【注释】 屋面的长为 6.05m,宽为 3.9m,延长系数为 1.2207。

【例 3-7】 某公园花架用现浇混凝土花架柱、梁搭接而成,已知花架总长度为 9.3m,宽 2.5m,花架柱、梁具体尺寸、布置形式如图 3-7 所示,该花架基础为混凝土基础,厚 60cm,试求其工程量。

【解】 1. 清单工程量

项目编码:050304001   项目名称:现浇混凝土花架柱、梁

工程量计算规则:按设计图示尺寸以体积计算。

(1)现浇混凝土花架柱的工程量计算

首先根据已知条件及图示计算出花架一侧的柱子数目,设为 x,则有如下关系式:

$$0.25 \times 2 + 0.15x + 1.58(x - 1) = 9.3$$
$$x = 6$$

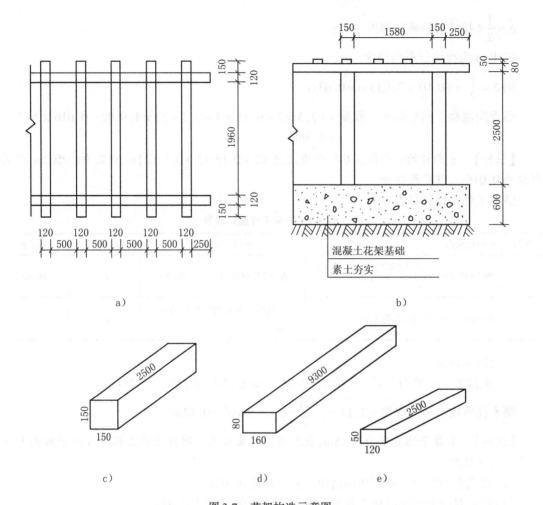

图 3-7 花架构造示意图

a)平面图 b)剖面图 c)柱尺寸示意图 d)纵梁尺寸示意图 e)小檩条尺寸示意图

则可得出整个花架共有 6×2 根 = 12 根柱子。

则该花架现浇混凝土花架柱工程量为：

工程量 = 柱子底面积 × 高 × 12 根 = 0.15 × 0.15 × 2.5 × 12m³ = 0.68m³

（2）现浇混凝土花架梁的工程量计算

花架纵梁的工程量 = 纵梁断面面积 × 长度 × 2 根

$$= 0.16 × 0.08 × 9.3 × 2m³$$

$$= 0.24m³$$

关于花架檩条，先根据已知条件及图示计算出它的数目，设为 y，则有如下关系式：

$$0.25 × 2 + 0.12y + 0.5(y - 1) = 9.3$$

$$y = 15$$

则共有 15 根檩条。

其工程量 = 檩条断面面积 × 长度 × 15 根

$$= 0.12 × 0.05 × 2.5 × 15m³$$

$$= 0.23m³$$

清单工程量计算见表 3-10。

表 3-10　清单工程量计算表

序号	项目编码	项目名称	项目特征描述	计量单位	工程量
1	050304001001	现浇混凝土花架柱、梁	花架柱的截面尺寸为 150mm × 150mm，柱高 2.5m，共 12 根	m³	0.68
2	050304001002	现浇混凝土花架柱、梁	花架纵梁的截面尺寸为 160mm × 80mm，梁长 9.3m，共 2 根	m³	0.24
3	050304001003	现浇混凝土花架柱、梁	花架檩条截面尺寸为 120mm × 50mm，檩条长 2.5m，共 15 根	m³	0.23

说明：1. 花架定额中包括现浇混凝土和现场预制混凝土的制作、安装等项目，适用于梁、檩断面在 220cm² 以内、高度在 6m 以下的轻型花架。

2. 现浇混凝土花架的梁、檩、柱定额中，均已综合了模板超高费用，凡柱高在 6m 以下的花架均不得计算超高费。

3. 预制混凝土构件、小品以 m³ 计算。

4. 木制花架、廊架、桁架按设计图示尺寸以 m³ 计算。

5. 钢制花架、柱、梁，按设计质量以 t 计算。

6. 不同类型的梁应分别计算工程量，均不扣除梁中钢筋、铁件等所占的体积。

2. 定额工程量

花架基础混凝土工程量的计算（该花架基础为厚 60cm 的混凝土基础）：

其工程量 = 花架底面积 × 混凝土厚度 = $9.3 × 2.5 × 0.6$ m³ = 13.95 m³（套定额 4 - 12，见表 3-11）。

表　3-11

定额编号	4 - 12	4 - 13	4 - 14	4 - 15
项　　目	混凝土花架基础	现场预制混凝土		
		花架构件及小品	花架梁、檩	花架柱

花架用现浇混凝土梁、柱、檩条建成，其中有现浇混凝土柱 12 根，其工程量为 0.68m³，计算方法同清单工程量计算（套定额 4 - 21，见表 3-12）。

表　3-12

定额编号	4 - 19	4 - 20	4 - 21
项　　目	现浇混凝土		
	花架构件及小榀	花架梁、檩	花架柱

有现浇混凝土梁 2 根，长 9.3m，其工程量为 0.24m³，计算方法同清单工程量计算（套定额 4 - 20，见表 3-12）。

有现浇混凝土花架檩条 15 根，长 2.5m，其工程量为 0.23m³，计算方法同清单工程量计算（套定额 4 - 20，见表 3-12）。

【例 3-8】 某景区要搭建一座花架，如图 3-8 所示，预先按设计尺寸用混凝土浇筑好花架柱、梁、檩条（小横梁）备用。已知柱子直径为 16cm、长度为 2.8m，一侧 5 根，梁的断面尺寸为

$80\text{mm} \times 170\text{mm}$,檩条断面尺寸为 $50\text{mm} \times 125\text{mm}$,两梁间距为 2m,梁向两边外挑 20cm,两檩条间距为 0.5m,向两边外挑 10cm,两柱子间距为 1.55m,试求其工程量。

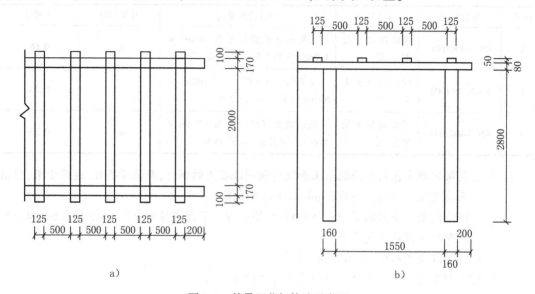

图 3-8 某景区花架构造示意图

a)平面图 b)立面图

【解】 1.清单工程量

项目编码:050304002 项目名称:预制混凝土花架柱、梁

工程量计算规则:按设计图示尺寸以体积计算。

根据已知条件可求出花架的长度 = $[0.16 \times 5 + 1.55 \times (5-1) + 0.2 \times 2]\text{m} = 7.40\text{m}$

【注释】 柱子直径为 0.16m,共 5 根。柱子中间有 4 个空隙,每个宽 1.55m。两端又向外挑出 0.2m 的长度。则花架的长度为 $(0.16 \times 5 + 1.55 \times 4 + 0.2 \times 2)\text{m}$。

则设该花架有 x 根檩条,有如下关系式:

$$0.125x + 0.5(x-1) + 0.2 \times 2 = 7.4$$

$$x = 12$$

所以预制混凝土花架柱的体积 = 花架柱的底面积 × 柱长度 × 5 根 × 2 面

$$= 3.14 \times \left(\frac{0.16}{2}\right)^2 \times 2.8 \times 5 \times 2\text{m}^3 = 0.56\text{m}^3$$

预制混凝土花架梁的体积 = 花架梁的底面积 × 梁长度 × 2 面

$$= 0.08 \times 0.17 \times 7.4 \times 2\text{m}^3 = 0.20\text{m}^3$$

预制混凝土花架檩条的体积 = 花架檩条底面积 × 檩条的长度 × 12 根

$$= 0.05 \times 0.125 \times (2 + 0.17 \times 2 + 0.1 \times 2) \times 12\text{m}^3 = 0.19\text{m}^3$$

清单工程量计算见表 3-13。

表 3-13 清单工程量计算表

序号	项目编码	项目名称	项目特征描述	计量单位	工程量
1	050304002001	预制混凝土花架柱、梁	柱子直径为 16cm,长度为 2.8m,共 10 根	m³	0.56

序号	项目编码	项目名称	项目特征描述	计量单位	工程量
2	050304002002	预制混凝土花架柱、梁	花架梁的断面尺寸为 80mm×170mm，梁长 7.4m，共 2 根	m³	0.20
3	050304002003	预制混凝土花架柱、梁	花架檩条断面尺寸为 50mm×125mm，檩条长 2.54m，共 12 根	m³	0.19

2.定额工程量

（1）所求预制混凝土花架梁的工程量为 0.20m³，计算方法同清单工程量计算（套定额 4 – 14，见表 3-11）。

（2）所求预制混凝土花架檩条（小横梁）的工程量为 0.19m³，计算方法同清单工程量计算（套定额 4 – 14，见表 3-11）。

（3）所求预制混凝土花架柱的工程量为 0.56m³，计算方法同清单工程量计算（套定额 4 – 15，见表 3-11）。

【例 3-9】 某游乐园有一座用碳素结构钢所建的拱形花架，长度为 6.3m，如图 3-9 所示。所用钢材截面尺寸均为 60mm×100mm，已知钢材为空心钢（密度为 0.05t/m³），花架采用 50cm 厚的混凝土作为基础，试求其工程量。

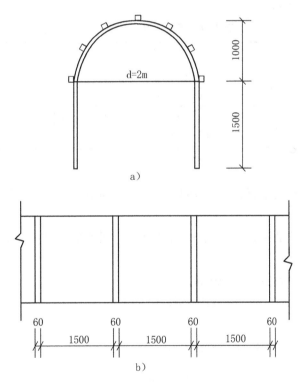

图 3-9 某游乐园花架构造示意图

a)立面图 b)平面图

【解】 1.清单工程量

项目编码:050304003 项目名称:金属花架柱、梁工程量计算规则:按设计图示以质量计算。

(1)花架所用碳素结构钢柱子

体积=(两侧矩形钢材体积+半圆形拱顶钢材体积)×根数

设有根数为x,则根据已知条件有如下关系式:

$$0.06x+1.5(x-1)=6.3$$
$$x=5$$

则柱子体积$=\left\{0.06\times0.1\times1.5\times2+\left[3.14\times\left(\dfrac{2}{2}\right)^2-3.14\times\left(\dfrac{2-0.1\times2}{2}\right)^2\right]\right\}\times5\text{m}^3$

$\qquad=(0.018+0.5966)\times5\text{m}^3$

$\qquad=3.07\text{m}^3$

【注释】 纵向柱子钢材的截面面积为$0.06\times0.1\text{m}^2$,高1.5m。

则花架金属柱的工程量=柱子体积×密度=3.07×0.05t=0.154t

(2)花架所用碳素结构钢梁

体积=钢梁的截面面积×梁的长度×根数

$\qquad=0.06\times0.1\times6.3\times7\text{m}^3=0.26\text{m}^3$

则花架金属梁的工程量=梁的体积×密度=0.2646×0.05t=0.013t

清单工程量计算见表3-14。

表3-14 清单工程量计算表

序号	项目编码	项目名称	项目特征描述	计量单位	工程量
1	050304003001	金属花架柱、梁	碳素结构钢空心钢,截面尺寸为 60mm×100mm	t	0.154
2	050304003002	金属花架柱、梁	碳素结构钢空心钢,截面尺寸为 60mm×100mm	t	0.013

2.定额工程量

该题所给钢制花架柱的工程量为0.154t,计算方法同清单工程量计算(套定额4-28,见表3-15)。

该题所给钢制花架梁的工程量为0.013t,计算方法同清单工程量计算(套定额4-29,见表3-15)。

已知花架用混凝土作为基础,厚50cm。

工程量=花架的底面积×混凝土基础的厚度

$\qquad=6.3\times2\times0.5\text{m}^3$

$\qquad=6.30\text{m}^3$(套定额4-12,见表3-11)

表 3-15

定额编号	4-28	4-29
项 目	钢制花架柱	钢制花架梁

【例3-10】 某景区有木制的飞来椅供游人休息,如图3-10所示。该景区木制座椅为双人

180

座椅,长1m,宽40cm,座椅表面进行油漆涂抹防止木材腐烂,为了使人们坐得舒适,座面有6°的水平倾角,试求其工程量。

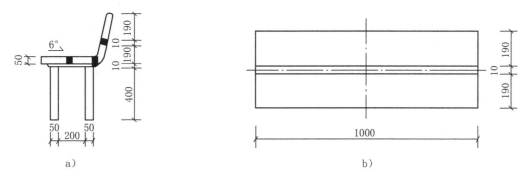

图3-10　木制飞来椅构造示意图

a)立面图　b)平面图

【解】　1.清单工程量

项目编码:020511001　　　项目名称:鹅颈靠背

工程量计算规则:以米计量,按设计图示长度以延长米计算。

根据图示可知该景区木制飞来椅工程量为1000mm。

清单工程量计算见表3-16。

表3-16　清单工程量计算表

项目编码	项目名称	项目特征描述	计量单位	工程量
020511001001	鹅颈靠背	木制飞来椅双人座椅,长1m,宽40cm,座椅表面涂抹油漆,座面有6°水平倾角	m	1.00

2.定额工程量

已知木制飞来椅长1000mm,宽400mm,高于地面400mm,其座椅面中心线长度为1000mm,为坚芯式(套定额8-48,见表3-17)。

木制飞来椅的安装套定额8-51,见表3-17。

表　3-17

定额编号	8-48	8-49	8-50	8-51
项　　目	飞来椅制作			飞来椅安装
	坚芯式	宫万式	葵式	

【例3-11】　现要预制钢筋混凝土飞来椅,如图3-11所示,所用弯起钢筋为30°角,弯起高度为330mm,钢筋直径为4mm,该飞来椅制作共用了5根该种型号的钢筋。为了景观需要,在椅子的表面涂抹了一层水泥,试求其工程量。

【解】　1.清单工程量

项目编码:050305001　　　项目名称:预制钢筋混凝土飞来椅

工程量计算规则:按设计图示尺寸以座凳面中心线长度计算。

根据图示可知该钢筋混凝土飞来椅的工程量为1200mm。

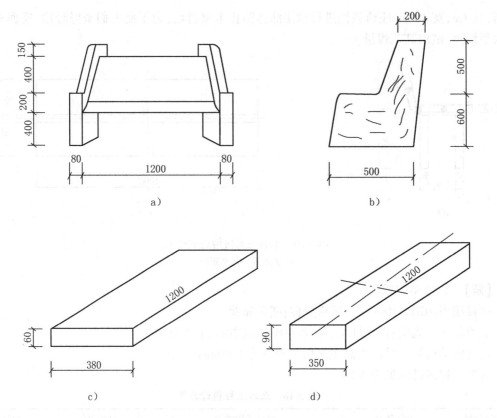

图 3-11　钢筋混凝土飞来椅构造示意图

a)立面图　b)侧面图　c)靠背剖面图　d)座面剖面图

清单工程量计算见表3-18。

表3-18　清单工程量计算表

项目编码	项目名称	项目特征描述	计量单位	工程量
050305001001	预制钢筋混凝土飞来椅	预制混凝土飞来椅,在椅子的表面涂抹一层水泥	m	1.20

2.定额工程量

(1)钢筋斜长(S)、水平长(L)、增加长度($S-L$)及钢筋重量:

采用插入法。首先从表3-19中查得与330mm相邻较低的弯起高度(H)300mm的斜长(S)=598.17mm,330mm与300mm的差数为30mm。

则斜长S计算如下:$\dfrac{330-300}{300}=\dfrac{S-598.17}{598.17}$

$S=657.987$mm

水平长L计算如下:$\dfrac{330-300}{300}=\dfrac{L-517.50}{517.50}$　$L=569.25$mm

$S-L=(657.987-569.25)$mm$=88.74$mm

182

表 3-19　弯起钢筋弯起部分增加长度表　　　　　　　　　　（单位：mm）

弯起高度（H）	$\alpha=30°$			$\alpha=45°$			$\alpha=60°$		
	斜长（S）	水平长度（L）	增加长度（$S-L$）	斜长（S）	水平长度（L）	增加长度（$S-L$）	斜长（S）	水平长度（L）	增加长度（$S-L$）
100	199.39	172.50	26.89	141.40	100.00	41.40	115.45	57.70	57.75
150	299.09	258.75	40.34	212.10	150.00	62.10	173.18	86.55	86.63
200	398.78	345.00	53.78	282.80	200.00	82.80	230.90	115.40	115.50
250	498.48	431.25	67.23	353.50	250.00	103.50	288.63	144.25	144.38
300	598.17	517.50	80.67	424.20	300.00	124.20	346.35	173.10	173.25
350	697.87	603.75	94.12	494.90	350.00	144.90	404.08	201.95	202.13
400	797.56	690.00	107.56	565.60	400.00	165.60	461.80	230.80	231.00
450	897.26	776.25	121.01	636.30	450.00	186.30	519.53	259.65	259.88
500	996.95	862.50	134.45	707.00	500.00	207.00	577.25	288.50	288.75
550	1096.65	948.75	147.90	777.70	550.00	227.70	634.98	317.35	317.63
600	1196.34	1035.00	161.34	848.40	600.00	248.40	692.70	346.20	346.50
650	1296.04	1121.25	174.79	919.10	650.00	269.10	750.43	375.05	375.38
700	1395.73	1207.50	188.23	989.80	700.00	289.80	808.15	403.90	404.25
750	1495.43	1293.75	201.68	1060.50	750.00	310.50	865.88	432.75	433.13
800	1595.22	1380.00	215.12	1131.20	800.00	331.20	923.60	461.60	462.00
850	1694.82	1466.25	288.57	1201.90	850.00	351.90	981.33	490.45	490.88
900	1794.51	1552.50	242.01	1272.60	900.00	372.60	1039.05	519.30	519.75
950	1894.21	1638.75	255.46	1343.30	950.00	393.30	1096.78	548.15	548.63
1000	1993.90	1725.00	268.90	1414.00	1000.00	414.00	1154.50	577.00	577.50

注：表中钢筋弯起高度（H）与构件实际高度不同时，可采用插入法或移动小数点法计算。

已知制作飞来椅所用钢筋规格为 $\phi4$，查表 3-20 可知 $r=0.099$kg/m。

已知共用同种规格的钢筋（$\phi4$）5 根，钢筋的总长度 $=(500+88.74)\times5/1000$m $=2.94$m。

代入公式：$G=2.94\times0.099/1000$t $=0.0003$t（套定额 8−54，见表 3-21）。

表 3-20　常用钢筋单位质量

钢筋直径 ϕ/mm	单位质量/（kg/m）	钢筋直径 ϕ/mm	单位质量/（kg/m）
4	0.099	25	3.853
6	0.222	26	4.170
8	0.395	28	4.834
10	0.617	30	5.549
12	0.888	32	6.313
14	1.208	34	7.130
16	1.578	35	7.552
18	1.998	36	7.990
20	2.467	38	8.900
22	2.984	40	9.870

表 3-21

定额编号	8－52	8－53	8－54
项　目	现浇飞来椅(简式)	现浇飞来椅(繁式)	预制飞来椅
	m		m²

（2）座凳两个侧面

$面积 = (0.2 \times 0.5 + 0.5 \times 0.6) \times 2m^2 = (0.1 + 0.3) \times 2m^2$

$= 0.80m^2$

【注释】 凳子侧面上部长0.5m，宽0.2m，下部长0.6m，宽0.5m。则凳子的一个侧面面积即为上部和下部面积之和。共2个侧面。

$座凳靠背面积 = 0.38 \times 1.2m^2 = 0.456m^2$

【注释】 靠背的宽度为0.38m，长度为1.2m。

$座凳座面面积 = 0.35 \times 1.2m^2 = 0.42m^2$

【注释】 座面的宽度为0.35m，长度为1.2m。则座面面积 = 长 × 宽。

则预制飞来椅工程量 $= (0.8 + 0.456 + 0.42)m^2 = 1.68m^2$

（3）飞来椅两个侧面

$表面积 = (侧面的上表面面积 + 下表面面积 + 侧面面身面积 \times 2) \times 2$

$= [0.2 \times 0.08 + 0.5 \times 0.08 + (0.2 \times 0.5 + 0.5 \times 0.6) \times 2] \times 2m^3$

$= (0.016 + 0.04 + 0.8) \times 2m^2 = 1.712m^2$

【注释】 上部长0.2m，厚0.08m，中部长0.5m，厚0.08m。下部侧表面积上述已求得。

飞来椅靠背的表面积 = 靠背的两个断面面积 + 靠背上下两表面面积

$= (0.38 \times 0.06 \times 2 + 0.38 \times 1.2 \times 2)m^2$

$= 0.0456 + 0.912m^2 = 0.9576m^2$

【注释】 靠背的两个侧面宽0.38m，厚0.06m。上下两个表面长1.2m，宽0.38m。

飞来椅座面的表面积 = 座面的上下两个断面面积 + 座面的上下两表面面积

$= (0.35 \times 0.09 \times 2 + 0.35 \times 1.2 \times 2)m^2$

$= 0.063 + 0.84m^2 = 0.903m^2$

【注释】 座面的两个侧面宽0.35m，厚0.09m。上下两个表面长1.2m，宽0.35m。

则抹水泥的工程量 $= 1.712 + 0.9576 + 0.903m^2$

$= 3.57m^2（套定额8 - 6，见表3-22）$

表 3-22

定额编号	8－6	8－7	8－8	8－9
项　目	小品抹水泥	小品抹白灰	小品水刷石(普通)	小品水刷石(美术)

【例3-12】 某圆形广场有如图3-12所示的椅子，供游人休息观赏之用。已知广场直径为20m，凳子围绕着广场以45°角方向进行布置。椅子的座面及靠背材料为塑料，扶手及凳腿则为生铁浇铸而成。铁构件表面刷防锈漆一遍，调和漆两遍，试求其工程量。

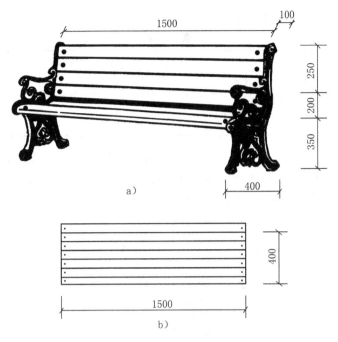

图 3-12　某广场座椅构造示意图

a)立体图　b)平面图

【解】　1.清单工程量

项目编码:050305010　　　项目名称:塑料、铁艺、金属椅

工程量计算规则:按设计图示数量计算。

已知椅子是围绕着圆形广场以 45°角方向进行布置,则共有椅子数量 =360/45 个 =8 个。

清单工程量计算见表 3-23。

表 3-23　清单工程量计算表

项目编码	项目名称	项目特征描述	计量单位	工程量
050305010001	塑料、铁艺、金属椅	座面及靠背材料为塑料,扶手及凳腿为生铁浇铸;铁构件表面刷防锈漆一遍,调和漆两遍	个	8

说明:1.计算生铁浇铸扶手、凳腿涂抹油漆工程量时,因为所浇铸的并不是实面的,则只能估算其工程量。

2.因为每个座凳扶手、凳腿在涂抹油漆时两面都要进行涂抹,所以乘以 4,而该广场共有 8 个椅子,则乘以 8。

3.塑料凳面及靠背因其塑料板是紧密接在一起安装的,所以不必考虑中间的缝隙。

4.涂抹油漆时,要将铁件表面处理干净、平整,并要在上一遍油漆干了以后再涂下一遍油漆。

2.定额工程量

铁制扶手及凳腿涂抹油漆:

工程量 $= [0.4 \times (0.35 + 0.2) + 0.1 \times 0.25] \times 4 \times 8 m^2 = 0.245 \times 4 \times 8 m^2$

=7.84m²（套定额 8－28,见表 3-24)

表　3-24

定额编号	8－28	8－29	8－30	8－31
项　目	铁栅栏金属件防锈漆一遍,调和漆两遍	钢骨架防锈漆两遍	灰面乳胶漆三遍	灰面白水泥浆
	m²	t	m²	

【例 3-13】　某公共绿地中心建有一个半径为 4m 的小型喷泉,如图 3-13 所示。管道采用螺纹连接的焊接钢管材料,管道表面刷防护材料沥青漆两遍,有低压塑料螺纹阀门 2 个,D_w 为 30、$DN=35$ 螺纹连接水表一组,试求其工程量。

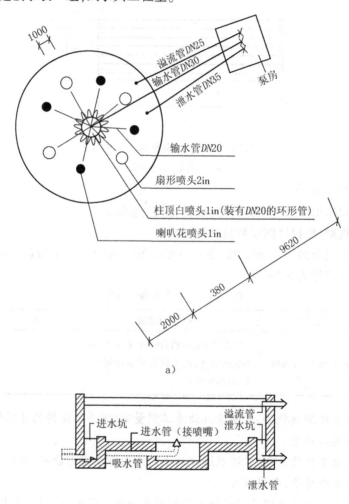

a)

b)

图 3-13　喷泉管线喷头布置示意图
a)平面图　b)剖面图

【解】　1.清单工程量

项目编码:050306001　　项目名称:喷泉管道

186

工程量计算规则:按设计图示尺寸以长度计算。

(1)$DN30$ 的焊接钢管(螺纹连接)总长度 = 10.00m

(2)$DN25$ 的焊接钢管(螺纹连接)总长度 = 9.62m

(3)$DN20$ 的焊接钢管(螺纹连接)总长度 = $(2 \times 8 + 3.14 \times 1)$m = 19.14m

(4)$DN35$ 的焊接钢管(螺纹连接)总长度 = 9.62m

清单工程量计算见表 3-25。

表 3-25　清单工程量计算表

序号	项目编码	项目名称	项目特征描述	计量单位	工程量
1	050306001001	喷泉管道	$DN30$	m	10.00
2	050306001002	喷泉管道	$DN25$	m	9.62
3	050306001003	喷泉管道	$DN20$	m	19.14
4	050306001004	喷泉管道	$DN35$	m	9.62

2.定额工程量(管道安装、阀门安装、水泵安装等项目,执行《陕西省安装工程消耗量定额》第八册《采暖、给排水、燃气工程》)

图 3-13 所示有 1in 的喇叭花喷头 4 套(套定额 5 – 12,见表 3-26)。

有 1in 的柱顶白喷头 9 套(套定额 5 – 15,见表 3-26)。

表　3-26　　　　　　　　　　　　　　　　　　　　　　　　(单位:套)

定额编号	5 – 10	5 – 11	5 – 12	5 – 13	5 – 14	5 – 15
项　目	雪松喷头		小喇叭花喷头		柱顶白喷头	
	3/2in	3/in	1in	4in	3/2in	1in

图中有扇形喷头(2in)共 4 套(套定额 5 – 25,见表 3-27)。

表　3-27

定额编号	5 – 22	5 – 23	5 – 24	5 – 25	5 – 26
项　目	盘龙抱柱喷头 3/2in	旋转喷头 2in	树型喷头 2in	扇形喷头 2in	玉柱喷头 3/2in

管道表面刷沥青漆的工程量计算等于不同规格管道表面积之和。

$DN20$ 的刷漆工程量 = $3.14 \times 0.02 \times 19.14$m² = 1.202m²

$DN25$ 的管道刷漆工程量 = $3.14 \times 0.025 \times 9.62$m² = 0.755m²

$DN30$ 的管道刷漆工程量 = $3.14 \times 0.03 \times 10$m² = 0.942m²

$DN35$ 的管道刷漆工程量 = $3.14 \times 0.035 \times 9.62$m² = 1.057m²

则总的管道刷漆工程量 = $(1.202 + 0.755 + 0.942 + 1.057)$m² = 3.96m²

焊接钢管(螺纹连接)规格 $DN20$mm 的刷沥青漆工程量 = $(1.20/10)$m²/10m = 0.12m²/10m(套定额 5 – 100,见表 3-28)。

表 3-28

定额编号	5-99	5-100	5-101	5-102	5-103	5-104	5-105	5-106	5-107
项 目	管道刷沥青漆两遍　　公称直径(mm 以内)								
	15	20	25	32	40	50	70	80	100

规格为 $DN25mm$ 的刷沥青漆工程量 = $(0.755/10)$ m^2/10m = 0.08m^2/10m (套定额5-101, 见表3-28)。

规格为 $DN30mm$ 的刷沥青漆工程量 = $(0.942/10)$ m^2/10m = 0.09m^2/10m (套定额5-102, 见表3-28)。

规格为 $DN35mm$ 的刷沥青漆工程量 = $(1.057/10)$ m^2/10m = 0.11m^2/10m (套定额5-103, 见表3-28)。

该喷泉安装有 $DN35mm$ 的焊接钢管(螺纹连接)总长度为 10.00m (套定额 8-5, 见表3-29)。

$DN30mm$ 的焊接钢管(螺纹连接)总长度为 9.62m (套定额 8-4, 见表3-29)。

规格为 $DN25mm$ 的焊接钢管(螺纹连接)总长度为 9.62m (套定额 8-3, 见表3-29)。

规格为 $DN20mm$ 的焊接钢管(螺纹连接)总长度为 19.14m (套定额 8-2, 见表3-29)。

表 3-29

定额编号	8-1	8-2	8-3	8-4	8-5	8-6	8-7	8-8	8-9
项 目	公称直径(mm)以内								
	15	20	25	32	40	50	65	80	100

已知共有低压塑料螺纹阀门 2 个,管外径为 30mm (套定额 8-414, 见表3-30)。

表 3-30

定额编号	8-412	8-413	8-414	8-415	8-416
项 目	管外径(mm)以内				
	20	25	32	40	50

已知有公称直径(DN)为 35mm 的螺纹连接水表一组(套定额 5-77)。

喷泉工程相关注意事项:

喷泉工程的施工程序,一般是先按照设计将喷泉池和地下泵房修建起来,并在修建过程中进行必要的给水排水主管道安装。待水池、泵房建好后,再安装各种喷水支管、喷头、水泵、控制器、阀门等,最后才接通水路,进行喷水试验和喷头及水形调整。除此之外,在整个施工过程中,还要注意以下一些问题:

(1)喷水池的地基若比较松软,或者水池位于地下构筑物(如水泵地下室)之上,则池底、池壁的做法应视具体情况,进行力学计算之后再进行专门设计。

(2)池底、池壁防水层的材料,宜选用防水效果较好的卷材,如三元乙丙防水布、氯化聚乙烯防水卷材等。

(3)水池的进水口、溢水口、泵坑等要设置在池内较隐蔽的地方;泵坑位置、穿管的位置宜靠近电源、水源。

（4）在冬季冰冻地区,各种池底、池壁的做法都要求考虑冬季排水出池,因此,水池的排水设施一定要便于人工控制。

（5）池体应尽量采用干硬性混凝土,严格控制砂石中的含泥量,以保证施工质量,防止漏透。

（6）较大水池的变形缝间距一般不宜大于20m。水池设变形缝应从池底、池壁一直沿整体断开。

（7）变形缝止水带要选用成品,采用埋入式塑料或橡胶止水带。施工中浇筑防水混凝土时,要控制水灰比在0.6以内。每层混凝土浇筑均应从止水带开始,并应确保止水带位置准确,嵌接严密牢固。

（8）施工中必须加强对变形缝、施工缝、预埋件、坑槽等薄弱部位的施工管理,保证防水层的整体性和连续性,特别是在卷材的连接和止水带的配置等处,更要严格技术管理。

（9）施工中所有预埋件和外露金属材料,必须认真做好防腐防锈处理。

（10）管道揻弯,喷头安装按不同种类、型号,水泵网安装按不同规格,阀门按压力、规格及连接方式,喷头按种类,均以个计算。

（11）管道支架按管架形式以t计算。

（12）管道按图示管道中心长度以m计算,不扣除阀门、管件及附件所占的长度。

（13）直埋管道的土方工程:回填土,按管道挖土体积计算,管径在500mm以内的管道所占体积不扣除;UPVC给水管固筑应按设计图示以处计算。

（14）水表分规格和连接方式以组计算。

（15）给水井砌筑以 m^3 计算。

（16）管道刷油分管径以m计算,铁件刷油以kg计算。

【例3-14】 海洋馆内有一个音乐喷泉,布置如图3-14所示。所有供水管道均为螺纹连接镀锌钢管,供电电缆外径为4mm,外以UPVC管为材料作保护管,管厚2mm。每个喷头后面均装有投光灯两套,配有一台照明配电箱(内有总刀开关一台,分支刀开关5台及熔断器)、一台供水动力配电箱(内有总刀开关一台,分支刀开关3台及熔断器,DN35的低压螺纹阀门一个,DN30的螺纹连接水表两组),试求其工程量。

【解】 1.清单工程量

（1）项目编码:050306001　　　项目名称:喷泉管道

工程量计算规则:按设计图示尺寸以长度计算。

已知喷泉供水管材为螺纹连接的镀锌钢管,根据图示比例计算出DN50的主供水管长度为16.80m;规格DN30的分支供水管长度为41.82m(包括所有连接喷头的分支管道及中口环形分支管道总长度);规格为DN60的泄水管长度为9.80m;规格为DN40的溢水管道长度为10.00m。

（2）项目编码:050306002　　　项目名称:喷泉电缆

工程量计算规则:按设计图示尺寸以长度计算。

已知供电电缆外径为0.4cm,外用UPVC管作保护管,一般规定钢管电缆管的内径应不小于电缆外径的1.5倍,其他材料的保护管内径不小于1.5倍再加100mm,这里取1.5倍,则所用UPVC电缆管内径 = (4×1.5+100)mm = 106.00mm。

根据图示比例可计算出电缆长度等于UPVC保护管的长度,为36.80m。

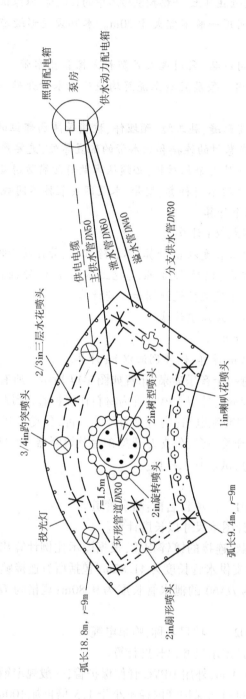

图3-14 某海洋馆内音乐喷泉构造示意图（1:200）

照明配电箱

泵房

供水动力配电箱

供电电缆

主供水管DN50

泄水管DN60

溢水管DN40

分支供水管DN30

2/3in三层水花喷头

3/4in钓突喷头

投光灯

弧长18.8m，r=9m

r=1.5m

环形管道DN30

2in旋转喷头

2in树型喷头

2in扇形喷头

弧长9.4m，r=9m

1in喇叭花喷头

190

（3）项目编码:050306003　　　项目名称:水下艺术装饰灯具

工程量计算规则:按设计图示数量计算。

共有投光 85 套,其中每个喷头均配有两套投光灯(34×2 套＝68 套)以及喷泉池壁旁也装有 17 套灯具。

（4）项目编码:050306004　　　项目名称:电气控制柜

工程量计算规则:按设计图示数量计算。

已知有电气控制柜共 2 台,包括一台照明配电箱(内有总刀开关一台,分支刀开关及熔断器 5 台)、供水动力配电箱一台(内有总刀开关一台,分支刀开关及熔断器 3 台,DN35 的低压螺纹阀门一个,DN30mm 的螺纹连接水表 2 组)。

清单工程量计算见表 3-31。

表 3-31　清单工程量计算表

序号	项目编码	项目名称	项目特征描述	计量单位	工程量
1	050306001001	喷泉管道	螺纹连接镀锌钢管,DN50	m	16.80
2	050306001002	喷泉管道	螺纹连接镀锌钢管,DN30	m	41.82
3	050306001003	喷泉管道	螺纹连接镀锌钢管,DN60	m	9.80
4	050306001004	喷泉管道	螺纹连接镀锌钢管,DN40	m	10.00
5	050306002001	喷泉电缆	UPVC 保护管,管厚 2mm,供电电缆外径为 0.4cm	m	36.80
6	050306003001	水下艺术装饰灯具	投光灯	套	85
7	050306004001	电气控制柜	照明配电箱	台	1
8	050306004002	电气控制柜	供水动力配电箱	台	1

2. 定额工程量

（1）根据图示比例可计算出所用不同规格的镀锌钢管(螺纹连接)的长度:

规格为 DN60 的泄水管长度为 9.80m(套定额 8－7,见表 3-29)。

规格为 DN50 的主供水管长度为 16.80m(套定额 8－6,见表 3-29)。

规格为 DN40 的溢水管长度为 10.00m(套定额 8－5,见表 3-29)。

规格为 DN30 的分支供水管长度为 41.82m(套定额 8－4,见表 3-29)。

（2）已知该题用 UPVC 管为材料作电缆保护管,清单计算已求出 UPVC 管内径为 106mm,而管厚度为 2mm,则管外径＝(106＋4)mm＝110.00mm(套定额 5－36,见表 3-32)。

表　3-32

定额编号	5－32	5－33	5－34	5－35	5－36
项　　目	管外径(mm)以内				
	50	63	75	90	110

（3）根据图示可计算出不同类型的喷头工程量:

树型喷头(2in)——1 套(套定额 5－24,见表 3-27)

旋转喷头(2in)——14 套(套定额 5－23,见表 3-27)

扇形喷头(2in)——2 套(套定额 5－25,见表 3-27)

喇叭花喷头(1in)——6 套(套定额 5－12,见表 3-26)

钐突喷头(3/4in)——3 套(套定额 5 – 16,见表 3-33)

三层水花喷头(2/3in)——8 套(套定额 5 – 18,见表 3-33)

表　3-33

定额编号	5 – 16	5 – 17	5 – 18	5 – 19	5 – 20	5 – 21
项　目	钐突喷头	钐突喷头	三层水花	蒲公英喷头		
	3/4in	3/3in	2/3in	29 根杆	43 根杆	85 根杆

(4)已知在供水动力配电箱中有 D_w35 的低压螺纹阀门一个(套定额 8 – 415,见表 3-30)。

(5)已知在供水动力配电箱中有 $DN30$ 的螺纹连接水表 2 组(套定额 5 – 76)。

【例 3-15】　某公园用混凝土浇筑成棋盘桌凳,供游人休息娱乐之用,如图 3-15 所示。桌凳的面层材料为 25mm 厚白色水磨石面层,桌凳面形状均为正方形,桌凳基础用 80mm 厚混合料,基础周边比支墩延长 100mm,所用现浇钢筋的规格有 $\phi6$ 和 $\phi4$ 的,试求其工程量。

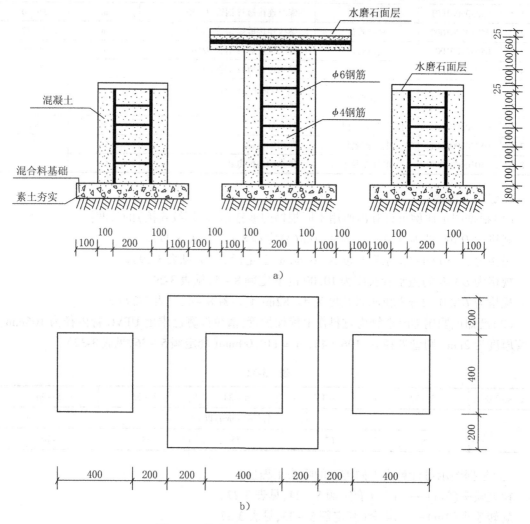

图 3-15　某公园现浇混凝土桌凳构造示意图

a)剖面图　b)平面图

192

【解】 1.清单工程量

项目编码:050305004   项目名称:现浇混凝土桌凳

工程量计算规则:按设计图示数量计算。

根据已知条件及图示可知该组现浇混凝土桌凳由2个座凳、1个桌子组成。

清单工程量计算见表3-34。

表 3-34   清单工程量计算表

序号	项目编码	项目名称	项目特征描述	计量单位	工程量
1	050305004001	现浇混凝土桌凳	凳子面层为25mm厚白色水磨石,基础用80mm厚混合料	个	2
2	050305004002	现浇混凝土桌凳	桌子面层为25mm厚白色水磨石,基础用80mm厚混合料	个	1

说明:1.在计算桌凳所用混凝土工程量时,不用扣除其中钢筋的体积。

   2.基础是以支墩为准,其周边比支墩延长100mm。

   3.预制混凝土构件按设计尺寸以 m³ 计算。

   4.钢筋加工、制作按不同规格和不同的混凝土制作方法,分别按设计长度乘以理论质量以 t 计算。

   5.基础垫层的工程量按图示尺寸以 m³ 计算。

2.定额工程量

(1)已知该桌凳面层材料为白色水磨石,厚度为25mm。

工程量 = 桌面面积 + 凳面面积 ×2

$$= (0.8 \times 0.8 + 0.4 \times 0.4 \times 2)m^2 = 0.64 + 0.32 m^2$$

$$= 0.96 m^2(套定额 8 - 8,见表3-22)$$

【注释】 中间桌面长0.8m,宽0.8m,凳面长0.4m,宽0.4m。一个桌子,两个凳子。

(2)1)桌子的工程量 = 桌面所用混凝土体积 + 桌腿所用混凝土体积

$$= (0.8 \times 0.8 \times 0.06 + 0.4 \times 0.4 \times 0.725)m^3$$

$$= 0.0384 + 0.116 m^3 = 0.15 m^3$$

【注释】 桌面边长为0.8m,厚度为0.06m。桌腿边长为0.4m,厚度为0.725m。则桌面的混凝土体积 = 桌面面积 × 厚度,桌腿的混凝土体积同理,则桌子的工程量可知。

2)凳子的工程量 = 凳子的底面积 × 高度 ×2 个

$$= 0.4 \times 0.4 \times 0.5 \times 2 m^3 = 0.16 m^3$$

【注释】 凳子的边长为0.4m,高0.5m,则凳子的体积为面积 × 高度。共2个凳子。

3)则桌椅的混凝土所用工程量 = 0.15 + 0.16 m³

$$= 0.31 m^3(套定额 4 - 19,见表3-12)$$

(3)该题中所用现浇钢筋规格有 $\phi6$ 和 $\phi4$,计算钢筋工程量就是求所用不同规格钢筋的质量之和。

可知 $r_{\phi4} = 0.099 kg/m$; $r_{\phi6} = 0.222 kg/m$

所以, $G_{\phi6} = (0.8 + 0.725 \times 2 + 0.5 \times 4) \times 0.222/1000 t = 4.25 \times 0.222/1000 t$

$$= 0.00094 t(套定额 9 - 31,见表2-85)$$

$$G_{\phi4} = 0.2 \times 14 \times 0.099/1000t = 0.0002772t$$

则该组桌凳共用钢筋工程量 $= G_{\phi6} + G_{\phi4} = (0.00094 + 0.0002772)t$

$$= 0.001t(套定额 9 - 31,见表 2 - 85)$$

该题所给现浇混凝土桌凳用 80mm 厚混合料作基础垫层。

则工程量 = 桌子的混合料基础垫层体积 + 两个凳子的混合料基础垫层体积

$$= (0.6 \times 0.6 \times 0.08 + 0.6 \times 0.6 \times 0.08 \times 2)m^3 = (0.0288 + 0.0576)m^3$$

$$= 0.09m^3(套定额 2 - 6,见表 2 - 5)$$

【注释】 桌面垫层和凳面垫层的边长皆为 0.6m,厚度为 0.08m。一个桌子,两个凳子。

【例 2-16】 某景区内有一个矩形喷泉池,喷水池池底、池壁为现浇钢筋混凝土材料,水泵房内有一台动力配电箱(包括总刀开关、分支刀开关、熔断器),阀门井装置配有 D_w38 的低压塑料螺纹阀门 1 个,$DN30$ 的螺纹连接水表一组。为了保护水泵,制作安装了 $0.8m \times 0.7m$ 的水泵网。喷泉管网(管材为螺纹连接焊接钢管)及水池壁、底结构层布置如图 3-16 所示,试求其工程量。

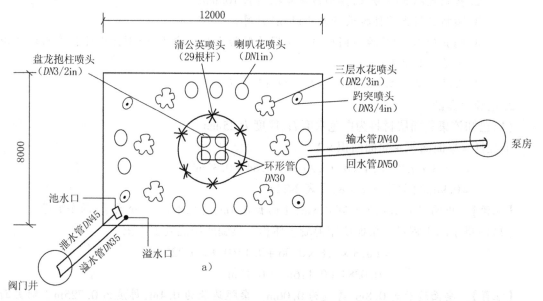

图 3-16 喷水装置示意图

a)喷水池管网喷头布置示意图

【解】 1.清单工程量

(1)项目编码:050306001　　　项目名称:喷泉管道

工程量计算规则:按设计图示尺寸以长度计算。

根据图示 3-16 a 及其比例可计算出不同规格的焊接钢管(螺纹连接)的各自长度。

规格为 $DN40$ 的输水管长度为 8.60m。

规格为 $DN50$ 的回水管长度为 8.60m。

规格为 $DN30$ 的环形管长度为 $(3.14 \times 1.8 + 1 \times 4)m = 9.65m$。

规格为 $DN45$ 的泄水管长度为 4.20m。

规格为 $DN35$ 的溢水管长度为 4.80m。

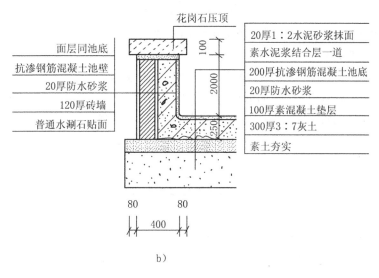

图3-16　喷水装置示意图(续)

b)喷水池池壁、池底构造示意图

（2）项目编码:050306004　项目名称:电气控制柜

工程量计算规则:按设计图示数量计算。

已知有一台电气控制柜为动力配电箱,其中包括有总刀开关、分支刀开关、熔断器。

清单工程量计算见表3-35。

表3-35　清单工程量计算表

序号	项目编码	项目名称	项目特征描述	计量单位	工程量
1	050306001001	喷泉管道	$DN40$	m	8.60
2	050306001002	喷泉管道	$DN50$	m	8.60
3	050306001003	喷泉管道	$DN30$	m	9.65
4	050306001004	喷泉管道	$DN35$	m	4.80
5	050306001005	喷泉管道	$DN45$	m	4.20
6	050306004001	电气控制柜	动力配电箱	台	1

2. 定额工程量

（1）已知喷泉所用管材为螺纹连接的焊接钢管,根据图示比例即可计算出不同规格管道长度。

规格为 $DN50$ 的回水管长度为8.60m（套定额8－6,见表3-29）。

规格为 $DN45$ 的泄水管长度为4.20m（套定额8－6,见表3-29）。

规格为 $DN40$ 的输水管长度为8.60m（套定额8－5,见表3-29）。

规格为 $DN35$ 的溢水管长度为4.80m（套定额8－5,见表3-29）。

规格为 $DN30$ 的环形管长度为9.65m（套定额8－4,见表3-29）。

以上计算方法均同清单工程量计算。

（2）根据图示,计算不同类型喷头的工程量。

喇叭花喷头(1in)——10套（套定额5－12,见表3-26）

跗突喷头（3/4in）——4套（套定额5－16，见表3-33）

三层水花喷头（2/3in）——6套（套定额5－18，见表3-33）

蒲公英喷头（29根杆）——6套（套定额5－19，见表3-33）

盘龙抱柱喷头（3/2in）——4套（套定额5－22，见表3-27）

（3）已知该喷泉配置有 D_w38 的低压塑料螺纹阀门1个（套定额8－415，见表3-30）。

（4）已知该喷泉配置有 $DN30$ 的螺纹连接水表1组（套定额5－76）。

（5）已知为了保护水泵，防止杂物进入水泵，制作安装有0.8m×0.7m的水泵保护网（套定额5－27，见表3-36）。

表 3-36

定额编号	5－27	5－28
项　目	水泵网制安0.8m×0.7m	水泵网制安1m×1.4m

（6）根据图3-16 b可知喷水池内池壁和池底用水泥砂浆抹面：

则　工程量 ＝水池底面长×宽＋池壁各面的长×宽之和

$$=[(12-0.4×2)×(8-0.4×2)+2×(8-0.4×2)×2+2×(12-0.4×2)×2]m^2$$
$$=80.64+28.8+44.8m^2$$
$$=154.24m^2（套定额8－6，见表3-22）$$

【注释】　水池底面长12m，池壁厚0.4m，则水池长度为（12－0.4×2）m。同理，水池宽度为（8－0.4×2）m，则底面面积可知。水池高度为2m，则两个侧面为长为11.2m，高为2m的矩形，两个侧面为长为7.2m，高为2m的矩形，则喷水池的四个侧面和一个底面面积可知。

（7）喷水池外池壁用普通水刷石贴面：

工程量 ＝水池各个外池壁的面积之和 ＝（2.25×8×2＋2.25×12×2）m^2 ＝36＋54m^2
$$=90.00m^2（套定额8－8，见表3-22）$$

【注释】　外池壁的高度为2.25m，长12m，宽8m，则四个外壁表面积可知。长12m，高2.25m，两个面。长8m，高2.25m，两个面。

（8）喷水池抹防水砂浆：

工程量 ＝池底的工程量＋池壁的工程量
$$=[(12-0.2×2)×(8-0.2×2)+2.25×8×2+2.25×12×2]m^2$$
$$=88.16+36+54m^2=178.16m^2$$

【注释】　池底的长为11.2m，宽为7.2m。池壁的两个面长为12m，高为2.25m，两个面的长为8m，高为2.25m。

喷水池抹防水砂浆的定额工程量为178.16m^2 ＝17.82（10m^2）（套定额8－37，见表3-37）。

表　3-37

定额编号	8－36	8－37
项　目	建筑油膏灌缝 /m	抹防水砂浆 /10m²

（9）3∶7 灰土垫层：

工程量 ＝灰土垫层面积×垫层厚度

$$= (12 + 0.08 \times 2) \times (8 + 0.08 \times 2) \times 0.3 \text{m}^3$$

$$= 29.77 \text{m}^2 (套定额 2 - 1, 见表2-2)$$

【注释】 水池的长度为12m,垫层向外挑出0.08m,则灰土垫层的长度为(12 + 0.08×2)m,宽度为(8 + 0.08×2)m,灰土垫层厚度为0.3m。

(10)素混凝土垫层:

工程量 = 素混凝土垫层面积 × 垫层厚度

$$= (12 + 0.08 \times 2) \times (8 + 0.08 \times 2) \times 0.1 \text{m}^3$$

$$= 9.92 \text{m}^3 (套定额 2 - 5, 见表2-5)$$

【注释】 素混凝土的长为(12 + 0.08×2)m,宽为(8 + 0.08×2)m,素混凝土垫层的厚度为0.1m。

(11)花岗石压顶:

工程量 = 所用花岗石的表面积 × 花岗石厚度

$$= [0.56 \times 8 \times 2 + 0.56 \times (12 - 0.56 \times 2) \times 2] \times 0.1 \text{m}^3$$

$$= (8.96 + 12.1856) \times 0.1 \text{m}^3$$

$$= 2.11 \text{m}^3 (套定额 3 - 12, 见表3-38)$$

【注释】 花岗石压顶的宽度为0.56m。喷水池周长为[(12 - 0.56×2)×2 + 8×2]m。则花岗岩压顶的面积可知。压顶厚度为0.1m。则花岗岩压顶的工程量可求得。

表 3-38

定额编号	3 - 9	3 - 10	3 - 11	3 - 12
项　目	方形砖柱	其他砖柱	勾砖缝	压顶石铺装
	m³		m²	m³

(12)如图3-16 b所示120mm厚的砖墙砌筑池壁:

工程量 = 砌砖墙的表面积 × 厚度

$$= (2.25 \times 8 \times 2 + 2.25 \times 12 \times 2) \times 0.12 \text{m}^3 = 90 \times 0.12 \text{m}^3$$

$$= 10.80 \text{m}^3 (套定额 4 - 11, 见表3-39)$$

表 3-39

定额编号	4 - 9	4 - 10	4 - 11
项　目	毛石池底	毛石池壁	砖砌池壁

(13)喷水池池底所用抗渗钢筋混凝土模板:

工程量 = 池底的长 × 宽 = (12 - 0.4×2) × (8 - 0.4×2)m² = 80.64m²

喷水池池底所用抗渗钢筋混凝土模板的定额工程量计算为80.64m² = 8.06(10m²)(套定额9 - 8,见表3-40)。

(14)喷水池池壁所用抗渗钢筋混凝土模板:

工程量 = 各个池壁的面积之和 = (2.25×8×2 + 2.25×12×2)m² = 180.00m²

喷水池池壁所用抗渗钢筋混凝土模板的定额工程量为180.0m² = 18.00(10m²)(套定额9 - 9,见表3-40)。

表 3-40

定额编号	9 – 8	9 – 9	9 – 10
项　目	水池池底	水池池壁	水池弧形池壁

(15)水池所用钢筋混凝土:

工程量 $= (80.64 + 180) \times 0.2 m^3 = 52.128 m^3$(套定额 4 – 2、4 – 7)

【例 3-17】 某景区草坪上零星点缀有以青白石为材料制安的石灯共有 26 个,石灯构造如图 3-17 所示。所用灯具均为 80W 普通白炽灯,混合料基础宽度比须弥座四周延长 100mm,试求其工程量。

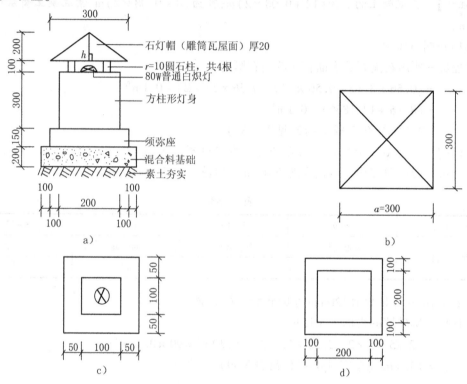

图 3-17　石灯示意图

a)石灯剖面构造图　b)石灯帽平面构造图

c)方椎形灯身平面构造图　d)须弥座平面构造图

【解】 1.清单工程量

项目编码:050307001　项目名称:石灯

工程量计算规则:按设计图示数量计算。

已知该景区共有 26 个青白石为材料制安的石灯。

清单工程量计算见表 3-41。

表 3-41　清单工程量计算表

项目编码	项目名称	项目特征描述	计量单位	工程量
050307001001	石灯	青白石石灯构造如图 3-17 所示	个	26

198

2. 定额工程量

（1）根据图示可知石灯帽边长为30cm，其所用石材：

工程量 = 制作石灯帽所用石材体积 × 26

$$= \frac{1}{2} \times 0.15 \times 0.3 \times 0.02 \times \frac{1}{3} \times 4 \times 26 m^3$$

$$= 0.156 m^3 (套定额 4-36, 见表 3-42)$$

【注释】 灯帽由四个三棱锥石材拼成，工程量为一个三棱锥的体积 × 4 × 石灯个数26。三角形的底为300mm，高由勾股定理得出为250mm。

表 3-42 （单位：m^3）

定额编号	4-36	4-37	4-38	4-39
项　目	石灯制作　石灯帽（雕筒瓦屋面）边长			
	50cm 以内	80cm 以内	100cm 以内	120cm 以内

石灯帽安装（套定额 4-60, 见表 3-43）。

表 3-43

定额编号	4-60	4-61	4-62	4-63
项　目	石灯安装　石灯帽安装　边长			
	50cm 以内	80cm 以内	100cm 以内	120cm 以内

（2）制作方柱形灯身所用石材工程量就是计算出所用青白石的体积（V_1）：

$$V_1 = 0.2 \times 0.2 \times 0.3 m^3 = 0.012 m^3$$

【注释】 方柱形灯身的边长为0.2m，灯身的高度为0.3m。则灯身的体积为边长 × 高度。

$$V_{总} = 0.012 \times 26 m^3 = 0.31 m^3$$

【注释】 一个灯柱的体积为 $0.012 m^3$，共 26 个灯柱。

方柱灯身制作套定额 4-54, 见表 3-44。

方柱灯身安装套定额 4-74, 见表 3-45。

（3）须弥座占地面积：

$$S_2 = 须弥座的边长 \times 边长 = 0.4 \times 0.4 m^2 = 0.16 m^2$$

$$S = 0.16 \times 26 m^2 = 4.16 m^2$$

【注释】 须弥座的边长为0.4m，共 26 个，则一个须弥座占地面积为 0.4m × 0.4m。

须弥座所用石材工程量：

$$V_2 = 须弥座占地面积 \times 高度 = 0.16 \times 0.15 m^3 = 0.024 m^3$$

【注释】 须弥座的占地面积为 $0.16 m^2$，高度为0.15m，则须弥座的占地面积为面积 × 高度。

$$V_{2总} = 0.024 \times 26 m^3 = 0.62 m^3 (套定额 4-57, 见表 3-44)。$$

须弥座安装套定额 4-77, 见表 3-45。

表 3-44

表 3-44

定额编号	4-54	4-55	4-56	4-57	4-58	4-59
项 目	方柱灯身制作			石灯制作		
	边 长			石灯须弥座制作		边长
	30cm 以内	50cm 以内	80cm 以内	50cm 以内	80cm 以内	100cm 以内

表 3-45

定额编号	4-74	4-75	4-76	4-77	4-78	4-79
项 目	石灯安装 方柱灯身安装			石灯安装		
	边 长			石灯须弥座安装		边长
	30cm 以内	50cm 以内	80cm 以内	50cm 以内	80cm 以内	100cm 以内

（4）混合料基础的工程量就是要求计算出所用混合料的体积：

$V_3 = $ 混合料所占地面积×厚度 $= (0.4+0.2) \times (0.4+0.2) \times 0.2 \text{m}^3$
$= 0.072 \text{m}^3$

$V_{3总} = 0.072 \times 26 \text{m}^3 = 1.87 \text{m}^3$（套定额 2-6，见表 2-5）

（5）已知灯具用 80W 的普通白炽灯，查表 3-46 得：白炽灯 $\cos\varphi = 1$

表 3-46 常用园林照明电光源主要特性

光源名称 \\ 特 性	白炽灯（普通照明灯泡）	卤钨灯	荧光灯	荧光高压汞灯	高压钠灯	金属卤化物灯	管形氙灯
定额功率范围	10~100	500~2 000	无	50~1 000	250~400	400~1 000	1 500~100 000
光效/(lm/W)	6.5~19	19.5~21	25~67	30~50	90~100	60~80	20~37
平均寿命/h	1 000	1 500	2 000~3 000	2 500~5 000	3 000	2 000	500~1 000
一般显色指数/Ra	95~99	95~99	70~80	30~40	20~25	65~85	90~94
色温/K	2 700~2 900	2 900~3 200	2 700~6 500	5 500	2 000~2 400	5 000~6 500	5 500~6 000
功率因数/$\cos\varphi$	1	1	0.33~0.7	0.44~0.67	0.44	0.4~0.66	0.4~0.9
表面亮度	大	大	小	较大	较大	大	大
频闪效应	不明显	不明显	明显	明显	明显	明显	明显
耐震性能	较差	差	较好	好	较好	好	好
所需附件	无	无	镇流器 起辉器	镇流器	镇流器	镇流器 触发器	触发器 镇流器

则 $S = 0.7 \times 80 \times 26/1000/0.86 \times 1 \text{kVA} = 0.7 \times 2.08/0.86 \text{kVA} = 1.69 \text{kVA}$

（6）根据估算的总用电容量：

$S = 1.69 \text{kVA}$，可查表 3-47，选择相应容量的配电变压器，由于所用灯具只是普通白炽灯照明，选择型号 SJ-10/6。

表 3-47　园林供电可选的配电变压器

型　　号	额定容量 /kVA	额定线电压/kV		效率(%)	$\cos\varphi_2 = 1$
		高　压	低　压	额定负荷时	额定负荷1/2时
SJ－10/6	10	6.0	0.4	95.79	96.36
SJ－10/10	10	10.0	0.4	95.47	95.69
SJ－20/6	20	6.0	0.4	96.25	96.81
SJ－20/10	20	10.0	0.4	96.06	96.43
SJ－30/8	30	6.3	0.4	96.46	97.01
SJ－30/6	30	10.0	0.4	96.31	96.70
SJ－50/6	50	6.3	0.4	96.75	97.32
SJ－50/10	50	10.0	0.4	96.59	97.01
SJ－100/6	100	6.3	0.4	97.09	97.66
SJ－100/10	100	10.0	0.4	96.96	97.41
SJ－180/6	180	6.3	0.4	97.30	97.83
SJ－180/10	180	10.3	0.4	97.14	97.59
SJ－320/6	320	6.3	0.4	97.66	98.09
SJ－320/10	320	10.0	0.4	97.54	97.89
SJ－560/10	560	10.0	0.4	97.87	98.19

【例 3-18】　某景区内矩形花坛构造如图 3-18 所示,已知花坛外围长为 4.24m×3.44m,花坛边缘有用铁件制作安装的栏杆,高 20cm,已知铁栏杆质量为 $6.3kg/m^2$,且表面涂防锈漆一遍,调和漆两遍,试求其工程量。

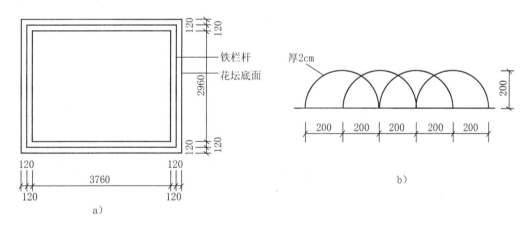

图 3-18　矩形花坛示意图
a)花坛平面构造示意图　b)栏杆构造示意图

【解】　1.清单工程量

(1)项目编码 050307006　　项目名称:铁艺栏杆

工程量计算规则:按设计图示尺寸以长度计算。

根据图示可知花坛安装铁艺栏杆的规格为 4m×3.2m,则总长度 = (4×2＋3.2×2)m = 14.40m,栏杆高度为 0.2m。

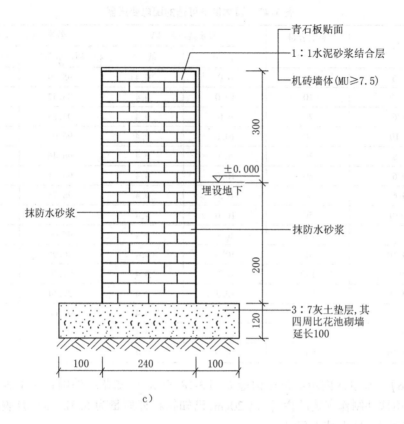

c)

图 3-18 矩形花坛示意图(续)

c)花坛砌体结构示意图

(2)项目编码:050307018 项目名称:砖石砌小摆设

工程量计算规则:按设计图示尺寸以体积计算或以数量计算。

花坛砖砌墙的工程量 = 砖墙砌筑底面积×高

$$= [4.24 \times 0.24 \times (0.3 + 0.2) \times 2 + (3.44 - 0.24 \times 2) \times 0.24 \times (0.3 + 0.2) \times 2] \text{m}^3$$

$$= (0.5088 \times 2 + 0.355 \times 2) \text{m}^3 = 1.0176 + 0.71 \text{m}^3 = 1.73 \text{m}^3$$

【注释】 $(3.44 - 0.24 \times 2)$m 是指花坛短边减去花坛长边已经砌过的两端各 240mm 的墙厚,避免工程量计算重复。

清单工程量计算见表 3-48。

表 3-48 清单工程量计算表

序号	项目编码	项目名称	项目特征描述	计量单位	工程量
1	050307006001	铁艺栏杆	花坛铁艺栏杆,规格为 4m×3.2m,高 0.2m	m	14.40
2	050307018001	砖石砌小摆设	机砖砌筑无空花围墙	m³	1.73

2.定额工程量

(1)花坛机砖砌筑围墙(无空花)的定额工程量为 1.73m³,计算方法同清单工程量计算

202

（套定额 3 - 5,见表3-49）。

表 3-49

定额编号	3 - 1	3 - 2	3 - 3	3 - 4	3 - 5
项 目	砖基础	砖内墙挡土墙	砖外墙	一砖半弧形墙	砖围墙无空花

（2）1:1 水泥砂浆结合层：

工程量 = 结合层的长度×宽度之和

$$= \{[0.24 \times 4.24 + 0.3 \times (4.24 - 0.24 \times 2)] \times 2 + [0.24 \times (3.44 - 0.24 \times 2) + 0.3 \times (3.44 - 0.24 \times 2)] \times 2\} m^2$$

$$= [(1.0176 + 1.128) \times 2 + (0.7104 + 0.888) \times 2] m^2$$

$$= (2.1456 \times 2 + 1.598 \times 2) m^2 = 4.2912 + 3.196 m^2$$

$$= 7.49 m^2（套定额 8 - 1,见表3-50）$$

【注释】 矩形花坛长 4.24m,宽 0.24m,高 0.3m,则长边上表面面积为 $4.24 \times 0.24 \times 2 m^2$,内外两个侧面的面积为 $(4.24 - 0.24 \times 2) \times 0.3 \times 2 m^2$,短边的上表面积为 $0.24 \times (3.44 - 0.24 \times 2) m^2$,内外两个侧面的面积为 $(3.44 - 0.24 \times 2) \times 0.3 \times 2 m^2$。

表 3-50 　　　　　　　　　　　　　　　　　　　　　　　（单位:m²）

定额编号	8 - 1	8 - 2	8 - 3	8 - 4
项 目	抹水泥浆		须弥座抹水泥	须弥座剁斧石普通水泥
	砖墙	混凝土墙		

（3）墙体抹防水砂浆：

工程量 = 抹防水砂浆墙面的长度×宽度之和

$$= \{[(0.3 + 0.2) \times 4.24 + 0.2 \times (4.24 - 0.24 \times 2)] \times 2 + [(0.3 + 0.2) \times 3.44 + 0.2 \times (3.44 - 0.24 \times 2)] \times 2\} m^2$$

$$= [(2.12 + 0.752) \times 2 + (1.72 + 0.592) \times 2] m^2$$

$$= (2.872 \times 2 + 2.312 \times 2) m^2 = 5.744 + 4.624 m^2 = 10.37 m^2$$

机砖砌墙体抹防水砂浆的定额工程量 $= 10.37 m^2 = 1.04（10 m^2）$（套定额 8 - 36,见表3-51）

表 3-51

定额编号	8 - 34		8 - 35	8 - 36
项 目	沥青卷材		建筑油膏灌缝	抹防水砂浆
	二毡三油	每增减一毡一油		
	10m²		m	10m²

（4）图 3-18 所示花池青石板贴面的工程量等于1:1 水泥砂浆结合层的工程量为 $7.49 m^2$,计算方法亦相同。

砖砌体青石板贴面（砂浆粘结）的定额工程量 $= 7.49 m^2 = 0.75（10 m^2）$（套定额8 - 24,见表3-52）

表 3-52

定额编号	8-24	8-25	8-26	8-27
项 目	贴青石板(砂浆粘结)		贴花岗石蘑菇石	
	墙面	方柱	墙面	方柱

(5)铁艺栏杆涂漆工程量 = 半圆栏杆周长 × 厚度 × 2 面 × 数量

计算共有半圆栏杆数量 = {[4/0.4 + (4 - 0.4)/0.4] × 2 + [3.2/0.4 + (3.2 - 0.4)/0.4] × 2}个 = [(10 + 9) × 2 + (8 + 7) × 2]个

= (19 × 2 + 15 × 2)个 = 38 + 30 个 = 68 个

【注释】 栏杆自花坛中心线放置。长边为4m,短边为3.2m。栏杆相差0.2m交错放置。则长边放置的个数为4/0.4个,交错放置的个数为(4 - 0.4)/0.4个,则共放置的个数可求;共2条长边。短边放置的个数为3.2/0.4个,交错放置的个数为(3.2 - 0.4)/0.4个,共放置的个数可得;共2条短边。半圆栏杆数量可知。

计算时可以把半圆栏杆看成是半圆接半圆的两层栏杆组成,外面一层安装长度为图示长度,里面一层的长度为图示长度两边多出的0.2m,每个半圆直径为0.4m,而栏杆安装是对应两面的相等。

则涂漆工程量 = $(\frac{1}{2} × 3.14 × 0.4 × 0.02 × 68m^2) × 2 = 0.01256 × 68 × 2m^2$

$= 1.71m^2$(套定额 8 - 28,见表 3-24)

【注释】 圆的直径为0.4m,则半圆的长度可求得。栏杆厚0.02m,共68个半圆栏杆。

(6)3:7 灰土垫层:

工程量 = 花坛每边 3:7 灰土垫层铺设长度 × 宽度 × 厚度之和

$= [(4.24 + 0.2) × (3.44 + 0.2) - (4.24 - 0.48 - 0.2) × (3.44 - 0.48 - 0.2)] × 0.12m^3 = (4.44 × 3.64 - 3.56 × 2.76) × 0.12m^3$

$= (16.1616 - 9.8256) × 0.12m^3$

$= 6.336 × 0.12m^3 = 0.76m^3$(套定额 2 - 1,见表 2-2)

【注释】 垫层长度两端各超出墙长0.1m,宽度也是。则垫层的面积为长 × 宽 = (4.24 + 0.2)m × (3.44 + 0.2)m,花坛中间为空心,则花坛中部的长为(4.24 - 0.48 - 0.2)m,宽为(3.44 - 0.48 - 0.2)m,其中0.48m为基础宽度。则外侧矩形面积 - 内侧矩形面积 = 垫层面积。垫层厚度为0.12m。

(7)基础埋设地下需人工挖沟槽:

工程量 = 3:7 灰土基础垫层占地面积 × 埋设地下的高度

$= [(4.24 + 0.2) × (3.44 + 0.2) - (4.24 - 0.48 - 0.2) × (3.44 - 0.48 - 0.2)] × (0.12 + 0.2)m^3 = 6.336 × 0.32m^3$

$= 2.03m^3$(套定额 1 - 2,见表 2-2)

【注释】 挖槽面积同垫层面积为上述求得。挖槽深度为(0.12 + 0.2)m,其中0.12m为垫层厚度,0.2m为埋入地下的高度。

(8)机砖砌体与沟槽之间的空隙需人工回填土(夯填):

工程量 = 空隙占地面积 × 高度 = [0.1 × (4.24 + 0.2) × 2 + 0.1 × 3.44 × 2] × 0.2m^3

$$= (0.444 \times 2 + 0.344 \times 2) \times 0.2 m^3 = (0.888 + 0.688) \times 0.2 m^3$$

$$= 1.576 \times 0.2 m^3 = 0.32 m^3 (套定额 1-20, 见表)$$

【注释】 墙长(4.24 + 0.2)m,宽3.44m,空隙宽度为0.1m,两侧,则空隙面积可知。高度为0.2m。

【例3-19】 某广场上现场预制钢筋混凝土柱子6根,柱子外表面用1:1水泥砂浆塑出"盘龙抱柱"纹样,具体布置构造如图3-19所示,采用3:7灰土为材料铺设垫层,其四周比柱子延长100mm,试求其工程量。

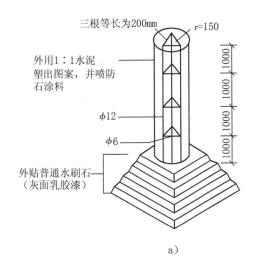

a)

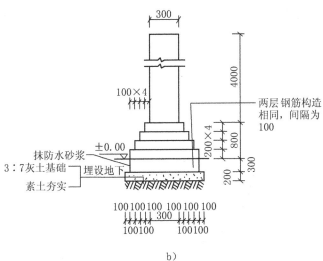

b)

图 3-19　某广场柱子构造示意图

a)柱子立面图　b)柱子剖面图

【解】　1.清单工程量

(1)项目编码:020207001　　项目名称:石浮雕石

工程量计算规则:按设计图示尺寸以雕刻部分外框面积计算。

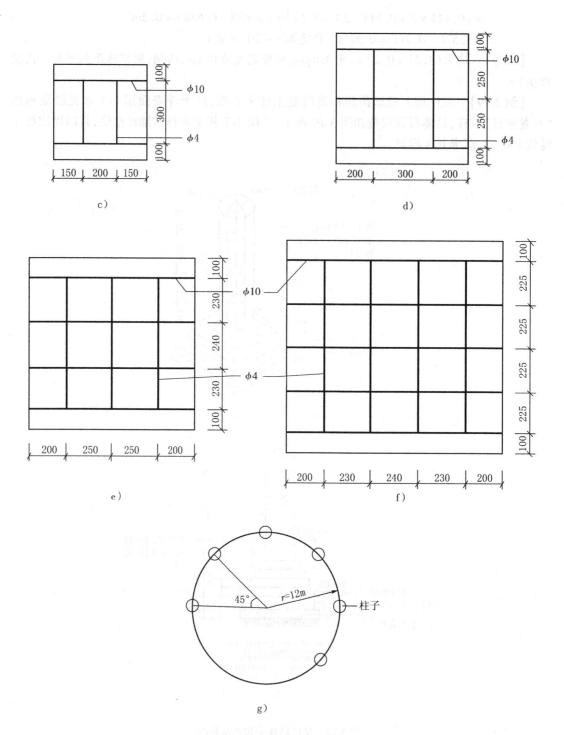

图 3-19　某广场柱子构造示意图(续)

c)、d)、e)、f)大放脚钢筋构造图　g)广场柱子布置图

柱身用 1:1 水泥砂浆塑图案：

工程量 $= \pi \times$ 柱子的直径 $\times$ 柱子高度 $= 3.14 \times 0.3 \times 4 \mathrm{m}^2 = 3.77 \mathrm{m}^2$

则六根柱所用的 1:1 水泥砂浆工程量 $= 3.77 \times 6 m^2 = 22.62 m^2$。

(2)项目编码:050307018   项目名称:砖石砌小摆设

工程量计算规则:按设计图示尺寸以体积计算或以数量计算。

该题所给柱子的工程量按图示尺寸分别计算基础四周大放脚和柱身的体积,汇总后为总工程量,并以总工程量套定额计算。

柱身所用钢筋混凝土:

工程量 $= \pi \times$ 柱子的半径的平方 $\times$ 柱子高度 $= 3.14 \times 0.15^2 \times 4 m^3 = 0.28 m^3$

大放脚所用钢筋混凝土:

工程量 $=$ 每层大放脚的长 $\times$ 宽 $\times$ 厚度之和

$= [0.5 \times 0.5 \times 0.2 + 0.7 \times 0.7 \times 0.2 + 0.9 \times 0.9 \times 0.2 + 1.1 \times 1.1 \times (0.2 + 0.3)] m^3$

$= 0.05 + 0.098 + 0.162 + 0.605 m^3 = 0.92 m^3$

【注释】 大放脚共 4 级放脚。第一级边长为 0.5m,高度为 0.2m;第二级边长为 0.7m,高度为 0.2m;第三级边长为 0.9m,高度为 0.2m;第四级边长为 1.1m,高度为 0.5m。则四级放脚的体积均为边长$^2 \times$高度。

则整个柱子所用钢筋混凝土的工程量 $= 0.2826 + 0.915 m^3 = 1.20 m^3$。

则六根柱的总钢筋混凝土工程量 $= 1.20 \times 6 m^3 = 7.20 m^3$。

清单工程量计算见表3-53。

表 3-53　清单工程量计算表

序号	项目编码	项目名称	项目特征描述	计量单位	工程量
1	020207001001	石浮雕	1:1 水泥砂浆塑纹样,喷涂防石涂料	m^2	22.62
2	050307018001	砖石砌小摆设	柱子	个	6

2. 定额工程量

(1)现场预制钢筋混凝土柱子的定额工程量,其中一根柱子的定额工程量为 $1.20 m^3$,六根柱子的定额工程量为 $7.20 m^3$,计算方法同清单工程量计算(套定额 4 – 21,见表3-12)。

(2)柱身用 1:1 水泥砂浆塑图案,其中一根柱子定额工程量为 $3.77 m^2$,六根柱子为 $22.62 m^2$,计算方法同清单工程量计算(套定额 8 – 6,见表3-22)。

(3)柱身塑成图案后最后喷的防石涂料工程量也就是柱身的表面积计算

工程量 $= 3.14 \times 0.3 \times 4 + 3.14 \times (0.3/2)^2 = 3.768 + 0.0706 m^2 = 3.84 m^2$

则六根柱喷防石涂料的工程量 $= 3.84 \times 6 m^2 = 23.04 m^2$(套定额 8 – 19)

(4)大放脚外贴普通水刷石的工程量等于各面贴水刷石的面积之和

工程量 $= [(0.5 \times 0.5 - 3.14 \times 0.15^2) + 0.5 \times 0.2 \times 4 + (0.7 \times 0.7 - 0.5 \times 0.5) + 0.7 \times 0.2 \times 4 + (0.9 \times 0.9 - 0.7 \times 0.7) + 0.9 \times 0.2 \times 4 + (1.1 \times 1.1 - 0.9 \times 0.9) + 1.1 \times 0.2 \times 4] m^2$

$= 0.17935 + 0.4 + 0.24 + 0.56 + 0.32 + 0.72 + 0.4 + 0.88 m^2$

$= 3.70 m^2$

【注释】 贴水刷石的面积即大放脚的上表面积和侧面积。第一级大放脚边长为 0.5m,

中部有半径为 0.15m 的圆形,正方形的面积减去中部圆形的面积即为上表面需贴水刷石的面积,第一级边长为 0.5m,高 0.2m,则四个侧面的面积为 $0.5 \times 0.2 \times 4m^2$。第二级大放脚上表面需贴面积为边长为 0.7m 的正方形面积减去边长为 0.5m 正方形的面积。二级大放脚高度为 0.2m,则四个侧面面积为 $(0.7 \times 0.2 \times 4)m^2$。第三级大放脚的上表面需贴水刷石面积为边长为 0.9m 的正方形面积减去边长为 0.7m 的正方形面积,放脚高度为 0.2m,则四个侧面的面积为 $(0.9 \times 0.2 \times 4)m^2$。第四级大放脚上表面需贴部分为边长为 1.1m 的正方形面积减去边长为 0.9m 的正方形的面积,地面之上的放脚高度为 0.2m,则四个侧面的面积为 $(1.1 \times 0.2 \times 4)m^2$。

则六根柱其大放脚贴普通水刷石的总工程量 $= 3.70 \times 6m^2 = 22.20m^2$(套定额 8 - 30,见表 3-24)

(5)粘贴普通水刷石前涂抹的灰面乳胶漆工程量等于粘贴普通水刷石的外表面积为 $3.70m^2$,六根柱抹灰面乳胶漆的总工程量为 $22.20m^2$,计算方法同上(套定额 8 - 8,表 3-22)

(6)图示抹防水砂浆:

工程量 = 埋设地下需抹防水砂浆部分的面积之和 $= 1.1 \times 0.3 \times 4m^2 = 1.32m^2$

【注释】 第四级大放脚埋入地下的部分为 0.3m,大放脚的边长为 1.1m,则四个侧面面积为 $1.1 \times 0.3 \times 4m^2$。

则六根柱抹防水砂浆部分的总工程量 $= 1.32 \times 6m^2 = 7.92m^2$(套定额 8 - 37,见表 3-37)

(7)根据图 3-19 所示钢筋构造尺寸及规格计算不同规格钢筋的工程量

查表 3-19,有:$r_{\phi4} = 0.099kg/m$ $r_{\phi6} = 0.222kg/m$

$r_{\phi10} = 0.617kg/m$ $r_{\phi12} = 0.888kg/m$

则 $G_{\phi4} = (0.3 \times 2 + 0.5 \times 2 + 0.7 \times 3 + 0.9 \times 4) \times 0.099/1000t$

$= (0.6 + 1 + 2.1 + 3.6) \times 0.099/1000t$

$= 7.3 \times 0.099/1000t = 0.001t$

则六根柱子所用 $\phi4$ 钢筋工程量 $= 0.001 \times 6t = 0.006t$。

$G_{\phi6} = 0.2 \times 3 \times 5 \times 0.222/1000t = 3 \times 0.222/1000t = 0.001t$

则六根柱子所用 $\phi6$ 钢筋工程量 $= 0.001 \times 6t = 0.006t$(套定额 9 - 33)

$G_{\phi10} = (0.5 \times 2 + 0.7 \times 3 + 0.9 \times 4 + 1.1 \times 5) \times 0.617/1000t$

$= (1 + 2.1 + 3.6 + 5.5) \times 0.617/1000t$

$= 12.2 \times 0.617/1000t = 0.008t$

则六根柱子所用 $\phi10$ 钢筋工程量 $= 0.008 \times 6t = 0.048t$(套定额 9 - 33)

$G_{\phi12} = 4 \times 3 \times 0.888/1000t = 12 \times 0.888/1000t = 0.011t$

则六根柱子所用 $\phi12$ 钢筋工程量 $= 0.011 \times 6t = 0.066t$(套定额 9 - 34)

(8)3:7 灰土基础垫层:

工程量 = 铺垫基础的长度 × 宽度 × 厚度 $= 1.3 \times 1.3 \times 0.2m^3 = 0.34m^3$

【注释】 底部基础边长为 1.3m,垫层厚度为 0.2m。则灰土基础垫层的工程量 = 底面积 × 垫层厚度。

则六根柱的 3:7 灰土基础的总工程量 $= 0.34 \times 6m^3 = 2.04m^3$(套定额 2 - 1,见表 2-4)

【注释】 一根柱子下基础垫层的体积为0.34m³,共6根柱子。

(9)图示埋设地下部分的基础需人工挖沟槽:

工程量 = 底面基础面积×埋设厚度 = 1.3×1.3×(0.2+0.3)m³ = 0.85m³

【注释】 底面基础的边长为1.3m,埋入地下部分有大放脚基础的厚度0.3m,垫层的厚度0.2m。则人工挖土面积为(1.3×1.3)m²,挖土深度为(0.3+0.2)m。

则六根柱共需人工挖沟槽的工程量 = 0.85×6m³ = 5.10m³(套定额1-2,见表2-2)

【注释】 一根柱子下挖基础地槽的工程量为0.85m³,共6根柱子。

(10)沟槽需人工回填土(夯填):

工程量 = 沟槽与所需埋设基础之间的空隙面积×厚度

$$= (1.3×1.3 - 1.1×1.1)×0.3m³ = 0.48×0.3m³ = 0.14m³$$

【注释】 底部基础的边长为1.3m,大放脚最低级的边长为1.1m,则需回填土的面积为 $1.3^2 - 1.1^2 m²$,回填厚度为0.3m。

则六根柱子需人工回填土的总工程量 = 0.14×6m³ = 0.84m³(套定额1-20)

【注释】 一根柱子下回填土的工程量为0.14m³,共6根柱子。

【例3-20】 已知某公园有园路长20m,宽2.5m,两侧如图3-20所示布置园灯,园灯采用双侧对称布置形式,两灯之间间隔4m,试求其工程量(有一个电气控制柜,内有总刀开关1个、分支开关2个和熔断器)。

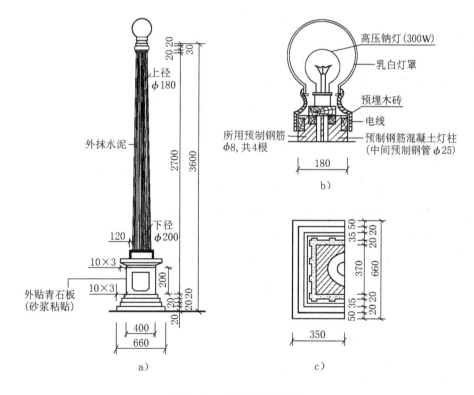

图3-20 园路园灯布置图

a)园灯立面图 b)灯座立面构造图

c)园灯底座断面图

209

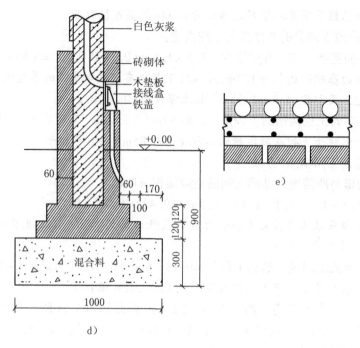

d)

图 3-20 园路园灯布置图(续)

d)基础立面图 e)园灯布置形式图

【解】 1.清单工程量

(1)项目编码:050307001 项目名称:石灯

工程量计算规则:按设计图示数量计算。

计算园路共安装园灯数量,根据已知条件 = (20/4 + 1) ×2 个 = 6 ×2 个 = 12 个。

(2)项目编码:050306004 项目名称:电气控制柜

工程量计算规则:按设计图示数量计算。

已知有一台电气控制柜,内有总刀开关 1 个、分支开关 2 个和熔断器。

(3)项目编码:050307018 项目名称:砖石砌小摆设

工程量计算规则:按设计图示尺寸以体积计算或以数量计算。

预制钢筋混凝土灯柱的工程量就是计算灯柱所用钢筋混凝土的体积。

图示灯柱形状为圆锥台形状,计算圆锥台体积有如下公式:

$$V = \frac{1}{3}\pi h(r_1{}^2 + r_2{}^2 + r_1 r_2)$$

式中 h——圆台高度(m);

r_1——圆台上底面半径(m^2);

r_2——圆台下底面半径(m^2);

V——圆台体积(m^3)。

则 $V_{灯柱} = \frac{1}{3} \times 3.14 \times 2.7 \times \left[\left(\frac{0.18}{2}\right)^2 + \left(\frac{0.2}{2}\right)^2 + \frac{0.18}{2} \times \frac{0.2}{2}\right]m^3 = 0.08m^3$

则所用园灯共需钢筋混凝土的体积 = 0.08 ×12m^3 = 0.96m^3。

园灯灯座部分的钢筋混凝土:

工程量 $= 3.14 \times \left(\dfrac{0.2}{2}\right)^2 \times (3.6 - 2.7)\text{m}^3 = 3.14 \times 0.01 \times 0.9\text{m}^3 = 0.03\text{m}^3$

则所用园灯底座共需部分的钢筋混凝土的工程量 $= 0.03 \times 12\text{m}^3 = 0.36\text{m}^2$

需钢筋混凝土的总工程量为 $(0.96 + 0.36)\text{m}^3 = 1.32\text{m}^3$

清单工程量计算见表 3-54。

表 3-54 清单工程量计算表

序号	项目编码	项目名称	项目特征描述	计量单位	工程量
1	050307001001	石灯	圆锥台形,上径 $\phi 180$,下径 $\phi 120$,高 3600mm	个	12
2	050306004001	电气控制柜	总刀开关 1 个,分支开关 2 个,熔断器	台	1
3	050307018001	砖石砌小摆设	钢筋混凝土灯座	m³	1.32
4	050307018002	砖石砌小摆设	砖灯座	m³	1.80

2. 定额工程量

(1)制作钢筋混凝土灯柱的定额工程量为所有钢筋混凝土构件的总体积的和,则 $(0.96 + 0.36)\text{m}^3 = 1.32\text{m}^3$(套定额 4 - 15,见表 3-11)。其中 0.96m^3 为灯柱所用的钢筋混凝土工程量,计算方法同清单工程量计算(套定额 9 - 25);0.36m^3 为园灯灯座所用钢筋混凝土工程量,计算方法同清单工程量计算(套定额 4 - 15)。

1)园灯柱柱身外抹水泥的工程量($S_{\text{灯柱}}$)就是求圆锥台形状灯柱的外表面积,有如下公式:

$$S = \frac{1}{2}(C_1 + C_2) \times h$$

式中　S——圆台表面积(m^2);

　　　C_1——圆台上底面周长(m);

　　　C_2——圆台下底面周长(m);

　　　h——圆台高度(m)。

则　$S_{\text{灯柱}} = \dfrac{1}{2} \times (3.14 \times 0.18 + 3.14 \times 0.2) \times 2.7\text{m}^2$

　　　　　　$= \dfrac{1}{2} \times (0.5652 + 0.628) \times 2.7\text{m}^2 = \dfrac{1}{2} \times 1.1932 \times 2.7\text{m}^2 = 1.61\text{m}^2$

则所有园灯需抹水泥的工程量 $= 1.61 \times 12\text{m}^2 = 19.32\text{m}^2$

2)园灯底座砖砌基础的工程量就是计算砖砌体的体积。

砖砌体体积 $= \{0.66 \times 0.66 \times 0.12 + 0.46 \times 0.46 \times 0.12 + [(0.46 - 0.06 \times 2) \times (0.46 -$

$$0.06 \times 2) \times (3.6 - 2.7) - 3.14 \times \left(\frac{0.2}{2}\right)^2 \times (3.6 - 2.7)]\}\text{m}^3$$

$$= [0.0523 + 0.0254 + (0.104 - 0.02826)]\text{m}^3$$

$$= 0.15\text{m}^3$$

则所有园灯的砖砌基础工程量 $= 0.15 \times 12\text{m}^3 = 1.80\text{m}^3$(套定额 8 - 6,见表 3-22)。

（2）图示砖砌基础的总定额工程量为 $1.80m^3$，其中一个园灯的定额工程量为 $0.15m^3$，计算方法同清单工程量计算（套定额 3 - 1）。

（3）灯座外贴青石板的工程量就是计算外贴青石板部分的面积：

青石板部分面积 $= \{0.66 \times 0.03 \times 4 + [0.46 \times 0.02 \times 4 + (0.46 - 0.02) \times 0.02 \times 4 +$
$(0.46 - 0.02 - 0.02) \times 0.02 \times 4] + 0.37 \times 0.2 \times 4\}m^2$
$= [0.0792 + (0.0368 + 0.0352 + 0.0336) + 0.296]m^2$
$= 0.0792 + 0.1056 + 0.296m^2 = 0.48m^2$

则所有园灯灯座需外贴青石板的工程量 $= 0.48 \times 12m^2 = 5.76m^2$

图示外贴青石板的总定额工程量为 $5.76m^2 = 0.58(10m^2)$，其中一个园灯的定额工程量为 $0.48m^2 = 0.05(10m^2)$，计算方法同清单工程量计算（套定额 8 - 25，见表 3-52）。

（4）贴青石板所用的水泥砂浆粘贴的总工程量为 $5.76m^2$，其中一个园灯所用的定额工程量为 $0.48m^2$，计算方法同上（套定额 8 - 1，见表 3-50）。

（5）所用规格为 $\phi8$ 的预制钢筋工程量计算：

查表 3-20，有 $r_{\phi8} = 0.395kg/m$

则 $G\phi8 = (2.7 \times 4) \times 0.395/1000t = 10.8 \times 0.395/1000t = 0.004t$

则所有园灯共需用 $\phi8$ 预制钢筋工程量 $= 0.004 \times 12t = 0.048t$（套定额 9 - 33）

（6）混合料垫层工程量 = 垫层的长度×宽度×厚度 $= 1 \times 1 \times 0.3m^3 = 0.30m^3$

则所有园灯铺设的混合料垫层工程量 $= 0.3 \times 12m^3 = 3.60m^3$（套定额 2 - 6，见表 2-5）

（7）埋设基础需人工挖沟槽

工程量 = 埋设基础的长度×宽度×厚度 $= 1 \times 1 \times 0.9m^3 = 0.90m^3$

则所有园灯需人工挖沟槽的工程量 $= 0.9 \times 12m^3 = 10.80m^3$（套定额 1 - 2，见表 2-2）

（8）沟槽需人工回填土（夯填）

工程量 = 沟槽需回填土的面积×厚度
$= \{1 \times 1 \times 0.9 - [1 \times 1 \times 0.3 + (1 - 0.14 \times 2)^2 \times 0.12 + (1 - 0.14 \times 2 - 0.06 \times 2)^2 \times 0.12 + (1 - 0.14 \times 2 - 0.06 \times 4)^2 \times (0.9 - 0.3 - 0.12 \times 2)]\}m^3$
$= [0.9 - (0.3 + 0.0622 + 0.0432 + 0.0829)]m^3$
$= 0.41m^3$

则所有园灯挖的沟槽需人工回填土的总工程量 $= 0.41 \times 12m^3 = 4.92m^3$（套定额 1 - 20）

第二节　综合实例详解

【例3-21】　某小游园规划如图 3-21 ~ 3-56 所示，图 3-21 为小游园整体规划图，图 3-22 ~ 3-56 为游园细部分结构示意图，根据图示计算工程量。

【解】　1.定额工程量计算

（1）小游园整体占地面积

$S = 长 \times 宽 = 56.1 \times 48.9m^2 = 2743.29m^2$（如图 3-21 所示，长 56.1m，宽 48.9m）

（2）园路主干道占地面积

$S = 长 \times 宽 = 48.9 \times 3m^2 = 146.70m^2$（如图 3-22 所示，长 48.9m，宽 3m）

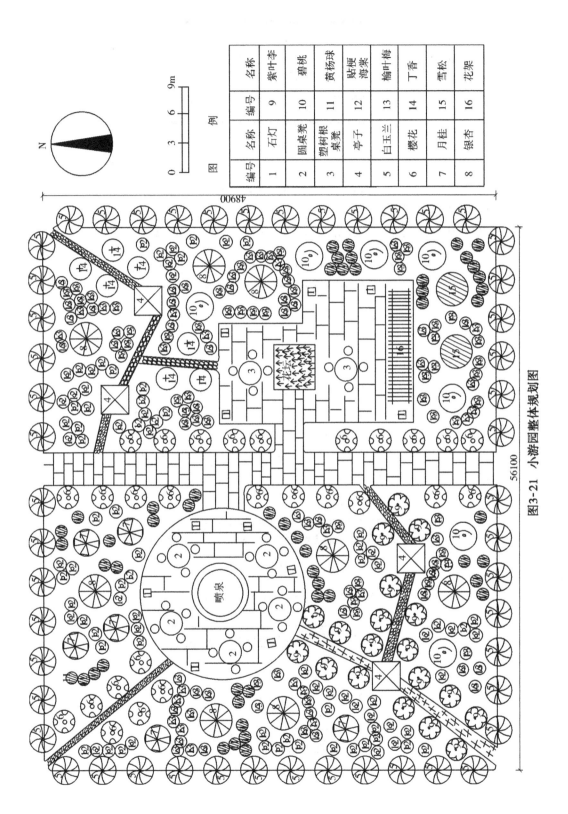

图3-21 小游园整体规划图

编号	名称	编号	名称
1	石灯	9	紫叶李
2	圆桌凳	10	碧桃
3	塑树根桌凳	11	黄杨球
4	亭子	12	贴梗海棠
5	白玉兰	13	榆叶梅
6	樱花	14	丁香
7	月桂	15	雪松
8	银杏	16	花架

图 例

0   3   6   9m

N

48900

56100

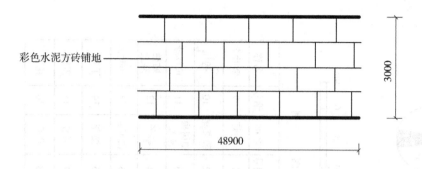

彩色水泥方砖铺地

3000

48900

图 3-22　园路主干道铺装平面图

（3）二级园路占地面积

$S = 长 \times 宽 = 21.9 \times 1.5 \mathrm{m}^2 = 32.85 \mathrm{m}^2$（如图 3-23 所示，长 21.9m，宽 1.5m）

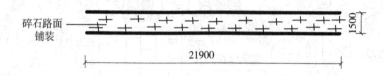

碎石路面
铺装

1500

21900

图 3-23　二级园路铺装平面图

（4）三级园路占地面积

$S = 长 \times 宽 = A 段 + B 段 + C 段 + D 段 + E 段 + F 段 + G 段$

$= (16.8 \times 1.2 + 9.3 \times 1.2 + 7.8 \times 1.2 + 8.7 \times 1.2 + 8.1 \times 1.2 + 1.14 \times 1.2 + 4.5 \times 1.2) \mathrm{m}^2$

$= (20.16 + 11.16 + 9.36 + 10.44 + 9.72 + 1.368 + 5.4) \mathrm{m}^2 = 67.61 \mathrm{m}^2$

【注释】　三级园路的宽度均为 1.2m，A 段长 16.8m，B 段长 9.3m，C 段长 7.8m，D 段长 8.7m，E 段长 8.1m，F 段长 1.14m，G 段长 4.5m。

（如图 3-24 ~ 图 3-30 所示）

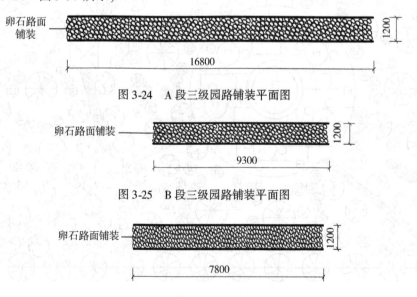

卵石路面
铺装

1200

16800

图 3-24　A 段三级园路铺装平面图

卵石路面铺装

1200

9300

图 3-25　B 段三级园路铺装平面图

卵石路面铺装

1200

7800

图 3-26　C 段三级园路铺装平面图

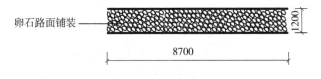

图 3-27 D 段三级园路铺装平面图

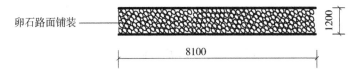

图 3-28 E 段三级园路铺装平面图

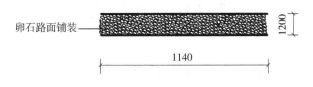

图 3-29 F 段三级园路铺装平面图

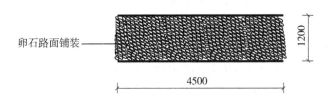

图 3-30 G 段三级园路铺装平面图

（5）园路基础垫层体积

1）主干道基础垫层体积

①40mm 厚混合砂浆：

$V = 长 \times 宽 \times 厚 = 48.9 \times (3 + 0.1) \times 0.04 \text{m}^3 = 6.06 \text{m}^3$

【注释】 主干道长 48.9m，宽(3 + 0.1)m，砂浆厚 0.04m。

（如图 3-22、图 3-31 所示）

②100mm 厚碎砖三合土：

$V = 长 \times 宽 \times 厚 = 48.9 \times (3 + 0.1) \times 0.1 \text{m}^3 = 15.16 \text{m}^3$

【注释】 主干道长 48.9m，宽(3 + 0.1)m，碎砖三合土厚 0.1m。

（如图 3-22、图 3-31 所示）

③120mm 厚素混凝土：

$V = 长 \times 宽 \times 厚 = 48.9 \times (3 + 0.1) \times 0.12 \text{m}^3 = 18.19 \text{m}^3$（套定额 2 - 5）

【注释】 主干道长 48.9m，宽(3 + 0.1)m，素混凝土厚 0.12m。

（如图 3-22、图 3-31 所示）

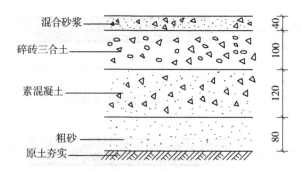

图 3-31　园路垫层剖面图

④80mm 厚粗砂：

$V = 长 \times 宽 \times 厚 = 48.9 \times (3 + 0.1) \times 0.08m^3 = 12.13m^3 (套定额 2 - 3)$

【注释】　主干道长 48.9m，宽(3 + 0.1)m，粗砂厚 0.08m。

(如图 3-22、图 3-31 所示)

⑤原土夯实面积：

$S = 长 \times 宽 = 48.9 \times (3 + 0.1)m^2 = 151.59m^2 (套定额 1 - 22)$

(如图 3-22 所示)

说明：园路垫层宽度：无路牙者，按路面宽度加 10cm 计算。

2)二级园路基础垫层体积

①40mm 厚混合砂浆：

$V = 长 \times 宽 \times 厚 = 21.9 \times (1.5 + 0.1) \times 0.04m^3 = 1.40m^3$

【注释】　二级园路长 21.9m，宽(1.5 + 0.1)m，砂浆厚 0.04m。

(如图 3-23、图 3-31 所示)

②100mm 厚碎砖三合土：

$V = 长 \times 宽 \times 厚 = 21.9 \times (1.5 + 0.1) \times 0.1m^3 = 3.50m^3$

【注释】　二级园路长 21.9m，宽(1.5 + 0.1)m，碎砖三合土厚 0.1m。

(如图 3-23、图 3-31 所示)

③120mm 厚素混凝土：

$V = 长 \times 宽 \times 厚 = 21.9 \times (1.5 + 0.1) \times 0.12m^3 = 4.20m^3 (套定额 2 - 5)$

【注释】　二级园路长 21.9m，宽(1.5 + 0.1)m，素混凝土厚 0.12m。

(如图 3-23、图 3-31 所示)

④80mm 厚粗砂：

$V = 长 \times 宽 \times 厚 = 21.9 \times (1.5 + 0.1) \times 0.08m^3 = 2.80m^3 (套定额 2 - 3)$

【注释】　二级园路长 21.9m，宽(1.5 + 0.1)m，粗砂厚 0.08m。

(如图 3-23、图 3-31 所示)

⑤原土夯实：

$S = 长 \times 宽 = 21.9 \times (1.5 + 0.1)m^2 = 35.04m^2 (套定额 1 - 22)$

(如图 3-23、图 3-31 所示)

3)三级园路基础垫层体积

①40mm 厚混合砂浆：

$V = 长 \times 宽 \times 厚 = A 段 + B 段 + C 段 + D 段 + E 段 + F 段 + G 段$

$= [16.8 \times (1.2 + 0.1) \times 0.04 + 9.3 \times (1.2 + 0.1) \times 0.04 + 7.8 \times (1.2 + 0.1) \times 0.04 +$

$8.7 \times (1.2 + 0.1) \times 0.04 + 8.1 \times (1.2 + 0.1) \times 0.04 + 1.14 \times (1.2 + 0.1) \times 0.04 +$

$4.5 \times (1.2 + 0.1) \times 0.04] m^3$

$= (16.8 + 9.3 + 7.8 + 8.7 + 8.1 + 1.14 + 4.5) \times (1.2 + 0.1) \times 0.04 m^3 = 2.93 m^3$

【注释】 三级园路的总长度为$(16.8 + 9.3 + 7.8 + 8.7 + 8.1 + 1.14 + 4.5)$m，路宽$(1.2 + 0.1)$m，混合砂浆厚度为 0.04m。

（如图 3-24 ~ 图 3-31 所示）

②100mm 厚碎砖三合土：

$V = 长 \times 宽 \times 厚 = A 段 + B 段 + C 段 + D 段 + E 段 + F 段 + G 段$

$= (16.8 + 9.3 + 7.8 + 8.7 + 8.1 + 1.14 + 4.5) \times (1.2 + 0.1) \times 0.1 m^3$

$= 56.34 \times 1.3 \times 0.1 m^3 = 7.32 m^3$

（如图 3-24 ~ 图 3-31 所示）

【注释】 同上，碎砖三合土的厚度为 0.1m。

③120mm 厚素混凝土：

$V = 长 \times 宽 \times 厚 = A 段 + B 段 + C 段 + D 段 + E 段 + F 段 + G 段$

$= (16.8 + 9.3 + 7.8 + 8.7 + 8.1 + 1.14 + 4.5) \times (1.2 + 0.1) \times 0.12 m^3$

$= 56.34 \times 1.3 \times 0.12 m^3 = 8.79 m^3$（套定额 2 - 5）

（如图 3-24 ~ 图 3-31 所示）

【注释】 同上，素混凝土的厚度为 0.12m。

④80mm 厚粗砂：

$V = 长 \times 宽 \times 厚 = A 段 + B 段 + C 段 + D 段 + E 段 + F 段 + G 段$

$= (16.8 + 9.3 + 7.8 + 8.7 + 8.1 + 1.14 + 4.5) \times (1.2 + 0.1) \times 0.08 m^3$

$= 56.34 \times 1.3 \times 0.08 m^3 = 5.86 m^3$（套定额 2 - 3）

（如图 3-24 ~ 图 3-31 所示）

【注释】 同上，粗砂厚度为 0.08m。

⑤原土夯实：

$S = 长 \times 宽 = (16.8 + 9.3 + 7.8 + 8.7 + 8.1 + 1.14 + 4.5) \times (1.2 + 0.1) m^2$

$= 73.24 m^2$（套定额 1 - 22）

（如图 3-24 ~ 图 3-31 所示）

（6）园路基础层挖土方体积

$V = 长 \times 宽 \times 厚 \times 系数 = 主干道 + 二级园路 + 三级园路$

$= [48.9 \times 3 + 21.9 \times 1.5 + (16.8 + 9.3 + 7.8 + 8.7 + 8.1 + 1.14 + 4.5) \times 1.2] \times$

$(0.04 + 0.1 + 0.12 + 0.08) \times 1.09 m^3 = (146.7 + 32.85 + 67.608) \times 0.34 \times 1.09 m^3$

$= 91.60 m^3$（套定额 1 - 4）

【注释】 主干道长 48.9m，宽 3m。二级园路长 21.9m，宽 1.5m。三级园路长$(16.8 + 9.3 + 7.8 + 8.7 + 8.1 + 1.14 + 4.5)$m，宽 1.2m。则总的面积可求。挖土深度为 0.34m，1.09 为系数。

（如图 3-22 ~ 图 3-31 所示）

说明：人工挖土方、基坑、槽沟按图示垫层外皮的宽、长，乘以挖土方深度以 m^3 计算，并按
图示工程量分别乘以系数。

（7）广场铺装面积

1）圆形广场铺装面积：

$S = \pi r^2 = [3.14 \times (18/2)^2 + 0.3 \times 0.45] m^2 = 254.34 + 0.135 m^2 = 254.48 m^2$

（如图 3-32 所示）

【注释】 广场的直径为 18m，则圆形广场面积可知。广场出口处宽 0.45m，长 0.3m，出口
处面积可知。

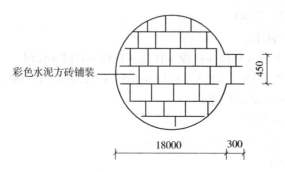

彩色水泥方砖铺装

图 3-32　圆形广场铺装平面图

2）方形广场铺装面积：

$S = 长 \times 宽 = (10.5 \times 9 + 3 \times 3 + 15 \times 12) m^2 = (94.5 + 9 + 180) m^2 = 283.50 m^2$

（如图 3-33 所示）

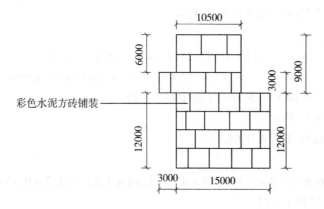

彩色水泥方砖铺装

图 3-33　方形广场铺装平面图

【注释】 如图，方形广场分三部分求，上部分长 10.5m，宽 9m；中间长 3m，宽 3m，下部长
15m，宽 12m。

（8）广场基础垫层体积

1）圆形广场基础垫层体积：

①300mm 厚 3:7 灰土：

$V = \pi r^2 \times 厚 = 3.14 \times (18/2)^2 \times 0.3 m^3 = 76.30 m^3$（套定额 2 - 1）

（如图 3-32、图 3-34 所示）

图 3-34　广场垫层剖面图

【注释】　圆形广场的直径为 18m，则面积可求得，灰土层厚 0.3m，体积可知。

②15mm 厚水泥砂浆找平层面积：

$S = \pi r^2 = 3.14 \times (18/2)^2 \, \text{m}^2 = 254.34 \, \text{m}^2 \, （套定额 8-38）$

【注释】　圆形广场的直径为 18m。

（如图 3-32、图 3-34 所示）

③原土夯实：

$S = \pi r^2 = [3.14 \times (18/2)^2] \, \text{m}^2 = 254.34 \, \text{m}^2 \, （套定额 1-22）$

（如图 3-32、图 3-34 所示）

2）方形广场基础垫层体积：

①300mm 厚 3：7 灰土：

$V = 长 \times 宽 \times 厚 = (10.5 \times 9 + 3 \times 3 + 15 \times 12) \times 0.3 \, \text{m}^3 = 283.5 \times 0.3 \, \text{m}^3$

$= 85.05 \, \text{m}^3 （套定额 2-1）$

【注释】　方形广场面积已知，灰土层厚度为 0.3m。

（如图 3-33、图 3-34 所示）

②15mm 厚水泥砂浆找平层面积：

$S = 长 \times 宽 = (10.5 \times 9 + 3 \times 3 + 15 \times 12) \, \text{m}^2 = 283.50 \, \text{m}^2 （套定额 8-38）$

（如图 3-33、图 3-34 所示）

③原土夯实：

$S = 长 \times 宽 = (10.5 \times 9 + 3 \times 3 + 15 \times 12) \, \text{m}^2 = 283.50 \, \text{m}^2 （套定额 1-22）$

（如图 3-33、图 3-34 所示）

(9) 广场基础层挖土方体积

$V = 长 \times 宽 \times 深 = V_{圆形} + V_{方形}$

$= [3.14 \times (18/2)^2 + (10.5 \times 9 + 3 \times 3 + 15 \times 12)] \times 0.3 \times 1.09 \, \text{m}^3$

$= (254.34 + 283.5) \times 0.3 \times 1.09 \, \text{m}^3$

$= 175.87 \, \text{m}^3 （套定额 1-4）$

【注释】　方形广场和圆形广场的面积均已知，挖土深度为 0.3m，1.09 为系数。

（如图 3-32 ~ 图 3-34 所示）

(10) 喷泉管道与喷头流量

1）喷泉管道总长：

$L = (3.75 \times 4 + 4.65 \times 4 + 4.8 \times 4 + 5.25 \times 2) \, \text{m} = 63.30 \, \text{m}$

（如图 3-35 所示）

219

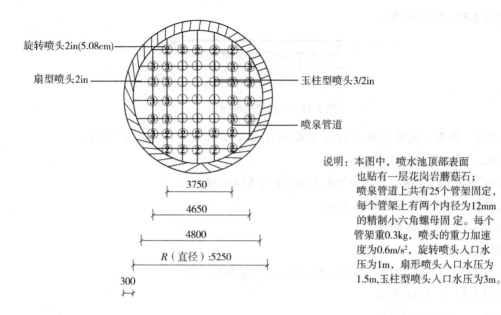

旋转喷头2in(5.08cm)

扇型喷头2in

玉柱型喷头3/2in

喷泉管道

说明：本图中，喷水池顶部表面
也贴有一层花岗岩蘑菇石；
喷泉管道上共有25个管架固定，
每个管架上有两个内径为12mm
的精制小六角螺母固定。每个
管架重0.3kg，喷头的重力加速
度为0.6m/s²，旋转喷头入口水
压为1m，扇形喷头入口水压为
1.5m，玉柱型喷头入口水压为3m。

3750

4650

4800

R（直径）:5250

300

图 3-35　圆形喷泉平面图

2）管架总重：

①精制小六角螺母重：

每 1000 个内径为 12mm 的小六角螺母重 11.67kg

1 个精制小六角螺母重 11.67/1000kg = 0.012t

②管架总重：

$W = (0.3 \times 25 + 0.01167 \times 2 \times 25)\text{kg} = (7.5 + 0.5835)\text{kg} = 8.0835\text{kg}$

$= 0.008\text{t}$（套定额 5 - 7）

（如图 3-35 所示）

3）喷嘴截面面积

①旋转型喷头：

$$f = 3.14 \times \frac{(2 \times 25.4)^2}{4}\text{mm}^2 = 2025.80\text{mm}^2 \qquad （如图 3-35 所示）$$

15 套（套定额 5 - 23）

②扇形喷头：

$$f = 2 \times 25.4\text{mm}^2 = 50.80\text{mm}^2 \qquad （如图 3-35 所示）$$

17 套（套定额 5 - 25）

③玉柱型喷头：

$$f = 3/2 \times 25.4\text{mm}^2 = 38.10\text{mm}^2 \qquad （如图 3-35 所示）$$

12 套（套定额 5 - 26）

说明：1in ≈ 25.4mm

4）喷头流量

①旋转喷头：

$$q = \mu f \sqrt{2gH} \times 10^{-3} = 0.75 \times 2050.80 \times \sqrt{2 \times 0.6 \times 1} \times 10^{-3}\text{L/s} = 1.66\text{L/s}$$

220

②扇形喷头：

$$q = \mu f \sqrt{2gH} \times 10^{-3} = 0.75 \times 50.8 \times \sqrt{2 \times 0.6 \times 1.5} \times 10^{-3} \text{L/s} = 0.05 \text{L/s}$$

③玉柱型喷头：

$$q = \mu f \sqrt{2gH} \times 10^{-3} = 0.75 \times 38.1 \times \sqrt{2 \times 0.6 \times 3} \times 10^{-3} \text{L/s} = 0.05 \text{L/s}$$

（11）喷水池表面贴花岗石蘑菇石面积

$S = $ 侧立面 + 水池顶部表面

$= 3.14 \times (5.25 + 0.3 \times 2) \times 1.5 + \{3.14 \times [(5.25 + 0.3 \times 2)/2]^2 - 3.14 \times (5.25/2)^2\} \text{m}^2$

$= [3.14 \times 5.85 \times 1.5 + (26.86 - 21.64)] \text{m}^2$

$= 32.77 \text{m}^2 = 3.28(10\text{m}^2)$（套定额 8 - 26）

【注释】 水池的外壁直径为 $(5.25 + 0.3 \times 2)$m，则周长可知，水池高 1.5m，侧立面面积可知。内径内壁直径为 5.25m，外圆面积减去内圆面积可知水池顶部表面。

（如图 3-35、图 3-36 所示）

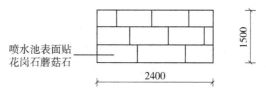

图 3-36　喷水池侧立面图

（12）喷水池池底工程量

1）20mm 厚水泥砂浆抹面：

$S = \pi r^2 = 3.14 \times [(5.25 + 0.3 \times 2)/2]^2 \text{m}^2 = 3.14 \times 2.925^2 \text{m}^2 = 26.86 \text{m}^2$（套定额 8 - 2）

【注释】 水池外壁直径为 $(5.25 + 0.3 \times 2)$m。

（如图 3-35、图 3-37 所示）

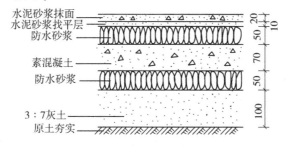

图 3-37　喷水池池底剖面图

2）10mm 厚水泥砂浆找平层：

$S = \pi r^2 = 3.14 \times [(5.25 + 0.3 \times 2)/2]^2 \text{m}^2 = 26.86 \text{m}^2$（套定额 8 - 38）

（如图 3-35、图 3-37 所示）

3）50mm 厚防水砂浆：

计算方法同（12）1）计算：$S = 26.86 \text{m}^2$（套定额 8 - 37）

（如图 3-35、图 3-37 所示）

4）70mm 厚素混凝土：

$V = $ 底面积 × 厚 $= 3.14 \times [(5.25 + 0.3 \times 2)/2]^2 \times 0.07 \text{m}^3 = 3.14 \times 2.925^2 \times 0.07 \text{m}^3$

$=1.88\mathrm{m}^3$(套定额2－5)

【注释】 池底面积已知,素混凝土的厚度为0.07m。

(如图3-35、图3-36所示)

5)100mm厚3:7灰土:

$V =$ 底面积×厚 $= 3.14 \times [(5.25 + 0.3 \times 2)/2]^2 \times 0.1\mathrm{m}^3 = 3.14 \times 2.925^2 \times 0.1\mathrm{m}^3$

$= 2.69\mathrm{m}^3$(套定额2－1)

【注释】 同上,灰土层厚度为0.1m。

(如图3-35、图3-37所示)

6)原土夯实:

$S = \pi r^2 = 3.14 \times [(5.25 + 0.3 \times 2)/2]^2\mathrm{m}^2 = 26.86\mathrm{m}^2$(套定额1－22)

(如图3-35、图3-37所示)

7)喷水池底挖土方:

$V =$ 底面积×厚×系数

$= 3.14 \times [(5.25 + 0.3 \times 2)/2]^2 \times (0.1 + 0.05 + 0.07 + 0.05 + 0.01 + 0.02) \times 1.09\mathrm{m}^3$

$= 3.14 \times 2.925^2 \times 0.3 \times 1.09\mathrm{m}^3 = 8.78\mathrm{m}^3$(套定额1－4)

【注释】 池底面积已知,挖土深度为各结合层厚度之和。

(如图3-35、图3-37所示)

(13)喷水池池壁工程量

1)混凝土池壁体积:

$V = \pi D \times$ 高×厚 $= 3.14 \times (5.25 + 0.3 \times 2) \times 1.5 \times 0.2\mathrm{m}^3$

$= 3.14 \times 5.85 \times 1.5 \times 0.2\mathrm{m}^3$

$= 5.51\mathrm{m}^3$

【注释】 池底直径已知,周长可求。池壁高1.2m,厚0.2m。

(如图3-35、图3-36、图3-38所示)

2)水泥砂浆抹面:

$S = \pi D \times$ 高×2

$= 3.14 \times (5.25 + 0.3 \times 2) \times 1.5 \times 2\mathrm{m}^2$

$= 3.14 \times 5.85 \times 1.5 \times 2\mathrm{m}^2$

$= 55.11\mathrm{m}^2$(套定额8－1)

【注释】 水池外壁直径已知,周长可求,池壁高度为1.5m,共内外两个面。

(如图3-35,图3-36,图3-38所示)

3)50厚防水砂浆:

$S = \pi D \times$ 高 $= 3.14 \times (5.25 + 0.3 \times 2) \times 1.5\mathrm{m}^2 = 27.55\mathrm{m}^2 = 2.76(10\mathrm{m}^2)$(套定额8－37)

【注释】 防水砂浆只涂抹内壁,则周长×高度即为内壁侧面积。

(如图3-35,图3-36,图3-38所示)

(14)石灯工程量

1)石灯帽体积:

$V =$ 长×宽×厚 $= 0.6 \times 0.6 \times 0.1\mathrm{m}^3 = 0.036\mathrm{m}^3$

$V_{总} = V \times$ 数量 $= 0.036 \times 11\mathrm{m}^3 = 0.40\mathrm{m}^3$(套定额4－37)

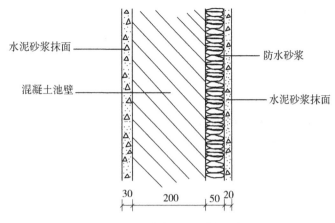

图 3-38　喷水池池壁剖面图

（如图 3-21、图 3-39、图 3-40 所示）

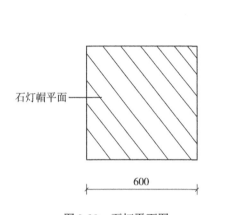

图 3-39　石灯平面图

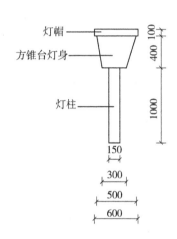

图 3-40　石灯立面图

2）方锥台灯身体积：

$$V = \frac{1}{3}h\left(S_1 + S_2 + \sqrt{S_1 S_2}\right)$$

$$= \frac{1}{3} \times 0.4 \times \left(0.5 \times 0.5 + 0.3 \times 0.3 + \sqrt{0.5 \times 0.5 \times 0.3 \times 0.3}\right) \mathrm{m}^3$$

$$= \frac{1}{3} \times 0.4 \times \left(0.25 + 0.09 + 0.15\right) \mathrm{m}^3$$

$$= \frac{1}{3} \times 0.4 \times 0.49 \mathrm{m}^3 = 0.07 \mathrm{m}^3$$

【注释】　方锥台灯身的大口边长为 0.5m，小口边长为 0.3m，灯身高度为 0.4m。

$V_{总} = V \times$ 数量 $= 0.07 \times 11 \mathrm{m}^3 = 0.77 \mathrm{m}^3$（套定额 4 - 72）

【注释】　一个灯身的体积为 $0.07 \mathrm{m}^3$，共 11 个石灯。

（如图 3-21、图 3-40 所示）

3）灯柱体积：

$$V = 长 \times 宽 \times 高 = 0.15 \times 0.15 \times 1 \mathrm{m}^3 = 0.02 \mathrm{m}^3$$

$V_总 = V \times 数量 = 0.02 \times 11 \mathrm{m}^3 = 0.22 \mathrm{m}^3$

【注释】 灯柱的截面积为$(0.15 \times 0.15) \mathrm{m}^2$,灯柱高1m,共11个石灯。

（如图3-21、图3-40所示）

4）灯柱基础挖土方

$V = 长 \times 宽 \times 高 \times 系数 = 0.15 \times 0.15 \times 0.5 \times 1.09 \mathrm{m}^3 = 0.01 \mathrm{m}^3$

$V_总 = V \times 数量 = 0.01 \times 11 \mathrm{m}^3 = 0.11 \mathrm{m}^3$（套定额1-3）

【注释】 灯柱的截面积为$(0.15 \times 0.15) \mathrm{m}^2$,挖土深度为0.5m,系数为1.09,共11个石灯。

（如图3-21、图3-41所示）

(15)砖砌圆桌凳工程量

1）圆桌凳表面贴青石板面积：

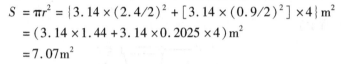

$$S = \pi r^2 = \{3.14 \times (2.4/2)^2 + [3.14 \times (0.9/2)^2] \times 4\} \mathrm{m}^2$$
$$= (3.14 \times 1.44 + 3.14 \times 0.2025 \times 4) \mathrm{m}^2$$
$$= 7.07 \mathrm{m}^2$$

$S_总 = S \times 数量 = 7.07 \times 5 \mathrm{m}^2 = 35.35 \mathrm{m}^2$（套定额8-24）

【注释】 圆桌的直径为2.4m,圆凳的直径为0.9m,一个桌子,4个凳子。则一套圆桌凳贴青石板的面积可得,共5套。

（如图3-21、图3-42所示）

图3-41 灯柱挖基础示意图

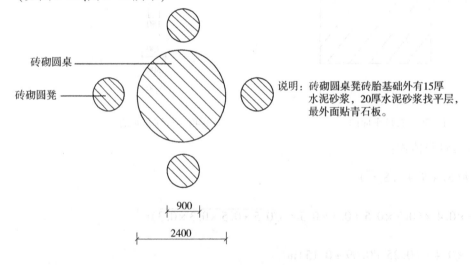

说明：砖砌圆桌凳砖胎基础外有15厚水泥砂浆,20厚水泥砂浆找平层,最外面贴青石板。

图3-42 砖砌圆桌凳平面图

2）砖砌圆桌体积：

$$V = 桌面体积 + 桌墩体积$$
$$= 3.14 \times (2.4/2)^2 \times 0.2 + 0.5 \times 0.5 \times 0.6 \mathrm{m}^3$$
$$= 1.05 \mathrm{m}^3$$

$V_总 = V \times 数量 = 1.05 \times 5 \mathrm{m}^3 = 5.25 \mathrm{m}^3$

【注释】 圆桌的直径为2.4m,则圆桌面积可知,桌面厚度为0.2m,桌面体积可求。桌墩为立方体,截面积为$(0.5 \times 0.5) \mathrm{m}^2$,高度为0.6m。则一张圆桌的体积可知,共5张。

（如图 3-21、图 3-42、图 3-43 所示）

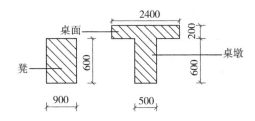

图 3-43　砖砌圆桌凳剖面图

3）砖砌圆凳体积：

$V = 底面积 \times 高 \times 个数 = 3.14 \times (0.9/2)^2 \times 0.6 \times 4 m^3 = 1.53 m^3$

$V_总 = V \times 数量 = 1.53 \times 5 m^3 = 7.65 m^3$

【注释】　圆凳的直径为 0.9m，凳面面积可知。凳子高度为 0.6m，则一个凳子的体积可知。一套桌凳里面有 4 个凳子，共有 5 套。

（如图 3-21、图 3-43 所示）

4）桌凳表面 15mm 厚水泥砂浆面积

$\begin{aligned} S &= \{3.14 \times (2.4/2)^2 \times 2 + 3.14 \times 2.4 \times 0.2 + 0.5 \times 4 \times 0.6 - 0.5 \times 0.5 + [3.14 \times (0.9/2)^2 \\ &\quad + 3.14 \times 0.9 \times 0.6] \times 4\} m^2 \\ &= [9.0432 + 1.5072 + 1.2 - 0.25 + (0.63585 + 1.6956) \times 4] m^2 \\ &= (9.0432 + 1.5072 + 1.2 - 0.25 + 9.3258) m^2 \\ &= 20.83 m^2 \end{aligned}$

$S_总 = S \times 个数 = (20.83 \times 5) m^2 = 104.15 m^2（套定额 8-1）$

【注释】　圆桌的直径为 2.4m，则桌面面积可求，上下两面。周长可知，桌面厚度为 0.2m，则侧面面积为周长 × 厚度。桌墩为柱体，边长为 0.5m，高 0.6m，则四个侧面面积为 $(0.5 \times 0.6 \times 4) m^2$，上表面为 $(0.5 \times 0.5) m^2$。凳子直径为 0.9m，则凳面面积可知，凳子周长可求，高度为 0.6m。则凳子的侧面为周长 × 高度，共 4 个凳子。则一套桌凳的水泥砂浆抹面面积可知，共 5 套。

（如图 3-21、图 3-42、图 3-43 所示）

5）桌凳表面 20mm 厚水泥砂浆找平层面积：

计算方法同（15）4）计算一样：$S = 20.83 m^2$　　　$S_总 = 104.15 m^2（套定额 8-38）$

（如图 3-21、图 3-42、图 3-44 所示）

（16）塑树根桌凳工程量

1）砖砌塑树根桌体积：

$V = 底面积 \times 高 = 3.14 \times (2.4/2)^2 \times 1 m^3 = 4.52 m^3$

【注释】　树根桌子的直径为 2.4m，则面积可求，高度为 1m。

$V_总 = V \times 数量 = (4.52 \times 2) m^3 = 9.04 m^3$

【注释】　一个树根桌子的体积为 4.52m³，共 2 个。

（如图 3-21、图 3-44、图 3-45 所示）

2）砖砌塑树根凳体积：

$V = 底面积 \times 高 \times 个数 = 3.14 \times (0.9/2)^2 \times 0.6 \times 4 m^3 = 1.526 m^3$

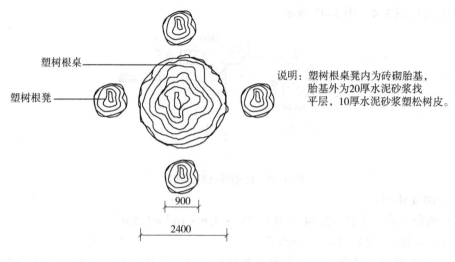

塑树根桌
塑树根凳

说明：塑树根桌凳内为砖砌胎基，
胎基外为20厚水泥砂浆找
平层，10厚水泥砂浆塑松树皮。

900
2400

图 3-44 塑树根桌凳平面图

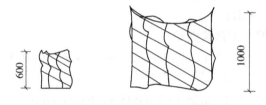

600 1000

图 3-45 塑树根桌凳立面图

$V_{总} = V \times 数量 = (1.526 \times 2) \text{m}^3 = 3.05 \text{m}^3$

【注释】 树根凳子的直径为 0.9m，则凳面面积可知，凳子高度为 0.6m，共 4 个，则树根凳子的体积可知，共 2 套。

（如图 3-21、图 3-44、图 3-45 所示）

3）塑树根桌凳表面水泥砂浆找平层面积：

$S = S_{桌} + S_{凳} = \{[3.14 \times (2.4/2)^2 + 3.14 \times 2.4 \times 1] + [3.14 \times (0.9/2)^2 \times 4 + 3.14 \times 0.9 \times 0.6 \times 4]\} \text{m}^2 = (4.5216 + 7.536) + (2.5434 + 6.7824) \text{m}^2 = 21.38 \text{m}^2$

$S_{总} = S \times 数量 = 21.38 \times 2 \text{m}^2 = 42.76 \text{m}^2$（套定额 8-38）

【注释】 树根桌子的直径为 2.4m，高度为 1m，则桌面面积可知，桌子侧面面积可知。树根凳子的直径为 0.9m，高度为 0.6m，则凳面面积可求，凳子侧面面积可知，共 4 个凳子，则一套桌凳的水泥砂浆找平层面积可知，共 2 套。

（如图 3-21、图 3-44、图 3-45 所示）

4）水泥砂浆塑松树皮面积：

计算方法同（16）中 3）计算：$S = 21.38 \text{m}^2$ $\qquad S_{总} = 42.76 \text{m}^2$

（如图 3-21、图 3-44、图 3-45 所示）

(17) 桌凳基础层挖土方与垫层工程量

1）砖砌圆桌凳挖土方体积：

$V = 底面积 \times 深 \times 系数$

$= \{3.14 \times (2.4/2)^2 \times (0.1 + 0.15) + [3.14 \times (0.9/2)^2 \times (0.1 + 0.15) \times 4]\} \times 1.09 \text{m}^3$

$$= (3.14 \times 1.44 \times 0.25 + 3.14 \times 0.2025 \times 0.25 \times 4) \times 1.09 m^3 = 1.93 m^3$$

【注释】 圆桌的直径为2.4m,挖土深度为0.25m。圆凳的直径为0.9m,挖土深度为0.25m,共4个凳子。系数为1.09。

$V_总 = V \times 数量 = 1.93 \times 5 m^3 = 9.65 m^3$(套定额1-4)

(如图3-21、图3-42、图3-46所示)

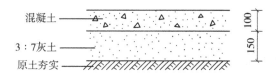

图3-46 桌凳垫层剖面图

2)塑树根桌凳挖土方体积:

$V = 底面积 \times 深 \times 系数$

$= [3.14 \times (2.4/2)^2 \times (0.1 + 0.15) + 3.14 \times (0.9/2)^2 \times (0.1 + 0.15) \times 4] \times 1.09 m^3$

$= 1.93 m^3$

$V_总 = V \times 数量 = 1.93 \times 2 m^3 = 3.86 m^3$(套定额1-4)

【注释】 树根圆桌的直径为2.4m,挖土深度为0.25m。圆凳的直径为0.9m,挖土深度为0.25m,共4个凳子。系数为1.09,则一套圆桌凳的挖土体积可知,共2套。

(如图3-21、图3-44、图3-46所示)

3)砖砌桌凳与塑树根桌凳100mm厚混凝土垫层总体积:

$V = 底面积 \times 厚 \times 数量$

$= [3.14 \times (2.4/2)^2 \times 0.1 \times 7 + 3.14 \times (0.9/2)^2 \times 0.1 \times 28] m^3$

$= 3.17 + 1.78 m^3 = 4.95 m^3$(套定额2-5)

【注释】 圆桌和树根圆桌的直径相同,都为2.4m,垫层的混凝土厚度为0.1m,共7个,圆桌5个,树根圆桌2个。圆凳和树根圆凳的直径均为0.9m,垫层厚度为0.1m,一个桌子旁4个凳子,共7个桌子,即28个凳子。

(如图3-42、图3-44、图3-46所示)

4)砖砌桌凳与塑树根桌凳150mm厚3:7灰土垫层体积:

$V = 底面积 \times 厚 \times 数量$

$= [3.14 \times (2.4/2)^2 \times 0.15 \times 7 + 3.14 \times (0.9/2)^2 \times 0.15 \times 28] m^3$

$= 4.75 + 2.67 m^3 = 7.42 m^3$(套定额2-1)

【注释】 圆桌和树根圆桌的直径相同,都为2.4m,灰土垫层厚度为0.15m,共7个,圆桌5个,树根圆桌2个。圆凳和树根圆凳的直径均为0.9m,垫层厚度为0.15m,一个桌子旁4个凳子,共7个桌子,即28个凳子。则桌子凳子的灰土垫层体积可求。

(如图3-42、图3-44、图3-46所示)

5)砖砌圆桌凳与塑树根桌凳原土夯实:

$S = \pi r^2 \times 数量$

$= [3.14 \times (2.4/2)^2 \times 7 + 3.14 \times (0.9/2)^2 \times 28] m^2$

$= 31.65 + 17.80 m^2 = 49.45 m^2$(套定额1-22)

【注释】 圆桌的直径为2.4m,共7个,则面积可求。圆凳的直径为0.9m,共28个,则面积可求。原土夯实的面积为两者之和。

(如图3-21、图3-22、图3-44、图3-46所示)

(18)正方形花坛工程量

1)花坛表面贴花岗石蘑菇石面积:

$$S = 长 \times 宽$$
$$= (4.5 \times 1 \times 4 + 4.5 \times 0.5 \times 2 + 3.5 \times 0.5 \times 2)m^2$$
$$= 18 + 4.5 + 3.5 m^2$$
$$= 26.00m^2 = 2.60(10m^2)(套定额8-26)$$

【注释】 花坛边长为4.5m,高度为1m,则四个侧面面积可知。花坛上表面两道长4.5m,宽0.5m,面积可知,两道长3.5m,宽0.5m,面积可知。则贴花岗石蘑菇石的面积为四个侧面和上表面面积之和。

(如图3-47、图3-51所示)

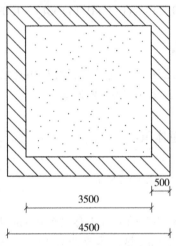

说明:本图中,正方形花坛顶部表面贴有一层花岗石蘑菇石,花坛壁为砖砌。

图3-47 正方形花坛平面图

2)砖砌花坛壁体积:

$$V = 长 \times 宽 \times 高$$
$$= (4.5 \times 1 \times 0.5 \times 2 + 3.5 \times 1 \times 0.5 \times 2)m^3 = 4.5 + 3.5 m^3$$
$$= 8.00m^3(套定额3-5)$$

【注释】 花坛长4.5m,宽0.5m,高1m,砌砖两道,长3.5m,宽0.5m,高1m,砌砖两道。

(如图3-47、图3-51所示)

3)花坛内人工回填土体积:

$$V = 长 \times 宽 \times 厚 = 3.5 \times 3.5 \times 0.5 m^3 = 6.13m^3(套定额1-21)$$

(如图3-47、图3-52所示)

4)花坛80mm厚混凝土垫层体积:

$$V = 长 \times 宽 \times 厚$$
$$= 4.5 \times 4.5 \times 0.08 m^3$$
$$= 1.62m^3(套定额2-5)$$

228

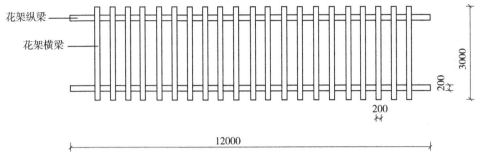

花架纵梁 ——

花架横梁 ——

说明：花架为现浇混凝土花架柱，梁表面有20厚水泥砂浆找平层，15厚水泥砂浆。

图 3-48　花架平面图

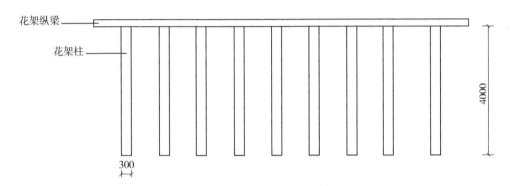

花架纵梁 ——

花架柱 ——

图 3-49　花架立面图

注：梁柱截面均为正方形。

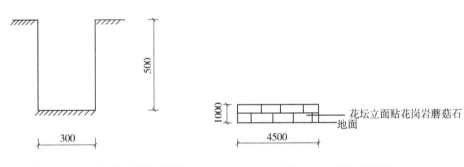

图 3-50　花架柱基础坑示意图

图 3-51　花坛立面图

花坛立面贴花岗岩蘑菇石

地面

（如图 3-47、图 3-52 所示）

5）花坛 300mm 厚 3∶7 灰土垫层体积：

$V = 长 \times 宽 \times 厚 = 4.5 \times 4.5 \times 0.3 \, m^3$

$= 6.08 m^3$（套定额 2 - 1）

（如图 3-47、图 3-52 所示）

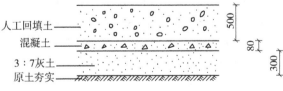

人工回填土
混凝土
3∶7灰土
原土夯实

图 3-52　花坛内部垫层剖面图

6）花坛原土夯实面积：

$S = 长 \times 宽 = 4.5 \times 4.5 \, m^2 = 20.25 m^2$（套定额 1 - 22）

（如图 3-47、图 3-58 所示）

7）花坛挖土方体积：

$V = 长 \times 宽 \times 厚 \times 系数 = 4.5 \times 4.5 \times (0.5 + 0.08 + 0.3) \times 1.09 m^3$

$\qquad = 19.42 m^3 (套定额 1 - 4)$

【注释】 花坛外围边长为4.5m,挖土深度为(0.5 + 0.08 + 0.3)m,系数为1.09,则挖土方体积可求得。

(如图3-47、图3-52所示)

(19)花架工程量

1)现浇混凝土花架柱体积(C30混凝土):

$V = 长 \times 宽 \times 高 = 0.3 \times 0.3 \times 4 m^3 = 0.36 m^3$

$V_总 = V \times 数量 = 0.36 \times 18 m^3 = 6.48 m^3 (套定额 4 - 21)$

(如图3-21、图3-49所示)

2)混凝土花架梁体积:

$V = V_{横梁} + V_{纵梁} = (0.2 \times 0.2 \times 3 \times 21 + 0.2 \times 0.2 \times 12 \times 2) m^3 = 2.52 + 0.96 m^3$

$\qquad = 3.48 m^3 (套定额 4 - 20)$

【注释】 横梁的截面积为$(0.2 \times 0.2) m^2$,长3m,共21根。纵梁的截面积为$(0.2 \times 0.2) m^2$,长12m,共2根。

(如图3-48所示)

3)柱、梁表面20mm厚水泥砂浆找平层面积:

$S = S_{柱} + S_{横梁} + S_{纵梁} = (0.3 \times 4 \times 4 \times 18 + 0.2 \times 3 \times 4 \times 21 + 0.2 \times 12 \times 4 \times 2) m^2$

$\qquad = 86.4 + 50.4 + 19.2 m^2 = 156.00 m^2 (套定额 8 - 38)$

【注释】 柱子的边长为0.3m,高度为4m,则4个侧面面积可知,共18根柱。横梁的边长为0.2m,长3m,则4个侧面面积可知,共21根横梁。纵梁的边长为0.2m,长12m,则4个侧面面积可知,共2根纵梁。

(如图3-48、图3-49所示)

4)柱、梁表面15mm厚水泥砂浆面积:计算方法同(19)3)计算一样:$S = 156.00 m^2 (套定额 8 - 2)$

(如图3-48、图3-49所示)

5)花架挖柱基体积:

$V = 长 \times 宽 \times 深 \times 数量 \times 系数 = 0.3 \times 0.3 \times 0.5 \times 18 \times 1.40 m^3 = 1.13 m^3 (套定额 1 - 3)$

(如图3-21、图3-48~图3-50所示)

(20)四角亭工程量

1)亭面板面积:

由图3-53可知,亭顶部是由一个圆板四周为四个等腰梯形组成四角亭顶部。圆板直径为0.6m,等腰梯形上底为0.48m,下底为3m,边长为1.86m。

①圆板的面积:$S = 3.14 \times (0.6/2)^2 m^2 = 0.28 m^2$

【注释】 圆板的直径为0.6m。

②等腰梯形面积:

$S = (上底 + 下底) \times 高/2$

$\qquad = (0.48 + 3) \times \sqrt{1.86^2 - [(3 - 0.48)/2]^2}/2 m^2$

$\qquad = 3.48 \times 1.37/2 m^2$

$\qquad = 2.38 m^2$

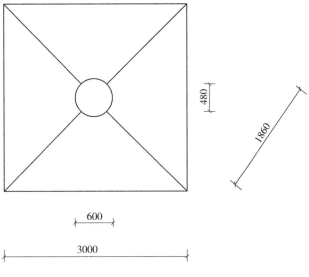

图 3-53　亭子顶部平面图

③四角亭面板面积：

$S = S_{圆板} + S_{等腰梯形} = (0.28 + 2.38 \times 4) \text{m}^2 = 9.80 \text{m}^2$

$S_{总} = S \times 4 = 9.8 \times 4 \text{m}^2 = 39.20 \text{m}^2$

$V = 总面积 \times 厚 = 39.20 \times 0.06 \text{m}^3 = 2.35 \text{m}^3（套定额 10 - 15）$

（如图 3-51、图 3-53 所示）

2）亭子梁体积：

$V = 长 \times 宽 \times 厚 = 3 \times 0.3 \times 0.3 \text{m}^3 = 0.27 \text{m}^3$

$V_{总} = V \times 16 = 0.27 \times 16 \text{m}^3 = 4.32 \text{m}^3（套定额 10 - 2）$

（如图 3-51、3-54 所示）

3）亭子柱体积：

$V = 长 \times 宽 \times 高 = 0.3 \times 0.3 \times 3 \text{m}^3 = 0.27 \text{m}^3$

$V_{总} = V \times 16 = 0.27 \times 16 \text{m}^3 = 4.32 \text{m}^3（套定额 10 - 1）$

（如图 3-51、图 3-54 所示）

4）亭子柱、梁表面刷防护漆面积：

$S = S_{柱} + S_{梁}$

$\quad = [0.3 \times 3 \times 4 + 0.3 \times 3 \times 2 + (3 - 0.3 \times 2) \times 0.3] \text{m}^2$

$\quad = 3.6 + 1.8 + 0.72 \text{m}^2$

$\quad = 6.12 \text{m}^2$

$S_{总} = S \times 根数 = 6.12 \times 16 \text{m}^2 = 97.92 \text{m}^2（套定额 8 - 30）$

【注释】　柱子的边长为0.3m，高度为3m，则4个侧面面积可知。梁的厚度为0.3m，长度为3m，则两个端面积可知。梁底面长(3 - 0.3 \times 2)m，宽0.3m。

（如图 3-21、图 3-54 所示）

5）亭子内方砖铺地面积：

$S = 长 \times 宽 = 3 \times 3 \text{m}^2 = 9.00 \text{m}^2$

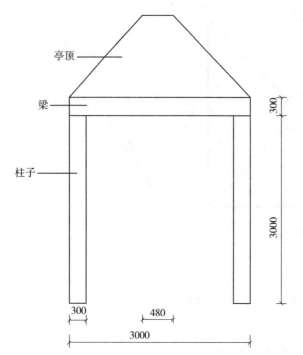

图 3-54 亭子立面图

$S_总 = S \times 数量 = 9 \times 4\text{m}^2 = 36.00\text{m}^2$

（如图 3-21、图 3-54 所示）

6）砖砌台阶与地面体积：

$V = 长 \times 宽 \times 厚$

$= [3 \times 3 \times 0.2 + (3 + 0.4) \times 3 \times 0.2]\text{m}^3$

$= 1.8 + 2.04\text{m}^3 = 3.84\text{m}^3$

$V_总 = V \times 数量$

$= 3.84 \times 4\text{m}^3$

$= 15.36\text{m}^3（套定额 2-43）$

（如图 3-21、图 3-55 所示）

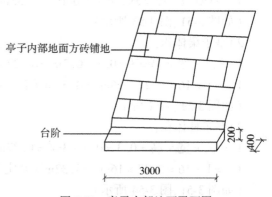

图 3-55 亭子内部地面平面图

7）砖砌表面 20mm 厚水泥砂浆面积：

$S = 长 \times 宽$

$= (3 \times 3 + 3 \times 0.2 \times 2 + 3 \times 0.4 + 0.4 \times 0.2 \times 2)\text{m}^2$

$= 9 + 1.2 + 1.2 + 0.16\text{m}^2$

$= 11.56\text{m}^2$

$S_总 = S \times 数量 = 11.56 \times 4\text{m}^2 = 46.24\text{m}^2（套定额 2-45）$

【注释】 砖砌上表面长 3m，宽 3m，水泥砂浆面积可知，侧面长 3m，厚 0.2m，则侧面两个面积可知。侧面长 4m，宽 0.4m，则侧面另两个面积可知。

（如图 3-21、图 3-55 所示）

8）100mm 厚混凝土垫层体积：

$V = 长 \times 宽 \times 厚 = (3+0.4) \times 3 \times 0.1 m^3 = 3.4 \times 3 \times 0.1 m^3 = 1.02 m^3$

$V_{总} = V \times 数量 = 1.02 \times 4 m^3 = 4.08 m^3 (套定额 2-5)$

(如图 3-21、图 3-56 所示)

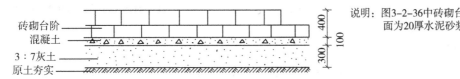

图 3-56 亭子台阶垫层剖面图

说明：图3-2-36中砖砌台阶表面为20厚水泥砂浆。

9)300mm 厚 3:7 灰土垫层体积：

$V = 长 \times 宽 \times 厚 = (3+0.4) \times 3 \times 0.3 m^3 = 3.06 m^3$

$V_{总} = V \times 数量 = 3.06 \times 4 m^3 = 12.24 m^3 (套定额 2-1)$

(如图 3-21、图 3-56 所示)

10)原土夯实：

$S = 长 \times 宽 = (3+0.4) \times 3 m^2 = 10.20 m^2$

$S_{总} = S \times 数量 = 10.2 \times 4 m^2 = 40.80 m^2 (套定额 1-22)$

(如图 3-21、图 3-56 所示)

(21)整理绿化用地面积(三类土)

$S = 小游园总面积 - 园路面积 - 广场面积 - 亭子面积$

小游园占地面积：2743.29m², 见定额工程量计算"(1)"

园路面积：146.7 + 32.85 + 67.61m² = 247.16m², 见定额工程量计算"(2)""(3)""(4)"

广场面积：254.48 + 283.50m² = 537.98m², 见定额工程量计算"(7)"

亭子面积：40.80m², 见定额工程量计算"(20)""(10)"

$S = (2743.29 - 247.16 - 537.98 - 40.80) m^2 = 1917.35 m^2$

(如图 3-21 所示)

(22)栽植乔木

1)白玉兰	胸径	20cm	20 株(套定额 2-6)
		25cm	30 株(套定额 2-7)
2)樱花	胸径	5.0cm	27 株(套定额 2-1)
3)月桂	胸径	20cm	4 株(套定额 2-6)
		25cm	2 株(套定额 2-7)
4)银杏	胸径	25cm	8 株(套定额 2-7)
5)紫叶李	胸径	5.0cm	19 株(套定额 2-1)
6)碧桃	胸径	8.0~10cm	7 株(套定额 2-3)
7)丁香	胸径	3.5~5.0cm	7 株(套定额 2-1)
8)雪松	胸径	20~25cm	2 株(套定额 2-7)

(如图 3-21 所示)

(23)栽植灌木

1)黄杨球	高 1~1.2m	52 株(套定额 2-8)
2)贴梗海棠	高 1.2~1.5m	88 株(套定额 2-8)

3）榆叶梅　　　　高 1~1.2m　　　　123 株（套定额 2-8）

（如图 3-21 所示）

（24）栽植花卉

月季　　　　二年生　　　29 株　　$S = 20.25\text{m}^2 = 2.03(10\text{m}^2)$（套定额 2-94）

（如图 3-21 所示）

（25）铺种草皮

野牛草　　　草皮　　　$S = 1917.35\text{m}^2 = 191.74(10\text{m}^2)$（同"（21）"）（套定额 2-92）

（如图 3-21 所示）

2. 清单工程量计算及套用

（1）园路

　　项目编码:050201001　　　项目名称:园路

　　工程量计算规则:按设计图示尺寸以面积计算,不包括路牙。

　　清单工程量计算同定额工程量计算

　　$S = $ 主干道 + 二级园路 + 三级园路 $= (146.7 + 32.85 + 67.61)\text{m}^2$

　　　$= 247.16\text{m}^2$

（2）喷泉管道

　　项目编码:050306001　　　项目名称:喷泉管道

　　工程量计算规则:按设计图示尺寸以长度计算。

　　清单工程量计算同定额工程量计算:$L = 63.30\text{m}$

（3）石灯

　　项目编码:050307001　　　项目名称:石灯

　　工程量计算规则:按设计图示数量计算。

　　石灯　　　11 个　　　（如图 3-2-1 所示）

（4）塑树根桌凳

　　项目编码:050305008　　　项目名称:塑树根桌凳

　　工程量计算规则:按设计图示数量计算。

　　塑树根桌子　　　　7 个

　　　　　凳子　　　28 个

　　（如图 3-21 所示）

（5）现浇混凝土花架柱、梁

　　项目编码:050304001　　　项目名称:现浇混凝土花架柱、梁

　　工程量计算规则:按设计图示尺寸以体积计算。

　　清单工程量计算同定额工程量计算。

　　$V_{\text{柱}} = 6.48\text{m}^3$　　　$V_{\text{梁}} = 3.48\text{m}^3$

（6）现浇混凝土四角亭屋面板

　　项目编码:010505010　　　项目名称:其他板

　　工程量计算规则:按设计图示尺寸以体积计算。

　　清单工程量计算同定额工程量计算。

　　亭面板体积:$V = 23.52\text{m}^3$

（7）整理绿化用地

　　项目编码:050101010　　　项目名称:整理绿化用地

　　工程量计算规则:按设计图示尺寸以面积计算。

　　清单工程量计算同定额工程量计算:$S = 1917.35\text{m}^2$

（8）栽植乔木

　　项目编码:050102001　　　项目名称:栽植乔木

　　工程量计算规则:按设计图示数量计算。

　　白玉兰——50 株　　　　　银杏——8 株　　　　　雪松——2 株

　　月桂——6 株　　　　　　樱花——27 株　　　　紫叶李——19 株

　　碧桃——7 株　　　　　　丁香——7 株

（9）栽植灌木

　　项目编码:050102002　　　项目名称:栽植灌木

　　工程量计算规则:按设计图示数量计算。

　　黄杨球——52 株　　　　　贴梗海棠——88 株

　　榆叶梅——123 株

（10）栽植花卉

　　项目编码:050102008　　　项目名称:栽植花卉

　　工程量计算规则:按设计图示数量或面积计算。

　　月季——29 株

（11）铺种草皮

　　项目编码:050102012　　　项目名称:铺种草皮

　　工程量计算规则:按设计图示尺寸以绿化投影面积计算。

　　清单工程量计算同定额工程量计算:$S = 1917.35\text{m}^2$

清单工程量计算见表 3-55。

表 3-55　清单工程量计算表

序号	项目编码	项目名称	项目特征描述	计量单位	工程量
1	050201001001	园路	垫层从上到下依次为:40mm 厚混合砂浆,100mm 厚碎砖三合土,120mm 厚素混凝土,80mm 厚粗砂,碎石路面铺装	m²	247.16
2	050306001001	喷泉管道	管道共有 25 个管架固定;有旋转喷头、扇形喷头、玉柱型喷头	m	63.30
3	050307001001	石灯	方锥台灯身,上表面为 0.5m×0.5m,下表面尺寸为 0.3m×0.3m;灯柱高 1m;灯帽截面尺寸为 0.6m×0.6m	个	11
4	050305008001	塑树根桌凳	塑树根桌子,直径为 2400mm,高 1000mm,桌内为砖砌胎基,胎基外为 20mm 厚水泥砂浆找平层,10mm 厚水泥砂浆塑松树皮	个	4
5	050305008002	塑树根桌凳	塑树根凳子,直径为 90mm,高 600mm,桌内为砖砌胎基,胎基外为 20mm 厚水泥砂浆找平层,10mm 厚水泥砂浆塑松树皮	个	28

序号	项目编码	项目名称	项目特征描述	计量单位	工程量
6	050304001001	现浇混凝土花架柱、梁	现浇混凝土花架柱，C30 混凝土，柱长×宽×高为 0.3m×0.3m×4m	m³	6.48
7	050304001002	现浇混凝土花架柱、梁	现浇混凝土花架梁，梁截面尺寸为 0.2m×0.2m，C30 混凝土	m³	3.48
8	010505010001	其他板	现浇混凝土四角亭屋面板，亭面板厚6cm	m³	2.35
9	050101010001	整理绿化用地	三类土	m²	1917.35
10	050102001001	栽植乔木	白玉兰	株	50
11	050102001002	栽植乔木	银杏	株	8
12	050102001003	栽植乔木	雪松	株	2
13	050102001004	栽植乔木	月桂	株	6
14	050102001005	栽植乔木	樱花	株	27
15	050102001006	栽植乔木	紫叶李	株	19
16	050102001007	栽植乔木	碧桃	株	7
17	050102001008	栽植乔木	丁香	株	7
18	050102002001	栽植灌木	黄杨球	株	52
19	050102002002	栽植灌木	贴梗海棠	株	88
20	050102002003	栽植灌木	榆叶梅	株	123
21	050102008001	栽植花卉	月季	株	29
22	050102012001	铺种草皮	野牛草	m²	1917.35